普通高等教育土木与交通类"十二五"规划教材

土木工程概论

主　编　李　围
副主编　王红瑛　许厚材　郭诗惠
　　　　陈　波　张效忠　周昌洪

中国水利水电出版社
www.waterpub.com.cn

内 容 提 要

  本书是土木工程专业的入门教材,是新生入学后必须学习的课程。通过对该课程的学习,加强该专业的了解,为后续基础理论和专业知识的学习打下基础,并了解土木工程行业所从事的各种工作,定下自己的人生目标。

  本书内容包括:土木工程概述,土木工程发展简史及发展方向,土木工程材料,基础工程,建筑工程,交通土建工程,土木工程设计方法,项目管理与法规,土木工程环境,土木工程灾害及防治,土木工程认识实习。附录中包括:模拟试卷2套,认识实习报告范例,中英文名词对照。

  本书既可以作为土木工程专业必修的基础课教材,也可以作为相近专业的选修课、高等专科和高职学校的教材,还可以作为土木工程专业技术人员的参考用书。

图书在版编目(CIP)数据

土木工程概论/李围主编 . —北京:中国水利水
电出版社,2012.12(2015.6重印)
  普通高等教育土木与交通类"十二五"规划教材
  ISBN 978 - 7 - 5170 - 0266 - 6

  Ⅰ.①土… Ⅱ.①李… Ⅲ.①土木工程-高等学校-
教材 Ⅳ.①TU

中国版本图书馆 CIP 数据核字(2012)第 247196 号

书　　名	普通高等教育土木与交通类"十二五"规划教材 **土木工程概论**
作　　者	主编　李围
出版发行	中国水利水电出版社 (北京市海淀区玉渊潭南路 1 号 D 座　100038) 网址:www. waterpub. com. cn E - mail:sales@waterpub. com. cn 电话:(010)68367658(发行部)
经　　售	北京科水图书销售中心(零售) 电话:(010)88383994、63202643、68545874 全国各地新华书店和相关出版物销售网点
排　　版	中国水利水电出版社微机排版中心
印　　刷	北京嘉恒彩色印刷有限责任公司
规　　格	184mm×260mm　16 开本　12.75 印张　302 千字
版　　次	2012 年 12 月第 1 版　2015 年 6 月第 2 次印刷
印　　数	3001—6000 册
定　　价	**25.00 元**

凡购买我社图书,如有缺页、倒页、脱页的,本社发行部负责调换

本册编委会

主　编　李　围

副主编　王红瑛　许厚材　郭诗惠

参　编　陈　波　张效忠　周昌洪

土木工程专业主要培养能在房屋建筑、地下建筑、隧道、道路、桥梁、矿井等的设计、研究、施工、教育、管理、监理、检测、投资、开发部门从事技术或管理工作的高级工程技术人才。

本书是土木工程专业学生的入门教材，是新生入学后必须学习的课程。通过对该课程的学习，加强对土木工程专业的了解，为后续基础理论和专业知识的学习打下坚实的基础，并了解土木工程行业所从事的各种工作概况，定下自己的人生奋斗方向。

本书主要讲述土木工程的专业介绍、发展历史、课程体系、将来可以从事什么工作、各方向专业情况及基本知识、设计与施工方法、相应法规、环境问题及土木工程灾害和发展方向等。全书共分为11章：

第1章讲述土木工程概述，包括土木工程在国民经济中的重要性、土木工程专业介绍、土木工程学科特点、土木工程课程体系和学习方法、土木工程师应具备的基本素质、工作方向及与其他专业间的关系、土木工程概论内容及学时安排。

第2章讲述土木工程发展简史及发展方向，分别以土木工程材料为线索介绍了古代、近代和现代土木工程的发展现状，最后介绍了土木工程发展方向。

第3章主要介绍土木工程材料，首先对土木工程材料进行了分类，然后重点介绍了常用的钢材、水泥和混凝土的材料性质和特点，最后简单介绍了木材、砖瓦、建筑塑料和沥青材料。

第4章主要介绍基础工程，包括地基与基础的基本概念、分类、地基应满足的要求和处理方法以及各种基础形式。

第5章主要讲述建筑工程，包括建筑物分类、基本构件、木结构建筑物、砌体结构建筑物、钢筋混凝土结构建筑物、钢结构建筑物以及其他结构建筑物。

第6章主要讲述交通土建工程，包括交通土建工程概述、桥梁工程、隧道及地下工程、道路工程、铁道工程。

第7章讲述土木工程设计方法，包括力学基本概念、土木工程荷载与作用效应、土木工程设计方法以及计算机在土木工程中的应用。

第 8 章介绍项目管理与法规，包括土木工程建设的基本程序、工程项目招投标、施工项目管理和我国建设法规知识。

第 9 章讲述了土木工程环境，包括固体废物和废水处理以及噪声污染控制。

第 10 章介绍土木工程灾害及防治，包括土木工程灾害类型，地震、火灾、风灾、地质灾害、建筑工程事故灾难以及工程结构抗灾与改造加固。

第 11 章介绍土木工程认识实习，包括认识实习的目的和要求、认识实习的内容和注意事项以及实习报告的书写要求。

本书附有考试模拟试题 2 套、认识实习报告范例 1 篇、各章专业名词中英文对照，在各章后附有复习思考题。同时，为了配合多媒体教学，本书配有相应的多媒体课件（PPT 文档）。课件的设计采用模板模式，即给出模板和范例，任课老师可以根据自己的教学要求，在模板课件的基础上，设计自己的教学课件。

本书为普通高等院校土木工程专业系列教材，全书由李围主编。其中，第 1、2 章及第 6 章中 6.1 到 6.3 和附录 1 由李围编写；第 6 章中的 6.4、6.5 由周昌洪编写，第 3、8、11 章和附录 2 由王红瑛编写、陈昌礼校稿；第 5 章由许厚材编写；第 7 章由陈波编写；第 4、10 章由郭诗惠编写；第 9 章由张效忠编写；每位编者完成了所编章节的多媒体课件和专业名词中英文对照。

全书由李围统稿、修改和定稿。本书在编写的过程中得到了中国水利水电出版社编辑李亮、陈奇辰的协助，在此一并表示由衷的感谢。由于编者水平有限，书中错误之处在所难免，欢迎各位读者来信指正，不胜感激。

编者

2012 年 2 月 26 日

目 录

第1章 土 木 工 程 概 述

1.1 土木工程在国民经济中的重要性

土木工程在国民经济建设中具有举足轻重的地位与作用，其建设情况代表着一个国家、地区、城市在一定时期内的社会经济、文化与艺术、科学和技术水平。具体而言，社会和科技发展中所需要的"衣、食、住、行"都离不开土木工程。

（1）衣：与"衣"有关的纺纱、织布和衣服加工等工作必须在厂房内进行，所以必须建造厂房。

（2）食：与"食"有关的农田水利灌溉系统、水库大坝、农药化肥及农业机械等加工厂房，粮仓、粮食加工厂和餐馆等房屋建筑。

（3）住：与"住"有关的住宅建筑、宾馆、办公建筑和展览馆等。

（4）行：与"行"有关的铁路、公路、机场和码头等交通土建工程。

另外，各种工业加工也必须建设厂房，政府部门需要建设办公大楼，医院、学校、体育场馆，游泳馆、海上石油钻井平台也需要建设等。因此，各行各业都离不开土木工程。

同时，建造土木工程需要建筑材料以及工程机械。因而土木工程行业的发展会促进其他行业的发展，如钢铁工业、建筑材料工业、机械制造业等。同时还创造了大量的就业机会，对推进整个国民经济的发展起着非常重要的作用。

土木工程所涵盖的范围是如此广泛，作用是如此重要，以至于每个国家都将工厂、商店、住宅、学校、医院、铁路、公路、城市轨道交通、给排水、矿井、农田水利、水电、煤气输送等工程的建设称为基础设施建设。同时，在每一个经济萧条时期，都采用大量扩建基础设施来刺激经济发展，提供就业机会，从而为社会的可持续发展提供有力保障。

1.2 土 木 工 程 专 业 介 绍

土木工程是建造各类工程设施的科学技术的总称，它既指工程建设的对象，即建在地上、地下、水中的各种工程设施，也指所应用的材料、设备和所进行的勘测设计、施工、保养、维修等技术。

众所周知，我国的高等教育是基于前苏联强化专业的教育模式上建立起来的，目的是培养又红又专的社会主义建设者和接班人。因此，土木工程学科先后设置了许多专业性很强的专业，如工业与民用建筑工程、道路工程、桥梁工程、隧道及地下工程、铁道工程、岩土工程、防灾减灾工程、地质工程和测量工程等。50年来，为我国培养了大批的高级专门技术人才。

为了适应新形势下土木工程的发展和技术要求，我国高等教育在专业学科上进行了调整，逐步趋于大土木工程的培养模式，下设具体专业方向。1996 年率先在西南交通大学试行，学生进校后大一到大三学习相同的课程，包括基础理论、专业基础以及土木工程各方向的基本专业知识。1998 年教育部对大学专业进行了调整，颁布了新的本科专业目录，其中土木工程专业由原来的建筑工程、矿井工程、市政工程、岩土工程、工业设备与安装工程、桥梁与隧道工程、道路与铁道工程、防灾减灾与暖通工程等合并而成。

土木工程的范围非常广泛，它包括房屋建筑工程，公路与城市道路工程，铁道工程，桥梁工程，隧道工程，机场工程，地下工程，给水排水工程，港口、码头工程等（见图 1.1～图 1.8）。而国际上，运河、大坝、水渠等水利工程也包括在土木工程之中。

图 1.1　房屋建筑工程　　　　　图 1.2　桥梁工程　　　　　图 1.3　道路工程

图 1.4　隧道工程　　　　　图 1.5　铁路工程　　　　　图 1.6　大坝工程

图 1.7　码头工程　　　　　　　　图 1.8　机场工程

土木工程概论是随着新的土木工程专业目录的实施而诞生的，主要介绍土木工程的总体情况，使土木工程专业的学生入学后能及早地了解本专业的概况性内容。学习土木工程概论的目的如下：

（1）了解土木工程在国民经济中的地位和作用。

（2）了解土木工程的广阔领域与分类。

（3）了解土木工程的材料、土木工程结构形式、荷载及其受力线路。

（4）了解各类灾害及土木工程的抗灾情况。

（5）了解土木工程建设与使用情况。

（6）了解土木工程经济与管理情况。

（7）了解土木工程最新技术成就及发展总趋势。

（8）了解数学、力学与土木工程以及各学科之间的相互关系。

（9）培养学生自学、查找资料及思考问题的习惯，并结合实习报告的书写培养学生撰写专业文件的能力。

1.3 土木工程学科特点

土木工程是一门传统的学科，随着社会科技的发展，形成了如下特点：

（1）随着科学技术的进步和工程实践的发展，土木工程这个学科已发展成为内涵广泛、门类众多、结构复杂的综合体系。

建造一项工程设施一般要经过勘察、设计和施工 3 个阶段，需要运用工程地质勘察、水文地质勘察、工程测量、土力学、工程力学、工程设计、建筑材料、建筑设备、工程机械、建筑经济等学科和施工技术、施工组织等领域的知识，以及计算机应用和力学测试等技术。因而土木工程是一门范围广阔的综合性学科。

（2）土木工程是伴随着人类社会的发展而发展起来的，它所建造的工程设施反映了各个历史时期社会经济、文化、艺术、科学、技术发展的面貌，因而土木工程也就成为社会历史发展的见证之一。

远古时代，人们就开始修筑简陋的房舍、道路、桥梁和沟渠，以满足简单的生活和生产需要。后来，人们为了适应战争、生产和生活以及宗教传播的需要，兴建了城池、运河、宫殿、寺庙、教堂以及其他各种建筑物。

许多著名的土木工程都显示了人类在那个历史时期的创造力。例如，中国的长城、都江堰、大运河、赵州桥、应县木塔，埃及的金字塔，希腊的巴台农神庙，罗马的给水工程、科洛西姆圆形竞技场（罗马斗兽场），以及其他许多著名的教堂、宫殿等。

产业革命以后，特别是到了 20 世纪，一方面社会向土木工程提出了新的需求；另一方面，社会各个领域为土木工程的发展创造了良好的条件。因而这个时期的土木工程得到突飞猛进的发展。在世界各地出现了现代化规模宏大的工业厂房、摩天大厦、核电站、高速公路和铁路、大跨桥梁、大直径运输管道、长隧道、大运河、大堤坝、大飞机场、大海港以及海洋工程等。现代土木工程不断地为人类社会创造崭新的物质环境，成为人类社会现代文明的重要组成部分。

（3）土木工程是具有很强的实践性的学科。在早期，土木工程是通过工程实践，总结成功的经验，尤其是吸取失败的教训发展起来的。从 17 世纪开始，以伽利略和牛顿为先导的近代力学同土木工程实践结合起来，逐渐形成以材料力学、结构力学、流体力学和岩体力学作为土木工程的基础理论。因此土木工程逐渐从经验发展成为科学。

在土木工程的发展过程中，工程实践经验常先行于理论，工程事故常显示出未能预见的新因素，触发新理论的研究和发展。至今不少工程问题的处理，在很大程度上仍然依靠实践经验。

（4）土木工程技术的发展主要是凭借工程实践而不是科学试验和理论研究。这里有两方面的原因：一是有些客观情况过于复杂，难以如实地进行室内实验或现场测试和理论分析；二是只有进行新的工程实践，才能揭示新的问题。

在土木工程的长期实践中，人们不仅对房屋建筑艺术给予很大关注，取得了卓越的成就；而且对其他工程设施，也通过选用不同的建筑材料，如采用石料、钢材和钢筋混凝土，配合自然环境建造了许多在艺术上十分优美、功能上又十分齐全的工程。古代中国的万里长城，现代世界上的许多电视塔和斜拉桥，都是这方面的例子。

建造工程设施的物质条件是土地、建筑材料、建筑设备和施工机具。借助于这些物质条件，经济而便捷地建成既能满足人们使用要求和审美要求，又能安全承受各种荷载的建筑，是土木工程学科的出发点和归宿。

1.4　土木工程课程体系和学习方法

1.4.1　土木工程课程体系

土木工程课程体系分为公共课、专业基础课和专业课。

1. 公共课

必修：思想道德修养与法律基础、马克思主义基本原理、毛泽东思想、邓小平理论和"三个代表"重要思想概论；大学英语Ⅰ～Ⅳ、体育Ⅰ～Ⅳ；计算机文化基础、高等数学、线性代数、概率与数理统计、大学物理、物理实验；工程测量、工程地质、土木工程概论、土木工程制图、建筑材料；理论力学、材料力学、结构力学、土力学、混凝土结构设计原理。

选修：专业英语、弹性力学、土木工程 CAD、建筑设备、程序设计语言、水力学。

2. 各专业方向基础课

（1）房屋建筑工程：房屋建筑学、钢结构设计原理、土木工程结构试验与检测、基础工程。

（2）岩土工程：土木结构试验与检测、工程地质、土木工程数值方法。

（3）道路工程：桥涵水文、工程地质、基础工程、桥梁结构试验。

（4）桥梁工程：桥涵水文、钢结构设计原理、工程地质、基础工程、桥梁结构试验。

（5）隧道工程：工程地质、基础工程、隧道结构试验。

3. 各专业方向专业必修课

（1）房屋建筑工程：土木工程施工、砌体结构设计、单层厂房设计、高层建筑结构、建筑结构抗震、大跨结构、土木工程概预算。

（2）岩土工程：基础工程、隧道工程、土木工程施工、岩石力学、路基路面工程、边坡工程及基坑支护、土木工程概预算。

（3）道路工程：道路工程、路基工程、路面工程、桥梁工程、交通工程、公路小桥涵勘测设计、公路施工组织与概预算。

（4）桥梁工程：桥梁工程概论、隧道工程概论、混凝土桥、桥梁工程施工、钢桥。

（5）隧道工程：桥梁工程概论、隧道工程概论、隧道工程施工、地下结构设计原理、公路隧道设计。

4. 各专业方向专业选修课

建设项目管理、建筑法规、土木工程 CAD、土木工程施工监理、组合结构、工程结构事故分析及加固技术、桥梁抗震与抗风、城市地铁与轻轨、有限元法。

1.4.2 大学生的学习方法

1. 直接经验和间接经验

直接经验是每一个个体在认知、探究和改造世界的过程中亲自获得的经验，是个人的经验。间接经验既包括他人的经验，也包括全人类的经验——人类在文明的发展历程中积累起来的一切经验。间接经验主要体现为自然科学、社会科学和文学艺术等方面。

2. 直接经验和间接经验间的关系

人的基本特性之一是人具有终身学习和利用间接经验的天赋和潜能，人是一种有意识的动物，是一种可教的动物。一方面，人在认知、探究和改造世界的过程中离不开间接经验的支持，人的直接经验的获得内在地融合了间接经验。离开了间接经验，人的直接经验会变得非常狭窄。另一方面，间接经验是基于直接经验和为了直接经验的。也就是说，间接经验通过转化为直接经验而起作用，其存在的意义也在于拓展人的直接经验，并进而提高人们认知、探究和改造世界的能力。而且，从来源上讲，间接经验正是无数直接经验整合的结果。

大学生在学习物理、化学知识时，课堂讲授主要是学习间接经验，做实验主要是获得直接经验，课堂讲授的时数与学生亲自做实验的时数，就要有一个适当的比例。实验时数太多，就妨碍在课堂里充分地、系统地传授间接经验；实验时数太少，就不利于课堂所学间接经验的消化。只有合理分配直接经验与间接经验获取的时间，二者互为作用，才能发挥出各自的功能。

直接经验是人在生活中、学习中和工作中获得的带有个人特色（看法）的知识，如在解数学题中发现的简便方法和近似计算方法；间接经验是人在生活中、学习中和工作中获得的人类共同拥有的知识，即写在书本上的知识（可自学获取）、人与人之间的交流（获得社会经验）和老师传授的知识。

从人的发展过程可以看出，不同的阶段应该以不同的经验为主来获取知识。在上学前，以家庭教育为基础的间接经验为主，此时的直接经验几乎为 0；上学后以学校老师传授为基础的间接经验为主，家庭教育和社会交流获得的间接经验以及自己在生活中和学习中获得的直接经验为辅，随着时间的发展（小学—中学—大学），通过两种经验获得的知识都增加，故要求家庭要教育和人际交往全面发展，以便获取更多的知识；工作后，人要进入社会，此时在工作中以直接经验为主，但是必须以间接经验为辅导。

3. 大学生学习方法

大学生在学校的学习应该以掌握直接经验为主，就是说大学生在学校里的学习应该以自学为主，有自己的学习方法和学习时间段。通过老师的讲授而获得的知识为辅（间接经验），就是说其自学也是在老师的指导下完成的。说明大学生的学习虽然以直接经验为主，但是以间接经验为基础的。

而在学校中，大学生学习知识还是以间接经验为主，即还是学习全人类已经共有的知识，通过直接经验而获得的知识在所有掌握的知识中占的比例相当小。但是，对于学习不同学科和不同专业的人以及具有不同素质的人，这个比例是完全不同的。从理学—工学、医学、农学—经济、法律、管理、教育、军事—文学—艺术，这个比例越来越大。

对于在校大学生特别是理学、工学、医学、农学方向的学生，最应该以获取间接经验方面的知识为主。但是，课堂教学的时间毕竟是有限的，老师不可能在短短的2h内传授很多知识，或者说把某个问题讲深入讲具体，以及拓宽到国内外现状等，老师只能引导学生怎么去学习、这一课堂学生应该掌握哪些知识。所以，在学习的过程中，大学生应该以掌握直接经验这种方法为主。

在大学的4年学习中，其学习方法和学习的知识也是变化的。大一和大二是专业基础理论知识学习阶段（大一为公共理论课程、大二为专业基础知识），通过教师的传授而获得的知识应该要多一些，即通过间接经验学习方法学习而获得的知识占的比重要大。而大三和大四主要是学习专业知识，其学习方法主要为自学（直接经验学习方法），但是学习的知识主要还是由间接经验产生的，而在这个过程中，通过直接经验而获得的知识有所增加。

1.4.3 土木工程专业的学习环节

土木工程属于工学，其学习方法以"数学—力学—结构—计算机—专业知识"为线索。只有数学基础知识扎实了，才能更好地学习好力学知识。有了力学知识，再加上结构设计原理知识才能进行基本结构构件的设计。要进行具体某一专业方向的设计还需要相关的专业知识，而且要进行力学分析还需要计算机程序设计和应用知识。当然要了解国际土木工程的建设水平，还必须具备良好的英语水平。具体而言，对于土木工程专业的学习包括以下5个环节。

1. 课堂学习

课堂学习是必不可少的，主要学习基础理论知识、专业基础知识以及外语、计算机等知识。

2. 实验操作

通过自己动手实验，把理论知识的基本原理和方法通过具体实验来验证，达到更进一步的理解和掌握。包括大学物理、材料力学、土力学、水力学、建筑材料、计算机、工程测量和工程地质等课程均开设有实验环节。

3. 课程设计

对于某些专业基础课和专业课，要求学生在指导老师的带领下进行相应的课程设计来理解和掌握这部分知识。大部分主要专业基础课和专业课开有课程设计，如工程测量和工程地质，钢筋混凝土结构，钢结构设计原理，砌体结构设计与单层厂房设计、高层建筑结构，基础工程、边坡工程及基坑支护，道路工程、路基工程与路面工程，混凝土桥、钢桥，地下结构设计原理、公路隧道设计等。

4. 工地实习

学生初次接触专业课时，对土木工程缺乏感性认识，学生可以通过认识实习学习土木工程的结构组成和构造相关知识，通常可安排在土木工程概论课程里面，也可以安排在暑假专门设置认识实习实践课。可选择房屋建筑工地、高速公路和铁路等工地，实习的时间一般为1周。

在毕业设计前，学生需要到工地进行具体的跟自己所学方向相对应的生产实习，从而学习土木工程的设计和施工知识，为毕业设计做好准备。生产实习通常是1个月左右，学生到具体的工程工地上，参与工程的建设。通过生产实习巩固并扩大自己的专业知识面，通过各工种施工现场的参观与学习，了解施工的基本知识，为从事建筑施工及施工组织管理打下基础。通过现场参观、听报告和实践操作等，进一步培养学生热爱土木工程专业、献身于祖国欣欣向荣的基本建设事业的远大志向。

5. 毕业设计

毕业设计是土木工程教学计划的最后一个环节，也是最重要的教学环节之一，是学生获得学士学位的必要条件。学生在教师的指导下，通过毕业设计受到一次综合运用所学理论知识、专业知识和技能的训练，进一步提高分析问题和解决问题的能力；学会阅读参考文献，收集、运用原始资料的方法以及如何使用规范、手册，选用标准图的技能，从而提高设计计算及绘图的能力。

1.5　土木工程师应具备的基本素质

作为一个合格的土木工程师，必须具备下面的基本要求和素质：

（1）热爱祖国，遵守国家法律、法规，恪守职业道德。

（2）具有较扎实的自然科学基础，了解当代土木工程科学技术的主要方面和应用前景。

（3）掌握工程力学、流体力学、岩土力学的基本理论，掌握工程规划、工程材料、结构分析与设计、地基处理方面的基本知识，掌握有关建筑机械、电工、工程测量与试验、施工技术与组织等方面的基本技术。

（4）具有工程制图、计算机应用、主要测试和试验仪器使用的基本能力，具有综合应用各种手段（包括外语工具）查询资料、获取信息的初步能力。

（5）掌握土木工程主要法规，要花大量的时间来学习规范，不要怕烦，用你学过的理论知识来理解规范，有疑问就要多方请教，反复思考。

（6）具有进行工程设计、试验、施工、监理、检测、管理和研究的能力。

（7）不断地完善"真、善、美"的自身修养能力。真，就是从实际出发，诚恳、实用、合理，不夸大、不缩小。善，就是以人为本，助人为乐，积极主动地与建筑、水电、暖通等其他专业配合，积极主动地和甲方、施工、监理单位合作完成工程建设。美，就是形式美观大方、自然简洁，语言优美动人，内容表达准确到位，做到一针见血、入木三分。

（8）具备理论和实践相结合的能力。只有投身到实践中去，才能使自己成为一个真正合格的土木工程师。要认真地学习、理解和运用规范，以规范为指导，创造性地去解决实际问题，从而提高我们自身的技术水平和业务能力。

1.6　工作方向及与其他专业间的关系

土木工程专业主要培养具备从事土木工程的项目规划、设计、研究开发、施工及管理的能力，能在房屋建筑、地下建筑、隧道、道路、桥梁、矿井等的设计、研究、施工、教育、管理、监理、检测、投资、开发部门从事技术或管理工作的高级工程技术人才。

1. 教育

学生毕业后，可以选择继续学习，在获得硕士学位或博士学位后进入高校从事教育和科研工作，培养更多的高质量的土木工程师。

2. 设计

学生毕业后，可以进入各大勘察设计院从事土木工程设计工作，从设计院的行业划分主要有建筑设计院、铁道设计院和公路设计院等。

3. 研究

学生毕业后，可以进入高校、设计研究院和科研所从事土木工程专业的研究工作，如建筑科学研究院、公路研究院和铁路研究院等。

4. 管理

学生毕业后，可以进入各土木工程建设业主单位从事项目建设管理工作，如各省的高速公路开发总公司、各市的城市建设投资公司和房地产开发公司等。

5. 施工

学生毕业后，可以进入各施工单位从事土木工程的施工技术工作，如铁路工程局、公路工程公司、水电工程局、建筑工程局等。

6. 监理

学生毕业后，可以进入监理单位从事土木工程施工监理工作，以便监督施工单位严格按照设计图纸进行施工，从而确保工程质量、工程进度和工程投资。

7. 检测

学生毕业后，可以进入科研院所等从事土木工程施工监控量测和质量检测工作。土木工程在施工过程中，需要进行安全监控，同时还需要进行工程质量检查。工程竣工后，还要对工程进行质量验收，经过各种检测和试验后，方可投入正式运营使用。

8. 造价

学生毕业后，还可以进入专门的造价事务所从事土木工程造价概预算工作。工程在规划中，需要进行投资估算；在设计中要进行概预算；在施工完成后，要进行施工决算。

9. 工程咨询

学生毕业后，还可以进入工程咨询公司从事土木工程建设咨询工作，包括工程规划、立项以及设计与施工技术咨询工作。

10. 建筑材料开发

同时，土木工程专业毕业的学生还可以从事建筑材料的开发，目前高性能、高强度、低重量和耐久性好的工程复合材料是发展总方向。

在土木工程建设中，除了土木工程专业外，还有许多其他专业，如建筑规划专业对土木工程进行建筑设计和规划。同时，还需要给排水、暖通和供电以及环境评价等专业。所以土木工程的建设是一个复杂的系统工程，只有各专业相互配合、协调工作，才能建设出既安全、经济又美观、耐久的工程。

1.7 土木工程概论内容及学时安排

1. 土木工程概述

本章主要讲述土木工程在国民经济中的重要性、土木工程专业介绍、学科特点、课程体系和学习方法、土木工程师应具备的基本素质、毕业生工作方向及与其他专业间的关系以及土木工程概论内容及学时安排。本部分内容讲解学时为 3h。

2. 土木工程发展简史及发展方向

本章主要按照建筑材料的发展为线索，讲述古代土木工程、近代土木工程、现代土木工程以及土木工程发展方向。本部分内容讲解学时为 2h。

3. 土木工程材料

本章主要讲述土木工程材料分类、钢材、水泥、混凝土、其他材料。本部分内容讲解学时为 1h。

4. 基础工程

本章主要讲述地基与基础工程概述，并以发展现状、基本概念和分类、构造和施工方法为主线对浅基础和深基础进行简要介绍。本部分内容讲解学时为 1h。

5. 建筑工程

本章主要讲述建筑物分类、基本构件、木结构建筑物、砌体结构建筑物、钢筋混凝土结构建筑物、钢结构建筑物、其他结构建筑物。本部分内容讲解学时为 3h。

6. 交通土建工程

本章主要讲述交通土建工程，属于选讲内容，包括桥梁工程、隧道及地下工程、道路工程和铁道工程，总的讲解学时为 8h。具体内容如下：

(1) 桥梁工程部分包括桥梁工程基本概念、桥梁的分类、桥梁构造、桥梁施工。

(2) 隧道及地下工程部分包括基本概念及分类、公路隧道、铁路隧道、地铁隧道。

(3) 道路工程部分包括基本概念及分类、公路、城市道路。

(4) 铁道工程部分包括基本概念及分类、铁路、轻轨交通、磁悬浮交通。

7. 土木工程设计方法

本章主要讲述力学基本概念、土木工程荷载与作用效应、土木工程设计方法、计算机在土木工程中的应用。本部分内容讲解学时为 1h。

8. 项目管理与法规

本章主要讲解土木工程建设的基本程序、招标与投标、土木工程施工项目管理、我国建设法规。本部分内容讲解学时为 2h。

9. 土木工程环境

本章主要讲解土木工程环境问题概述、固体废物处理、废水处理、噪声污染控制。本部分内容讲解学时为 1h。

10. 土木工程灾害及防治

本章主要讲解土木工程灾害概述、地震灾害及防治、其他灾害及防治。本部分内容讲解学时为 2h。

11. 土木工程认识实习

本部分主要讲述认识实习的目的和要求、认识实习的内容及注意事项、认识实习报告的书写要求。主要包括上课 0.5h，放录像 1.5h，参观设计单位 2h、施工单位 2h、举办一个讲座 2h，共 8h。

复 习 思 考 题

（1）简述土木工程在国民经济中的重要性。

（2）简述土木工程专业包括的专业方向。

（3）土木工程学科特点有哪些？

（4）试简述土木工程课程的组成。

（5）土木工程专业学生毕业后都可以从事哪些方面的工作？

（6）你认为要怎么做才能成为一名合格的土木工程师？

（7）结合自身的情况，谈谈大学生在大学学习中应该怎样学习。

第2章 土木工程发展简史及发展方向

2.1 古 代 土 木 工 程

对土木工程的发展起关键作用的，首先是作为工程物质基础的土木工程材料，其次是随之发展起来的设计理论和施工技术。每当出现新的优良的土木工程材料时，土木工程就会有飞跃式的发展。

人们在早期只能依靠泥土、木料及其他天然材料从事营造活动，后来出现了砖和瓦这种人工建筑材料，使人类第一次冲破了天然建筑材料的束缚。中国在公元前11世纪（西周初期）制造出了瓦。最早的砖出现在公元前5世纪至公元前3世纪战国时期的墓室中。在力学性能方面，砖和瓦比土更优，同时还可以就地取材，方便制作加工。

砖和瓦的出现使人们广泛地、大量地修建房屋和城防工程等成为了可能。由此土木工程技术得到了飞速发展，直至17世纪中叶铁和钢材的出现。在长达2000多年的时间里，砖和瓦一直是土木工程的重要建筑材料，为人类文明作出了巨大的贡献，甚至在目前还被广泛采用。

17世纪中叶以前，古代土木工程有以下几种主要结构形式：石结构、木结构和砖结构，其典型的有长城、赵州桥、京杭大运河和埃及金字塔等。

1. 中国石拱桥——赵州桥

赵州桥又名安济桥，如图2.1所示，建于隋大业年间（605～618年），是由著名石匠师李春建造的。桥长64.40m，跨径37.02m，是当今世界上跨径最大、建造最早的单孔敞肩型石拱桥。因桥两端肩部各有两个小孔，不是实体的，故称敞肩型，这是世界造桥史的一个发明创造。

赵州桥建成距今已1400多年，其间经历了10次水灾，8次战乱和多次地震，特别是1966年邢台发生的7.6级地震，该桥距震中仅有40多km，赵州桥仍没有被破坏。著名桥梁专家茅以升说，先不管该桥的内部结构，仅就它能够存在1300多年就说明了一切。

图2.1 赵州桥

1991年9月，赵州桥被美国土木工程师学会选定为第十二个"国际土木工程里程碑"，并在桥北端东侧建造了"国际土木工程历史古迹"铜牌纪念碑。

2. 都江堰水利枢纽工程

都江堰水利枢纽工程位于四川都江堰市城西，如图2.2所示，是全世界至今为止，年代最久、唯一留存、以无坝引水为特征的宏大水利工程。2200多年来，仍然继续使用，并发挥巨大效益。

图2.2　都江堰水利枢纽工程照片

都江堰是2200多年前，中国战国时期秦国蜀郡太守李冰父子率众修建的一座大型水利工程，是我国现存的最古老而且依旧在灌溉田地，造福人民的伟大水利工程，也是我国科技史上的一座丰碑，被誉为世界奇观。李冰治水，功在当代，利在千秋，不愧为文明世界的伟大杰作。

都江堰水利工程由鱼嘴分流堤、宝瓶口引流工程和飞沙堰泄洪道三大工程组成。

（1）鱼嘴。把岷江一分为二成内外江，外江用于排洪，内江则用于灌溉兼航运。

（2）宝瓶口。处于内江进水口，形若瓶颈，它可以起到控制进水的作用。

（3）飞沙堰。处于鱼嘴和宝瓶口之间，用于泄洪，丰水季节时可以将进入内江过多的洪水漫过堰顶而溢入到外江，以确保下游成都平原的安全。

这三项设施构成一个既可防洪排涝、又能灌溉航行的系统工程，所以说今天的成都平原成为"沃野千里，水旱从人，不知饥馑，时无荒年"的"天府之国"，都江堰是立下了不可磨灭的汗马功劳的。

都江堰附近景色秀丽，文物古迹众多，主要有伏龙观、二王庙、安澜索桥、玉垒关、离堆公园、玉垒山公园和灵岩寺等。

3. 京杭大运河

我国的京杭大运河北起北京，南到杭州，全长1794km，是世界上最长的人工运河。长度居世界第三的苏伊士运河，只有它的1/10。京杭大运河不仅是世界最长的运河，也是开凿最早的运河。春秋末期，吴王夫差为了北伐齐国，称霸中原，就在公元前485年起开凿扬州—淮安段，使长江、淮河两大水系得以贯通。

到了隋朝大业元年（605年），隋炀帝为了从外地调运粮食到京师，并到扬州看"琼花"，以洛阳为中心，征调几百万民工，开挖并修建了其余部分。

大运河通航以来，一直是我国航运和商旅来往的重要通道，在促进国家的统一、经济文化的发展等方面，曾经起过重大的作用。由于大运河没有独立的水系，流经地区的地势高低不一，加之黄河的河床又比它高，河道极易淤塞。1911年津浦铁路通车后，随着运输地位的下降，河道大段大段地被废弃。1949年以后经过分段整治，大部分淤塞的河道都已恢复通航。在运河的南端杭州，完成了运河到钱塘江沟通工程，使运河航道延长7km，运河的船只可以直接进入钱塘江。

4. 埃及金字塔

埃及金字塔是古埃及法老的陵墓，如图 2.3 所示，法老是古埃及的国王。这是一种高大的角锥体建筑物，底座为四方形，每个侧面是三角形，样子就像汉字的"金"字，所以我们叫它"金字塔"。建造时间大约在公元前 2000 多年，建造地点为埃及开罗附近的吉萨高原。

在最早的时候，埃及的法老是准备将马斯塔巴作为死后的永久性住所的。后来，大约在第二至第三王朝的时候，埃及人产生了国王死后要成为神，他的灵魂要升天的想法。为法老建造起上天的天梯，以便他可由此上到天上，金字塔就是这样的天梯。同时，角锥体金字塔

图 2.3 埃及金字塔

形式又表示对太阳神的崇拜，因为古埃及太阳神的标志是太阳光芒，金字塔象征的就是刺向青天的太阳光芒。

古埃及所有金字塔中最大的一座，是第四王朝法老胡夫的金字塔。这座大金字塔原高 146.6m，经过几千年来的风吹雨打，顶端已经剥蚀了将近 10m。但在 1888 年巴黎建筑起埃菲尔铁塔以前，它一直是世界上最高的建筑物。这座金字塔的底面呈正方形，每边长 230 多 m，绕金字塔一周，差不多要走 1km 的路程。

胡夫的金字塔，除了以其规模的巨大而令人惊叹以外，还以其高度的建筑技巧而著名。塔身的石块之间，没有任何水泥之类的黏着物，而是一块石头叠在另一块石头上。每块石头都磨得很平，至今已历时数千年，人们也很难用一把锋利的刀刃插入石块之间的缝隙，所以能历数千年而不倒，这不能不说是建筑史上的奇迹。

5. 巴黎圣母院

巴黎圣母院坐落于巴黎市中心塞纳河中的西岱岛上，始建于 1163 年，是巴黎大主教莫里斯·德·苏利决定兴建的，整座教堂在 1345 年才全部建成，历时 180 多年，如图 2.4 所示。

图 2.4 巴黎圣母院

巴黎圣母院是一座典型的"哥特式"教堂，之所以闻名于世，主要因为它是欧洲建筑史上一个划时代的标志。圣母院的正外立面风格独特，结构严谨，看上去十分雄伟庄严。

壁柱纵向分隔为三大块；三条装饰带又将它横向划分为三部分，其中，最下面有三个内凹的门洞。门洞上方是所谓的"国王廊"，上有分别代表以色列和犹太国历代国王的 28 尊雕塑。1793 年，大革命中的巴黎人民将其误认作他们痛恨的法国国王的形象而将它们捣毁。但是后来，雕像又重新被复原并放回原位。"长廊"上面为中央部分，两侧为两个巨大的石质中棂窗子，中间一个玫瑰花形的大圆窗，其直径约 10m，建于 1220～1225 年。

中央供奉着圣母圣婴，两边立着天使的塑像。两侧立的是亚当和夏娃的塑像。

教堂内部极为朴素，几乎没有什么装饰。大厅可容纳 9000 人，其中 1500 人可坐在讲台上。厅内的大管风琴也很有名，共有 6000 根音管，音色浑厚响亮，特别适合奏圣歌和悲壮的乐曲。曾经有许多重大的典礼在这里举行，如宣读 1945 年第二次世界大战胜利的赞美诗，又如 1970 年法国总统戴高乐将军的葬礼等。

巴黎圣母院是一座石头建筑，在世界建筑史上，被誉为一曲由巨大的石头组成的交响乐。虽然这是一幢宗教建筑，但它闪烁着法国人民的智慧，反映了人们对美好生活的追求与向往。

6. 卢浮宫

卢浮宫始建于 13 世纪，是当时法国王室的城堡，被充当为国库及档案馆，如图 2.5 所示。但 1546 年建筑师皮埃尔·莱斯柯在国王委托下对卢浮宫进行改建，从而使这个宫殿具有了文艺复兴时期的风格。后又经历代王室多次授权扩建，又经过法国大革命的动荡，到拿破仑三世时卢浮宫的整体建设才算完成。

图 2.5　卢浮宫

1793 年 8 月 10 日，卢浮宫艺术馆正式对外开放，成为一个博物馆。从那时起，这里的收藏不断增加，更不用说拿破仑向那些被征服的国家征用的艺术贡品了。总之，如今博物馆收藏目录上记载的艺术品数量已达 40 万件，分为许多的门类品种，从古代埃及、希腊、埃特鲁里亚、罗马的艺术品，到东方各国的艺术品；有从中世纪到现代的雕塑作品；还有数量惊人的王室珍藏品以及绘画精品，等等。迄今为止，卢浮宫已成为世界著名的艺术殿堂。

7. 其他古代土木工程

其他古代建筑有万里长城，古希腊的帕提农神庙，古罗马竞技场和万神庙，土耳其索菲亚大教堂。

长城是世界上修建时间最长、工程量最大的土木工程建筑。秦朝时候西起临洮东起辽东 5000km，明朝西起嘉峪关东起鸭绿江 7000km。

2.2　近代土木工程

17 世纪 70 年代开始使用生铁、19 世纪初开始使用熟铁建造桥梁和房屋，随后出现了钢结构。

从 19 世纪中叶开始，冶金业冶炼并轧制出抗拉和抗压强度都很高、延性好、质量均匀的建筑钢材，随后又生产出高强度钢丝、钢索，于是适应发展需要的钢结构得到蓬勃发展。除应用原有的梁、拱结构外，新兴的桁架结构、框架结构、网架结构、悬索结构逐渐被推广应用，出现了结构形式百花争艳的局面。

建筑物跨径从砖结构、石结构、木结构的几米、几十米发展到钢结构的百米、几百米，直到现代的千米以上。于是在大江、海峡上架起了大跨桥梁，在地面上建造起了摩天大楼和高耸铁塔，甚至在地面下铺设铁路，创造出前所未有的奇迹。

19 世纪 20 年代，波特兰水泥制成后，混凝土问世了。混凝土骨料可以就地取材，混凝土构件易于成型，但混凝土的抗拉强度很小，用途受到限制。19 世纪中叶以后，钢铁产量激增，随之出现了钢筋混凝土这种新型的复合建筑材料，其中钢筋承担拉力，混凝土承担压力，发挥了各自的优点。20 世纪初以来，钢筋混凝土广泛应用于土木工程的各个领域。

为适应钢结构工程发展的需要，在牛顿力学的基础上，材料力学、结构力学、工程结构设计理论等就应运而生。施工机械、施工技术和施工组织设计的理论也随之发展，土木工程从经验上升成为科学，在工程实践和基础理论方面都面貌一新，从而促进了土木工程更迅速地发展。

近代土木工程的时间跨度：17 世纪中叶到第一次世界大战前后。

近代土木工程的材料发展：1824 年波特兰水泥→1867 年钢筋混凝土→1928 年预应力混凝土。

1．"运动一号"蒸汽机车

1825 年英国人斯蒂芬孙制造的"运动一号"蒸汽机车，在斯托克顿至达林顿间开始营业，从此世界第一条铁路正式诞生，如图 2.6 所示。

2．芝加哥家庭保险公司大厦

第一座依照现代钢框架结构原理建造起来的高层建筑是芝加哥家庭保险公司大厦，如图 2.7 所示。

图 2.6 "运动一号"蒸汽机车　　　　图 2.7 芝加哥家庭保险公司大厦

3．苏伊士运河

苏伊士运河位于埃及境内，连接欧、亚、非三洲交通要道，沟通红海与地中海，使大西洋、地中海与印度洋连接起来，大大缩短了东西方航程，如图 2.8 所示。与绕道非洲好望角相比，从欧洲大西洋沿岸各国到印度洋缩短 5500～8009km；从地中海各国到印度洋缩短 8000～10000km；对黑海沿岸来说，则缩短了 12000km，它是一条在国际航运中具有重要战略意义的水道。苏伊士运河全长 175km，河面平均宽度为 135m，平均深度为 13m。苏伊士运河从 1859 年开凿到 1869 年竣工。

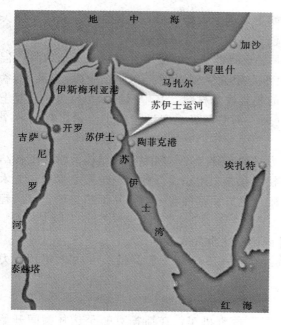

图 2.8 苏伊士运河

4. 埃菲尔铁塔

1886 年，法国为了随后 1889 年万国博览会的召开建设了埃菲尔铁塔，两年后完工，高 212.27m，后来又加设了电视天线 20m，使它成为巴黎最高的建筑，如图 2.9 所示。

当时的建筑师埃菲尔就曾发豪语：我想为现代科学与法国工业的荣耀，建造一个像凯旋门那般雄伟的建筑。因此在自 1887～1931 年纽约帝国大厦落成前，埃菲尔铁塔保持了 45 年世界最高建筑物的地位，目前仍是巴黎最有名的地标，到处可见铁塔纪念品。

埃菲尔铁塔共分 3 层，整个建筑工程耗用 18038 块金属，历时两年的时间才组装完成。

5. 凯旋门

凯旋门门如其名，是一座迎接获胜归来军队的凯旋之门，它是现今世界上最大的一座圆拱门，也是世界上最早建设的凯旋门式建筑物，如图 2.10 所示。它是 1806 年拿破仑为了显示他辉煌的功勋而建造的。

图 2.9 埃菲尔铁塔

图 2.10 凯旋门

凯旋门高 164m，宽 147m，门墙上的石雕描绘的是拿破仑在 1792～1815 年间的战争历史，拱门右边的石雕出自古典雕刻家卢德手笔，主体内容是 1792 年的马赛进行曲，今日仍是法国的国歌。每年法国国庆日，都会在凯旋门举行盛大隆重的国庆献礼，吸引了成千上万的游客到此观赏。

凯旋门本身就是一件艺术品，整座建筑物都有精致细工的浮雕，件件精美，看得人赞不绝口。拱门上方四壁的浮雕，是庆贺拿破仑凯旋的情景，而拱门下方是一座无名英雄战士的坟墓，也是代表战争中战死沙场的 150 多万名法国士兵，墓前有一束不灭之火，象征法国世代蓬勃发展，常有法国市民送上鲜花致敬。

6. 纽约帝国大厦

纽约帝国大厦建成于 1931 年，共 102 层，高 381m，在纽约市曼哈顿区，是纽约市著名的旅游景点之一。目前在世界房屋建筑中排名第 14 位。

2.3 现 代 土 木 工 程

从 19 世纪 30 年代开始，出现了预应力混凝土结构。预应力混凝土结构的抗裂性能、刚度和承载能力，大大高于钢筋混凝土结构，因而用途更为广阔。土木工程进入了钢筋混凝土和预应力混凝土占统治地位的历史时期。

混凝土的出现给建筑物带来了新的经济、美观的工程结构形式，使土木工程产生了新的施工技术和工程结构设计理论。这是土木工程的又一次飞跃发展。高强钢丝、钢筋和高标号混凝土的发展。出现了大跨和高楼结构。

1. 按高度建筑排名

No. 1 哈利法塔（Khalifa Tower）···高 828m。

No. 2 上海塔（Shanghai Tower）···高 632m。

No. 3 芝加哥螺旋塔（The Chicago Spire）······································高 610m。

No. 4 台北 101 大楼，共 101 层，···高 509m。

No. 5 联邦大厦···1660 英尺（约合 506m）。

No. 6 上海环球金融中心（上海）（在建）······································高 492m。

No. 7 吉隆坡双子塔（俗称"国营石油双塔"）（马来西亚）·············高 452m。

No. 8 西尔斯大厦（芝加哥）···高 443m。

No. 9 金茂大厦（上海）··高 420.5m。

No. 10 纽约世界贸易中心（美国）·············北塔高 417m，南塔高 415m。

No. 11 香港国际金融中心（第二期）·································高 415m，88 层。

No. 12 广州中信广场大楼···高 391m，80 层。

No. 13 深圳顺兴广场大楼···高 384m，69 层。

No. 14 帝国大厦（纽约）···高 381m。

No. 15 香港中环广场（香港）···高 374m。

第 1 名，哈利法塔（Khalifa Tower），原名迪拜塔，如图 2.11 所示，是位于阿拉伯联合酋长国迪拜境内的摩天大楼，为当前世界第一高楼与人工结构物，高度为 828m（2717 英尺），楼层总数 169 层，造价达 15 亿美元。动工于 2004 年 9 月 21 日，从 2007 年初开始已有玻璃帷幕安装，金属外墙于 2007 年 6 月开始施装，2010 年 1 月 4 日正式完工启用。

第 2 名，上海塔（Shanghai Tower），高度为 2073 英尺（约合 632m），如图 2.12 所示，它和身边的两栋摩天大楼（金茂大厦和上海环球金融中心）都位于浦东陆家嘴金融区。实际上，从 1993 年开始，它们的建设就已摆到决策层的桌面上，按照当时的规划，陆家嘴将建设 3 幢超高层的标志性建筑，形成"品"字形的三足鼎立之势。楼层：127 层，预计竣工时间为 2013 年。

第 3 名，芝加哥螺旋塔（The Chicago Spire）高（2000 英尺）610m，150 层预计竣工时间为 2012 年，如图 2.13 所示。

第 4 名，台北 101 大楼位于中国台北，2004 年建成，共 101 层，楼高 1671 英尺（509m），如图 2.14 所示。

图 2.11 哈利法塔

图 2.12 上海塔

图 2.13 芝加哥螺旋塔

图 2.14 台北 101 大楼

第 5 名，联邦大厦独特的外形是根据船的风帆设计的，事实上，它是由两座塔楼组成，即 1660 英尺（约合 506m）高的东塔楼和 795 英尺（约合 242m）高的西塔楼，几条通道将它们连了起来。东塔楼将用作办公场所，西塔楼将用作酒店和公寓，两个塔楼的顶部均设有 360 度观景台。联邦大厦距离克里姆林宫不到 2.5 英里，竣工后将成为全欧洲最高的建筑。楼层：93 层，竣工时间：2009 年，如图 2.15 所示。

第 6 名，上海环球金融中心（Shanghai global financial hub）是位于中国上海陆家嘴的一栋摩天大楼，楼高 1614 英尺（492m），地上 101 层，开发商为"上海环球金融中心股份有限公司"，由日本森大楼公司（森ビル）主导兴建。于 1997 年开工，于 2008 年 8 月 28 日竣工、开幕，2008 年 8 月 30 日正式对外营业，如图 2.16 所示。

图 2.15　联邦大厦　　　图 2.16　上海环球金融中心

第 7 名，马来西亚首都吉隆坡的双子塔（Petronas Towers），高 1483 英尺（452m），88 层。这两座高楼于 1998 年完工，如图 2.17 所示。

第 8 名，美国芝加哥西尔斯大厦高 1450 英尺（443m），共 108 层，其高度超过原纽约世贸中心，是美国最高的建筑物。西尔斯大厦曾稳坐世界最高建筑物宝座 20 余年，直到 1998 年马来西亚吉隆坡的双子塔落成，如图 2.18 所示。

图 2.17　马来西亚首都吉隆坡的双子塔　　图 2.18　美国芝加哥西尔斯大厦

第 9 名，上海金茂大厦高 1380 英尺（420.5m），共 88 层，于 1998 年落成，如图 2.19 所示。

第 10 名，纽约世界贸易中心由纽约和新泽西州港务局集资兴建、原籍日本的总建筑师山崎实负责设计，如图 2.20 所示。大楼于 1966 年开工，历时 7 年，1973 年竣工以后，以 110 层、411m 的高度作为摩天巨人而载入史册。它是由 5 幢建筑物组成的综合体。其主楼呈双塔形，塔柱边宽 63.5m。大楼采用钢架结构，用钢 7.8 万 t，楼的外围有密置的钢柱，墙面由铝板和玻璃窗组成，有"世界之窗"之称。大楼有 84 万 m² 的办公面积，

19

可容纳5万名工作人员，同时可容纳2万人就餐。

9.11/2001事件：美国2001年9月11日8点45分，一架从波士顿飞往纽约的美国航空公司的波音767飞机遭挟持，撞到了纽约曼哈顿世界贸易中心南侧大楼，飞机"撕开"了大楼，在大约距地面20层处造成滚滚浓烟，并发生爆炸。

9点03分：又一架小型飞机以极快的速度冲向世贸中心北侧大楼。飞机从大楼的一侧撞入，由另一侧穿出，并引起巨大爆炸。两起爆炸可能造成了数千人伤亡。

10点：中心南塔倒塌。10点29分：中心北塔坍塌，这标志着闻名世界的纽约世界贸易中心两座摩天大楼不复存在。

第11名，香港国际金融中心（第二期）位于中国香港，高1362英尺（415m），88层，于2003年建成，如图2.21所示。

图2.19　上海金茂大厦　　　　图2.20　纽约世界贸易中心　　　　图2.21　香港国际金融中心

第12名，中信广场大楼位于中国广州，1997年建成后曾是中国大陆最高的建筑，但1998年上海金茂大厦的建成让它很快就失去了这个称号，高1283英尺（391m），80层，如图2.22所示。

第13名，顺兴广场大楼位于中国深圳。高1260英尺（384m），69层，于1996年完工，如图2.23所示。

第14名，纽约帝国大厦建成于1931年，共102层，高381m，竖立在纽约市曼哈顿区，是纽约市著名的旅游景点之一，如图2.24所示。

图2.22　广州中信广场大楼　　　图2.23　顺兴广场大楼　　　图2.24　纽约帝国大厦中心

第15名，香港中央广场大楼 于1992年建成，高1227英尺（374m），78层。

2. 电视塔

第1名，加拿大多伦多电视塔，高549m（图2.25）。

第2名，莫斯科电视塔，高537m。

第3名，中国上海东方明珠电视塔，高468m（图2.25）。

第4名，马来西亚吉隆坡电视塔，高421m。

第5名，中国天津电视塔，高406m。

第6名，中国北京电视塔，高380m。

3. 大跨度建筑

图2.25 加拿大多伦多电视塔和中国上海东方明珠电视塔

美国西雅图金群体育馆，钢结构球形穹顶，直径为202m。

法国巴黎工业展览馆，装配式薄壳结构，跨度为218m×218m。

中国北京国家大剧院，钢结构壳体呈半椭球形，跨度212.24m×143.64m。

英国千年穹顶，位于伦敦泰晤士河畔的格林尼治半岛上，采用了圆球形张力膜结构，直径为320m。

4. 桥梁

悬索桥排名：

第1名，日本明石海峡大桥，于1998年4月建成的世界上跨度最大的悬索桥，这座大桥架设在神户市和淡路岛北端之间的明石海峡上，大桥全长3910m，最大跨度长1990m，如图2.26所示。

图2.26 日本明石海峡大桥

第2名，丹麦的大贝尔特东桥，跨度1624m。

第3名，我国润扬长江大桥，主跨1490m。

第4名，英国恒伯尔桥，主跨1410m。

第5名，中国江阴长江大桥，主跨1385m。

第6名，香港青马大桥，主跨1377m。

混凝土拱桥排名：

第1名，中国万县长江大桥，拱跨420m，如图2.27所示；第2名，前南斯拉夫克尔克二号桥，390m；第3名，中国江界河桥，跨度330m；第4名，中国广西邕宁邕江大桥，跨度312m。

钢拱桥：

第1名，中国上海卢浦大桥，全长750m，拱跨550m；第2名，美国奇尔文科大桥，跨度为503.6m。

斜拉桥：

第 1 名，日本多多罗桥，主跨为 890m，如图 2.28 所示；第 2 名，法国诺曼底桥，主跨为 856m；第 3 名，中国南京长江二桥，主跨为 628m；第 4 名，中国杨浦大桥，主跨为 602m。

图 2.27　中国万县长江大桥　　　　　图 2.28　日本多多罗斜拉桥

其他桥型：

法国米约大桥，全长 2.46km，是世界上最高的斜拉桥，桥塔高 343m，桥面到地面高 270m。

中国杭州湾大桥设计全长 36km，建成后将是世界上最长的跨海大桥，如图 2.29 所示。

中国钱塘江大桥横贯钱塘江南北，是连接沪杭、浙赣铁路的交通要道。正桥 15 墩 16 孔，大桥跨钱塘江两岸，景象颇为壮观，如图 2.30 所示。钱塘江大桥自 1934 年 11 月 11 日动工至 1937 年 9 月 26 日建成。它分为上下两层，上一层是汽车行道，公路全长 1453m，宽 6.1m。

图 2.29　杭州湾大桥　　　　　　　图 2.30　钱塘江大桥

5. 隧道工程

山岭隧道：

第 1 名，瑞士哥达基线隧道，长约 57km；第 2 名，瑞士勒奇山铁路隧道，长 34.6km；第 3 名，西班牙的 Guadarrama 铁路隧道，长 28.4km；第 4 名，日本的长

26.5km 的八甲山隧道；第 5 名，日本的岩手一户隧道，长 25.8km；第 6 名，中国兰州到新疆的乌鞘岭隧道，长 20.5km。

水底隧道：

日本青函海底隧道，全长 53.8km。穿越英法海峡的海底隧道，全长 50.3km。此外，还有中国上海越黄浦江隧道（复兴东路隧道，打浦路隧道和观光隧道等），重庆、武汉和南京长江隧道等。

城市软土隧道：

中国在建地铁工程的城市包括，上海、广州、北京、天津、南京、深圳、成都、西安和青岛等。

6. 水利工程

瑞士大迪克桑斯坝，世界上最高的混凝土重力坝，高 285m，位于瑞士罗罗纳河支流迪克桑斯河上，如图 2.31 所示。其次为俄罗斯的萨扬苏申克坝，高 245m，中国青海龙羊峡坝，高 178m。

俄罗斯英古里坝为世界上最高的双曲拱坝，坝高 272m。

中国长江三峡水利枢纽工程（大坝、水电站和通航建筑）为世界上最大的水利工程。大坝为混凝土重力坝，全长 3035m，高 185m，总装机容量为 2000 多万 kW。二滩水电站为 300 万 kW。

图 2.31 瑞士大迪克桑斯坝

2.4 土木工程发展方向

土木工程是最古老的学科，而且是以工程实践为基础的，所以发展比较缓慢。但是，自 20 世纪 50 年代以来，随着计算机计算技术、CAD 辅助设计技术以及新材料的发展，土木工程得到了飞速发展。已经建成和正在建设的有一大批世界级的宏伟工程，举世瞩目，正在建设中的或已建成的一些大型工程列举如下。

1. 超高层建筑及高塔

（1）拟建的澳大利亚太阳塔，高 1000m、钢筋混凝土结构直径 130m、底部厚 1m、顶部厚 0.25m、表面积 5km²，7km 的玻璃保温室。

（2）阿拉伯联合酋长国迪拜塔楼，高 828m、169 层。

（3）中国广州新电视塔，高 610m；韩国首尔国际商务中心，130 层，高 580m。

（4）美国纽约自由塔（世贸大厦旧址上重新建设）高 541.3m。

（5）中国上海环球金融中心，101 层，高 492m；香港九龙站第 7 期工程，102 层，高 480m。

（6）中国北京 2008 年奥运工程，北京奥运场馆以奥林匹克公园为中心，奥林匹克公园位于中轴线北 4 环和 5 环之间，包括体育场、游泳、田径和体操等 14 个场馆，国际体育场为主会场（29 届），长 340m，宽 290m，椭圆形。

（7）北京首都国际机场扩建工程，新建 3 号跑道（宽 60m，长 3800m）和 3 号航站楼。

（8）上海 2010 世博会工程，各类展馆建筑面积为 80 万 m^2，居亚洲第一。

2. 桥梁工程

（1）苏通长江大桥，斜拉桥，主跨 1088m，桥塔高 306m，斜拉索最长 580m。

（2）南京长江大桥，全长 15.6km，主跨为 648m，为钢塔斜拉桥，弧线形，塔柱高 215m。

（3）杭州湾大桥，全长 36km，最长的海湾大桥。

（4）上海东海大桥，长 32km。

3. 水底隧道工程

（1）厦门东通道，全长 9km，第一条海底隧道，三孔（中间孔为服务隧道），海底段 6km，双向 6 车道，新奥法施工。

（2）上海崇明越江通道工程，全长 26km 左右，南隧道 9km、北桥 10km，中间为道路，长 6km。

（3）土耳其马尔马拉海底隧道，全长 77km、海底长 13km。

4. 水利工程

南水北调工程，除三峡工程外，又一世界大水利工程，东中西 3 条运河，将长江、淮河、黄河和海河四大水系连接起来，中线方案长 1427km。

可持续发展将是土木工程发展的主题。土木工程在未来可能会采用污染少、更重复利用的材料，如纤维聚合物等；在结构的使用功能上，智能化建筑、仿生建筑将比当今的普通建筑会得到更大的发展空间，这两种建筑都是功能上以人为本、使用上方便舒适、既节能又可提高工程利用率。地球上可以居住、生活和耕种的资源是有限的，而人口增长的速度是不断加快的。因此，土木工程的发展方向有以下几个方面。

2.4.1　向空中发展

日本拟在东京建造 800.7m 高的千年塔，它在距海约 2km，将工作、休闲、娱乐、商业、购物等融为一体的抗震竖向城市中，居民可达 5 万人。中国拟在上海附近的 1.6km 宽、200m 深的人工岛上建造一栋高 1250m 的仿生大厦，居民可达 10 万。印度也提出将投资 50 亿美元建造超级摩天大楼，其地上共 202 层，高达 710m。

2.4.2　向地下发展

1991 年在东京召开的城市地下空间国际学术会议通过了《东京宣言》，提出了"21 世纪是人类开发利用地下空间的世纪"。建造地下建筑将有效改善城市拥挤，节能和减少噪声污染等。日本于 20 世纪 50 年代末至 70 年代大规模开发利用浅层地下空间，到 80 年代末已开始研究 50～100m 深层地下空间的开发利用问题。日本 1993 年开建的东京新丰州地下变电所，将深达地下 70m。目前世界上共修建水电站地下厂房约 350 座，最大的为加拿大的格朗德高级水电站。我国城市地下空间的开发尚处于初级阶段，目前已有北京、上海、广州等多个城市建有地铁，如北京地铁，到 2008 年奥运会前运营里程达到 200km，运营线路达到 8 条，同时北京地铁还在加紧建设中，计划到 2014 年再建成 164km。

2.4.3　向海洋发展

为了防止机场噪声对城市居民的影响，也为了节约使用陆地，2000 年 8 月 4 日，日本大阪利用 18 亿立方围海建造的 1000m 长的关西国际机场试飞成功。阿拉伯联合酋长国首都迪拜的七星大酒店也建在海上，洪都拉斯将建海上城市型游船，该船将长 804.5m、宽 228.6m，有 28 层楼高，船上设有小型喷气式飞机的跑道、医院、旅馆、超市、饭店、理发店和娱乐场等。近些年来，我国在这方面已取得可喜的成绩，如上海南汇滩围垦成功和崇明东滩围垦成功，最近又在建设黄浦江外滩的拓岸工程。围垦、拓岸工程和建造人工岛有异曲同工之处，为将来像上海这样大的近海城市建造人工岛积累经验。

2.4.4　向沙漠发展

全世界约有 1/3 陆地为沙漠，每年约有 6 万 km^2 的耕地被侵蚀，这将影响上亿人口的生活。世界未来学会对世界十大工程设想之一是将西亚和非洲的沙漠改造成绿洲。改造沙漠首先必须有水，然后才能绿化和改造沙土。在缺乏地下水的沙漠地区，国际上正在研究开发使用沙漠地区太阳能淡化海水的可行方案，该方案一旦实施，将会启动近海沙漠地区大规模的建设工程。我国沙漠输水工程试验成功，自行修建的第一条长途沙漠输水工程已全线建成试水，顺利地引黄河水入沙漠。我国首条沙漠高速公路——榆靖高速公路已全线动工，全长 116km。

2.4.5　向太空发展

由于近代宇航事业的飞速发展和人类登月的成功实现，人们发现月球上拥有大量的钛铁矿，在 800℃ 高温下，钛铁矿与氢化物便合成铁、钛、氧和水汽，由此可以制造出人类生存必需的氧和水。美国政府已决定在月球上建造月球基地，并通过这个基地进行登陆火星的行动。美籍华裔林铜柱博士 1985 年发现建造混凝土所需的材料月球上都有，因此可以在月球上制作钢筋混凝土配件装配空间站。预计 21 世纪 50 年代以后，空间工业化、空间商业化、空间旅游、外层空间人类化等可能会得到较大的发展。

近年来，由于灾害的频繁发生，如何提高结构抗灾性能已成为结构发展的首要课题，未来的土木工程不仅可以抗震、抗风，甚至可以抗暴、抗海啸、防火、防撞、防辐射等。随着新的经济环境，我国为了刺激经济发展，大力发展基础设施建设，再加上科技的进步，土木工程迎来了新的发展机遇。

复 习 思 考 题

（1）以土木工程材料发展为线索，介绍土木工程的发展简史。

（2）古代土木工程的主要建筑材料有哪些，可以组成哪些结构类型？

（3）试分别举例介绍古代、近代和现代比较典型的一些土木工程。

（4）目前国内外正在修建的大型土木工程有哪些？

（5）简述土木工程的发展方向。

第3章 土木工程材料

3.1 土木工程材料分类

土木工程材料是指在土木工程中使用的各种材料及制品，是土木工程的物质基础。材料费用在整个土木工程总造价中占很大比重，各种材料的组成、结构和构造各不相同，种类繁多，性能各异，价格相差悬殊。据统计，我国兴建的一般住宅，材料费用占总造价的50％以上。所以，在土木工程材料生产、选择和使用的各个环节中降低材料费用，具有重大意义。作为土木工程的设计者，只有很好地了解材料的性能与特征，才能合理地选用各种材料。作为土木工程的建造者，在施工和安装的全过程中，需按设计要求通过一定的技术手段将材料逐步变成建筑物或构筑物，同样涉及材料的选用、运输、储存及加工等诸多问题。总之，从事土木工程的技术人员，必须了解和掌握土木工程材料的有关技术知识。

土木工程材料通常按材料的化学成分或使用功能进行分类，具体如下。

1. 按化学成分分类

根据土木工程材料的化学成分不同，可分为有机材料、无机材料和复合材料三大类。

（1）有机材料。包括植物材料（如木材、竹材等）、沥青材料（如石油沥青、煤沥青及沥青制品等）、高分子材料（如涂料、塑料、胶黏剂、合成橡胶等）。

（2）无机材料。土木工程中使用的无机材料一般分为金属材料和非金属材料两大类。金属材料中的黑色金属（如生铁、钢、低合金钢及合金钢）和有色金属中的铜、铝及其合金是金属类材料的主流材料，在土木工程中一直占据重要地位。非金属材料主要包括天然石料、烧土制品、玻璃制品、胶凝材料、混凝土及砂浆、硅酸盐制品、绝热材料等。

（3）复合材料。是指由无机非金属材料和有机材料复合而成的土木工程材料，主要包括聚合物混凝土、沥青混凝土、水泥刨花板、玻璃钢等。

2. 按使用功能分类

根据土木工程材料在工程设施中所起的作用和功能分类，又可分为结构材料、构造材料、功能材料三大类。

（1）结构材料。也可称为承重材料，主要是指构成工程受力构件和结构所用的材料，如构成建筑物的梁、板、柱、墙、基础及其他受力构件和结构等所用的材料绝大部分由混凝土和钢材组成。就我国情况而言，所用的主要结构材料有砖、石、水泥、混凝土和钢材以及两者复合的钢筋混凝土和预应力钢筋混凝土。

（2）构造材料。是指建筑物内、外墙及分隔墙体所用的材料。建筑物中墙体有承重墙和非承重墙之分，需根据墙体不同承重性质选择墙体材料。目前，我国大量采用的墙体材料有各种砌墙砖（如普通砖、多孔砖、灰砂砖等）、混凝土及加气混凝土砌块等。

（3）功能材料。主要指不承受荷载，但具有某种特殊功能的材料，如防水、绝热、吸声、隔声、采光、装饰等材料。这一类材料功能各异、品种繁多，实际应用中具有相当大的选择空间。

土木工程材料是构成土木工程的物质基础。一般来说，工程的坚固、安全很大程度上取决于结构、构造材料的品种、性能和质量，而工程的适用和美观，主要取决于其功能材料。

3.2 钢　　材

钢材是重要的工程材料，是基本建设三大材料之一，具有一系列优良的性能。钢材具有较高的强度、良好的塑性和韧性，能承受冲击和振动荷载；可切割、焊接和使用螺栓连接，易于加工，便于安装和拆除，被广泛应用于各类土木工程中。钢材的缺点是易锈蚀、耐火性差、维修费用高等。建筑钢材主要有用于钢筋混凝土结构的各种钢筋、钢丝、钢绞线和用于钢结构的各种型材、钢板、钢管等。

3.2.1　钢材分类

钢的品种繁多，常用分类方法有以下几种：

（1）按化学成分分类，钢材分为碳素钢和合金钢两种。

（2）按钢材品质分类，钢材可分为普通钢、优质钢和高级优质钢。

（3）按钢材的用途分类，钢材可分为结构钢、工具钢和特殊钢。

土木工程上常用的钢材是普通碳素钢中的低碳钢和普通合金钢中的低合金钢。

3.2.2　建筑钢材的主要技术性能

钢材的主要技术性能有力学性能、工艺性能和化学性能等。了解、掌握钢材的各种性能是合理、经济地选用钢材的依据。

1. 力学性能

钢材的力学性能主要包括钢材的拉伸性能、冲击韧性、耐疲劳性能和硬度等。

（1）拉伸性能。拉伸性能是钢材最主要的力学性能，也是建筑钢材的主要受力形式，所以拉伸性能是表示钢材性能和选用钢材的重要指标。通过钢材的拉伸试验可测定钢材的屈服点或屈服强度、抗拉强度和伸长率。以低碳钢为例，制成标准试件，在试验机上做拉伸试验，逐级加载直到试件破坏，测得试件在受轴向力过程中的拉力和变形。根据试验数据，计算出应力、应变，可绘出 $\sigma—\varepsilon$ 关系曲线。低碳钢的拉伸性能可以通过该曲线来阐明。通过钢材的拉伸试验可以得到反映钢材塑性的一个重要力学指标：伸长率。钢材伸长率越大，塑性越好，但强度较低，偶尔发生超载情况也不会发生脆性破坏。钢材的另一个塑性指标是断面收缩率。

（2）冲击韧性。是指钢材抵抗冲击荷载的能力，用冲击韧性值表示。该值越大，钢材的冲击韧性就越好。影响钢材冲击韧性的因素很多。当钢材中的磷、硫含量较高，化学成分不均匀，含有非金属杂物以及焊接形成的微裂纹等都会使冲击韧性显著降低。同时，环境温度对钢材的冲击韧性的影响也很大。

（3）耐疲劳性。钢材在交变（数值和方向都有变化的）荷载反复多次作用下，其破坏应力远小于抗拉强度，这种破坏称为疲劳破坏，此时的强度称为疲劳极限或疲劳强度。在设计承受反复荷载且需进行疲劳验算的结构时，需了解所选用钢材的疲劳强度。

（4）硬度。是衡量钢材软硬程度的一项力学指标，即钢材表面抵抗塑性变形的能力。钢材的强度越高，塑性越小，则硬度值越高。

2. 钢材的工艺性能

钢材的工艺性能主要指冷弯、冷拉、冷拔等冷加工成型及焊接工艺性能。建筑钢材在使用前，大多需进行一定形式的加工。良好的工艺性能，可以保证土木工程中大量使用的钢筋顺利通过各种加工，在钢材制品质量不受影响的前提下取得明显的经济效益。

（1）冷弯性能。冷弯是钢材在常温下承受弯曲变形的能力。钢材的冷弯性能可通过冷弯试验来检验。

（2）焊接性能。土木工程中，钢结构中的钢材、混凝土结构中的钢材以及预埋件等钢材间的连接，绝大多数采用焊接方式完成。焊接的质量取决于焊接工艺、焊接材料及钢材的焊接性能。因此要求钢材具有良好的焊接性能，焊缝处的性能应与母材接近，并且局部变形和硬脆倾向较小，焊接才牢靠。钢材的可焊性是指钢材是否适应用通常的方法与工艺进行焊接的性能。

（3）钢材的冷加工性能。将钢材在常温下进行冷拉、冷拔、冷轧、冷扭和刻痕等加工，使之产生塑性变形，从而提高钢材强度和硬度，降低钢材塑性和韧性，这个过程称为冷加工强化处理。土木工程中大量使用的钢筋采用冷加工强化，可适当减小钢筋混凝土结构构件截面或减少混凝土结构中配筋数量，从而达到节约钢材的目的，具有明显的经济效益。

3. 钢材的化学性能

钢材中除了主要化学成分铁（Fe）以外，还含有少量的碳（C）、硅（Si）、锰（Mn）、磷（P）、硫（S）、氧（O）、氮（N）、钛（Ti）、钒（V）等元素，这些元素虽然含量少，但对钢材性能有很大影响。

（1）碳。是决定钢材性能的最重要元素，当钢中含碳量在 0.8% 以下时，随着含碳量的增加，钢材的强度和硬度提高，而塑性和韧性降低。但当含碳量在 1.0% 以上时，随着含碳量的增加，钢材的强度反而下降，随着含碳量的增加，钢材的焊接性能变差。含碳量大于 0.3% 的钢材，可焊性显著下降，冷脆性和时效敏感性增大，耐大气锈蚀性下降。一般工程所用碳素钢均为低碳钢，即含碳量小于 0.25%；工程所用低合金钢，其含碳量小于 0.52%。

（2）硅。是作为脱氧剂存在于钢材中，是钢材中的有益元素。硅含量较低（小于 1.0%）时，能提高钢材的强度，而对塑性和韧性无明显影响。

（3）锰。是炼钢时用来脱氧去硫而存在于钢材中的，是钢材中的有益元素。锰具有很强的脱氧去硫能力，能消除或减轻氧、硫所引起的热脆性，大大改善钢材的热加工性能，同时能提高钢材的强度和硬度。锰是我国低合金结构钢中的主要合金元素。

（4）磷。是钢材中很有害的元素，随着磷含量的增加，钢材的强度、屈强比、硬度均提高，而塑性和韧性显著降低。特别是温度越低，对塑性和韧性的影响越大，显著加大钢材的冷脆性。磷也使钢材的可焊性显著降低，但可提高钢材的耐磨性和耐蚀性，故在低合金钢中可配合其他元素作为合金元素使用。

（5）硫。是钢材中很有害的元素，它的存在会加大钢材的热脆性，降低钢材的各种机械性能，也使钢材的可焊性、冲击韧性、耐疲劳性和抗腐蚀性等均降低。

（6）氧。是钢材中的有害元素，随着氧含量的增加，钢材的强度有所提高，但塑性特别是韧性显著降低，可焊性变差，氧的存在会造成钢材的热脆性。

（7）氮。对钢材性能的影响与碳、磷相似，随着氮含量的增加，可使钢材的强度提高，塑性特别是韧性显著降低，可焊性变差，冷脆性加剧。氮在铝、铌、钒等元素的配合下可以减少其不利影响，改善钢材性能，可作为低合金钢的合金元素使用。

（8）钛。是强脱氧剂，能显著提高钢材强度，改善韧性、可焊性，但对钢材塑性有稍微降低，是常用的微量合金元素。

（9）钒。是弱脱氧剂，加入钢材中可减弱碳和氮的不利影响，有效地提高强度，但有时也会增加焊接淬硬倾向，也是常用的微量合金元素。

3.2.3 建筑用钢材

我国的建筑用钢材分类如下。

1. 钢结构用钢材

钢结构所用钢材主要为热轧成型的钢板和型钢，以及冷加工成型的冷轧薄钢板和冷弯薄型钢等。

（1）钢板。有厚钢板、薄钢板和扁钢之分。厚钢板常用作大型梁、柱等构件的翼缘和腹板，以及节点板等；薄钢板主要用来制造冷弯薄壁型钢；扁钢可用作焊接组合梁、柱的翼缘板、各种连接板、加劲肋等。

（2）热轧型钢。常用的有角钢、工字钢、槽钢、窗框钢等。主要用来制作桁架等格构式结构的杆件和支撑等。而某些场合，大型槽钢、大型工字钢可直接用作钢结构的构件，如梁、檩条等。

（3）冷弯薄壁型钢。包括采用钢板经冷弯和辊压成型的型材和采用薄钢板经过辊压成型的压型钢板，其截面形式和尺寸均可按受力特点合理设计。它能充分利用钢材的强度，节约钢材，在国内外轻钢建筑结构中应用广泛。

2. 混凝土结构用钢材

钢筋混凝土结构用的钢筋和钢丝主要由碳素结构钢和低合金结构钢轧制而成。常用的钢筋有热轧钢筋、冷加工钢筋、热处理钢筋、预应力混凝土用钢丝和钢绞线。按直条或盘条（盘圆）供货。

（1）热轧钢筋。热轧钢筋是红热的钢锭经碾轧而成的光圆钢筋或带肋圆钢筋。它是土木工程中用量最大的钢材品种之一，主要用作钢筋混凝土和预应力混凝土结构的配筋。热轧钢筋按其轧制外形分为热轧光圆钢筋、热轧带肋钢筋两类。

（2）预应力混凝土用热处理钢筋。热轧带肋钢筋经淬火和高温回火调质处理后称为热处理钢筋，其强度提高较多，塑性降低不大，综合性能比较理想。在预应力混凝土结构中使用它，具有与混凝土黏结性能好、应力松弛率低、施工方便等优点。

（3）预应力混凝土用钢丝、钢绞线。优质碳素结构钢经淬火、酸洗、回火或冷轧、绞捻等加工而成的专用产品，称为优质碳素钢丝或钢绞线。预应力混凝土用钢丝按加工状态分为冷拉钢丝和消除应力钢丝两类。按外形分为光圆钢丝、刻痕钢丝两种。其质量稳定、安全可靠、强度高、无接头、施工简便，主要用于大跨度的屋架、薄腹架、吊车梁或桥梁等大型预应力混凝土构件。预应力混凝土用钢绞线是由多根圆形高强度碳素钢丝经相互绞捻而成的绳状钢材。其强度高，并且有较好的柔韧性，质量稳定，施工方便。主要适用于大荷载、大跨度、曲线配筋的预应力钢筋混凝土结构。

3. 建筑装饰用钢材

钢材及其制品具有特殊的装饰功能和质感，同时拥有优良的物理力学性能，是建筑装饰装修中不可缺少的重要材料之一。建筑装饰用钢主要有装饰用不锈钢、彩色涂层钢板、彩色不锈钢板和轻钢龙骨等。

（1）装饰用不锈钢。分为平面钢板和凹凸钢板两类。该材料具有较强的抗锈蚀能力和很好的光泽，被广泛应用于建筑物幕墙、门窗、栏杆、扶手等部位，装饰效果良好。

（2）彩色涂层钢板。彩色涂层钢板的涂层可分为有机涂层、无机涂层和复合涂层三大类，其中以有机涂层钢板发展最快。彩色涂层钢板以经过表面处理的冷轧钢板为基材，两面涂覆涂层，并辊压成一定形状。这种涂层钢板兼有钢板和塑料的优点，具有良好的可加工性、耐腐蚀性和装饰性，被广泛应用于建筑外墙、屋面等部位。

（3）彩色不锈钢板。彩色不锈钢板是在不锈钢板上进行技术和工艺加工，使其成为色彩丰富的不锈钢板。因其具有良好抗腐蚀性能及力学性能，且耐高温，所以应用于建筑物墙面装饰，不仅坚固耐用，而且美观新颖。

（4）轻钢龙骨。轻钢龙骨用镀锌钢带或薄钢板轧制而成，具有强度高、通用性强、耐火性好、安装简单等特点，可装配各种类型的石膏板、钙塑板和吸声板等饰面板，是目前应用最广泛的室内吊顶装饰和轻质板材隔断用龙骨支架。

3.3　水　　泥

水泥是一种粉末状物质，加水拌合成塑性浆体后，经一系列物理、化学作用可由浆体变成坚硬的石状物，并能将砂、石等散粒状材料胶结成整体。由于水泥浆体可以在空气和水中硬化，为水硬性胶凝材料，故称为水泥。

水泥是重要的建筑材料之一，广泛应用于建筑、交通、水利、电力、海港等工程，可作为胶凝材料用来制作混凝土、钢筋混凝土和预应力混凝土构件，也可配制各类砂浆用于建筑物的砌筑、抹面、装饰等。

水泥种类繁多，按其用途和性能分为通用水泥、专用水泥和特种水泥三类。一般土木建筑工程通常采用的水泥为通用水泥，如硅酸盐水泥、矿渣硅酸盐水泥等；满足专门用途的水泥称为专用水泥，如低热水泥、砌筑水泥等；具有某种突出性能的水泥为特种水泥，如快硬（早强）硅酸盐水泥、膨胀水泥等。

水泥按其主要水硬性矿物名称又分为硅酸盐水泥、铝酸盐水泥、硫铝酸盐水泥和氟铝酸盐水泥等。

虽然水泥品种繁多，但我国水泥产量的 90% 左右属以硅酸盐为主要水硬性矿物的硅酸盐类水泥。其中，普通硅酸盐水泥是我国水泥的主要品种之一，产量占水泥总产量的40％以上。

1. 水泥的品种

土木工程中广泛应用的硅酸盐类水泥有以下五大品种：硅酸盐水泥、普通硅酸盐水泥、矿渣硅酸盐水泥、火山灰质硅酸盐水泥和粉煤灰硅酸盐水泥。

（1）硅酸盐水泥。是由硅酸盐水泥熟料、5％以下的混合材料和适量的石膏制成的水硬性胶凝材料。

（2）普通硅酸盐水泥。简称普通水泥，是由硅酸盐水泥熟料、适量混合材料和适量石膏磨细制成的胶凝材料。

（3）矿渣硅酸盐水泥。简称矿渣水泥，是由硅酸盐水泥熟料、粒化高炉矿渣和适量石膏磨细制成的胶凝材料。

（4）火山灰质硅酸盐水泥。简称火山灰水泥，是由硅酸盐水泥熟料、火山灰质混合材料和适量石膏磨细制成的胶凝材料。

（5）粉煤灰硅酸盐水泥。简称粉煤灰水泥，是由硅酸盐水泥熟料、粉煤灰和适量石膏磨细制成的胶凝材料。

2. 水泥的技术性能

水泥的主要技术性能包括细度、凝结时间、体积安定性、强度、水化热等。

（1）细度。是指水泥颗粒的粗细程度，是影响水泥性能的重要物理指标。一般情况下，水泥颗粒越细、总表面积越大，与水接触的面积越大，水化速度越快，水化产物越多，凝结硬化越快，强度也越高。

（2）凝结时间。是指水泥从加水到开始失去流动性，即从可塑状态发展到固体状态所需的时间，分为初凝时间与终凝时间。水泥的凝结时间在施工中具有重要意义。初凝时间不宜过早，以便在施工时有足够的时间对混凝土和砂浆进行搅拌、运输、浇筑、砌筑；终凝时间不宜过迟，以便混凝土和砂浆在施工完毕后，尽快地凝结硬化达到一定强度，使下一步施工顺利进行。国家标准规定，初凝时间不合格，水泥作废品处理；终凝时间不合格，水泥为不合格品。

（3）体积安定性。是指水泥在凝结硬化过程中体积均匀变化的性质。若水泥在硬化过程中产生不均匀的体积变化，会使水泥制品出现膨胀性裂缝、翘曲、疏松和崩溃等现象，影响建筑物的质量，甚至引起严重事故。体积安定性不合格的水泥应作废品处理，不得用于土木工程中。水泥体积安定性不良，一般是由于水泥熟料中游离氧化钙或游离氧化镁过多或掺入的石膏过多所致。上述物质在水泥硬化后开始或继续进行水化反应，其水化产物体积膨胀使水泥石开裂。

（4）强度及强度等级。水泥强度是水泥的重要技术指标，主要取决于主要熟料矿物含量及其比例和水泥的细度。此外，还和试验方法、试验条件、养护、龄期有关。国家标准规定的水泥强度的检验方法为：将水泥和标准砂按规定比例混合，加入规定数量的水，按规定的方法制成标准尺寸的试件，在标准温度的水中养护，测定3d和28d的抗折、抗压强度，以此划分水泥的强度等级标号。

（5）水化热。是指水泥和水之间发生化学反应释放出的热量，通常以 J/kg 表示。水泥水化释放出热量的大小及速度，主要取决于水泥的矿物组成和细度。水化热对一般建筑物的冬季施工是有利的，但对大体积混凝土工程是有害的。由于水化热积聚在大体积混凝土内部不易散失，混凝土内外温差所引起的温度应力会使混凝土产生裂缝。因此，在大体积混凝土中不宜采用水化热较大的硅酸盐水泥，应采用水化热低的水泥，如中热水泥、低热矿渣水泥等，或采取相关的降温措施。

3. 水泥的运输与存放

水泥在储存和运输过程中，应按不同强度等级、品种及出厂日期分别储运。水泥如受到雨淋、水浸等会立即凝结硬化失去效能。如果水泥储存过久，在空气中的水分及二氧化碳作用下，也会结块硬化，使其胶结能力、强度降低，甚至不能使用。因此，水泥在储运过程中，要特别注意防潮防水，而且不宜储存过久。水泥的有效储存期为 3 个月。如果储存期超过 6 个月，在使用前必须经过检验，确定合格后方可使用或按重新检测的实际强度使用。

3.4　混　凝　土

3.4.1　混凝土的特点与分类

混凝土是由水泥、水、粗骨料、细骨料、混合材料、外加剂按适当比例配合，拌制成拌合物，经一定时间硬化而成的人造石材。混凝土被广泛应用于建筑工程、水利工程、交通工程、国防工程等，是当代最重要的建筑材料之一。

1. 混凝土的特点

混凝土在土木工程中应用广泛，与其他材料相比，它具有许多优点：

(1) 组成材料中的砂、石为当地材料，可以就地取材，故成本较低。

(2) 混凝土拌合物在凝结硬化之前具有良好的塑性，可浇筑成各种形状尺寸的结构或构件。

(3) 混凝土拌合物硬化后有较高的抗压强度和耐久性。

(4) 适用性强。可以通过改变配合比配制成不同性能和强度等级的混凝土，满足各类工程的需要。

(5) 混凝土与钢筋之间有牢固的黏结力，且线膨胀系数相近，可制成钢筋混凝土结构或构件。

(6) 混凝土结构的维修较方便。混凝土材料的缺点为自重大、抗拉强度低、容易产生裂缝，在施工过程中影响其质量的因素较多，质量波动大。随着科技的发展，混凝土的缺点正在被克服。

2. 混凝土的分类

混凝土是由多种性能不同的材料组合而成的复合材料，分类方法很多。

(1) 按使用功能分类：结构混凝土、保温混凝土、耐酸碱混凝土、耐热混凝土、防水混凝土等。

(2) 按胶凝材料分类：水泥混凝土、沥青混凝土、聚合物混凝土等。

（3）按表观密度大小分类：重混凝土、普通混凝土、轻混凝土。

（4）按生产和施工方法分类：现浇混凝土、预制混凝土、泵送混凝土、喷射混凝土等。

（5）按强度等级分类：普通混凝土、高强混凝土、超高强混凝土。

3.4.2 混凝土的组成材料

普通混凝土（简称混凝土）是由水泥、砂子、石子和水所组成的，另外还可根据需要掺入适量的掺和料和外加剂，用以改善混凝土的性能。在混凝土中，砂、石主要起骨架作用，通称为骨料。水泥与水形成水泥浆，水泥浆包裹在骨料表面并填充其空隙。在混凝土硬化前，水泥浆起润滑作用，赋予拌合物一定流动性，便于混凝土浇筑成型；水泥浆硬化后主要起胶结作用，将砂、石骨料胶结成一个整体，使混凝土具有一定强度。

混凝土的质量和技术性能在很大程度上由原材料的性质及其相对含量所决定，同时也与施工工艺（搅拌、运输、振捣、养护等）息息相关。因此，只有了解混凝土原材料的性质、作用及质量要求，合理选择原材料，才能保证混凝土的质量。

1. 水泥品种与强度等级的选择

水泥是混凝土中最关键的原材料，它直接影响混凝土的强度、耐久性和经济性。配制混凝土的水泥，应根据工程特点、所处环境以及设计、施工的要求，结合各种水泥的不同特征，合理选用。水泥强度等级的选择应与混凝土的设计强度等级相适应。原则是配制高强度等级的混凝土，选用高强度等级水泥；配制低强度等级的混凝土，选用低强度等级的水泥。对于一般强度的混凝土，水泥强度等级一般为混凝土强度等级的 1.5～2.0 倍。

2. 骨料

骨料按粒径的大小分为细骨料与粗骨料。混凝土体积中骨料的体积占 60%～80%，骨料的性能对所配制的混凝土性能有很大影响。

（1）细骨料。是指粒径在 0.16～5mm 的砂。常用的砂有河砂、海砂及山砂。对砂的质量和技术要求主要有：有害杂质的含量、坚固性、颗粒形状及表面特征、颗粒粗细程度与颗粒级配。

（2）粗骨料。是指粒径大于 5mm 的岩石颗粒，分为碎石与卵石两大类。配制混凝土的粗骨料的质量和技术要求主要有：有害杂质的含量、颗粒形状及表面特征、最大粒径及颗粒级配、强度及坚固性。

（3）混凝土拌合水与养护用水。对拌合和养护混凝土用水的质量要求是：不影响混凝土的凝结与硬化；无损于混凝土的强度发展和耐久性；不加快钢筋的锈蚀；不引起预应力钢筋脆断；不污染混凝土表面等。混凝土用水宜优先采用符合国家标准的饮用水。

3.4.3 混凝土的主要技术指标

普通混凝土的主要技术指标为：混凝土拌合物的和易性、硬化混凝土的强度和混凝土的耐久性。

1. 混凝土拌合物的和易性

混凝土的各组成材料按一定比例配合、搅拌而成的尚未凝固的材料，称为混凝土拌合物。混凝土拌合物必须具备良好的和易性，以便于施工并获得均匀密实的混凝土，从而保证混凝土的强度和耐久性。

和易性是指混凝土在搅拌、运输、浇筑、捣实等过程中易于操作，并能获得质量均匀、成型密实混凝土的性能。它是一项综合的技术性能，包括流动性、黏聚性和保水性三方面的含义。

（1）流动性。是指混凝土拌合物在本身自重或机械振捣作用下产生流动，并均匀密实地填满模板内空间的性能。该性能反映混凝土拌合物的稀稠程度，直接影响混凝土浇筑、捣实施工的难易和混凝土的质量。

（2）黏聚性。是指混凝土拌合物各组分间具有一定的黏聚力，在运输和浇筑过程中能够抵抗分层离析、使混凝土保持整体均匀的性能，该性能反映混凝土拌和物的均匀性。黏聚性不好的混凝土拌合物，砂浆与石子容易分离，振捣后会出现蜂窝、空洞等现象。

（3）保水性。是指混凝土拌合物具有一定保水能力，施工中不易发生严重泌水的性能。保水性差的混凝土拌合物，在施工过程中，一部分水易从内部析出至表面，在混凝土内部形成泌水通道，影响混凝土的密实，降低混凝土的强度和耐久性。

混凝土拌合物的和易性是以上三个方面性能的综合体现，它们之间既相互联系，又相互矛盾。所谓混凝土拌合物和易性良好，是要使这三方面的性能，在某种具体工作条件下得到统一，达到均为良好的状况。

2. 硬化混凝土的强度

强度是混凝土最重要的力学性能。混凝土的强度主要包括抗压强度、抗拉强度、抗弯强度、抗剪强度和与钢筋黏结强度等。混凝土的各种强度中，抗压强度最大，抗拉强度最小，所以在结构工程中，混凝土主要用于承受压力。

混凝土强度与混凝土的其他性能关系密切，通常用混凝土强度来评定和控制混凝土的质量。

（1）混凝土的抗压强度与强度等级。

1）混凝土的抗压强度。是指其标准试件在压力作用下直到破坏时单位面积所能承受的最大压力。抗压强度常作为评定混凝土质量的指标，并作为确定强度等级的依据。在实际工程中提到的混凝土强度一般是指其抗压强度。

2）混凝土的强度等级。是以混凝土立方体抗压强度标准值来划分的。混凝土强度等级采用符号 C 与立方体抗压强度标准值表示，普通混凝土划分为：C10、C15、C20、C25、C35、C40、C45、C50、C60 多个等级。

（2）混凝土的轴心抗压强度。混凝土的强度等级是采用立方体试件来确定的。土木工程中，钢筋混凝土构件的形式大部分是棱柱体或圆柱体型。为了使测得的混凝土强度接近于混凝土构件的实际抗压能力，在土木工程中计算钢筋混凝土受压构件承载力时，常采用混凝土的轴心抗压强度作为设计依据。

（3）混凝土的抗拉强度。混凝土的抗拉强度大约只有其抗压强度的 $1/20 \sim 1/10$。在钢筋混凝土结构设计时不考虑混凝土承受拉力。但混凝土抗拉强度对混凝土的抗裂性来说意义重大，是结构设计中确定混凝土抗裂度的主要指标，同时也用来衡量混凝土与钢筋的黏结能力。

（4）影响混凝土强度的主要因素。混凝土的强度主要取决于水泥石强度及其与骨料的黏结强度。因此，除施工方法、施工质量外，水泥标号、水灰比、骨料性质、养护条件及龄期对混凝土强度的影响较大。

1) 水泥强度和水灰比。水泥强度越高，混凝土强度相应越高；当水泥强度相同时，随着水灰比的增大，混凝土强度相应降低。

2) 骨料种类和级配。其他条件相同时，表面粗糙、有棱角，与水泥浆胶结良好的碎石混凝土的强度高于表面光滑的卵石配制的混凝土。

3) 养护条件。主要指养护的温度与湿度。温度、湿度对水泥水化的速度和程度产生影响，从而决定混凝土强度的发展过程。因此，混凝土成型后，必须在一定时间内保持尽量高一点儿的温度和足够的湿度，以便水泥充分水化，保证混凝土的强度。

3. 混凝土的耐久性

混凝土的耐久性是指混凝土抵抗环境介质作用并长期保持其良好的使用性能和外观完整性，从而维持混凝土结构安全、正常使用的能力。简单地说，耐久性即混凝土经久耐用的性质，它是一项综合的质量指标，主要包括抗渗、抗冻、抗侵蚀、碳化、碱骨料反映等性能。

（1）混凝土的耐久性。

1) 混凝土的抗渗性。是指混凝土抵抗有压介质（水、油、溶液等）渗透作用的能力。抗渗性是混凝土耐久性的一项重要指标，直接影响混凝土的抗冻性和抗侵蚀性。提高混凝土抗渗性的主要措施是提高混凝土的密实度，减少连通孔隙。

2) 混凝土的抗冻性。是指混凝土在水饱和状态下，能经受多次冻融循环作用而不破坏，同时强度也不严重降低的性能。这一指标对于寒冷地区，特别是在与水接触、易受冻环境中使用的混凝土尤为重要。提高混凝土抗冻性的主要措施有掺入减水剂、防冻剂等外加剂提高混凝土的密实度，减小孔隙率及孔隙的充水程度。

3) 混凝土的抗侵蚀性。是指混凝土抵抗外界侵蚀介质破坏作用的能力。混凝土的抗侵蚀性与所用水泥品种、混凝土的密实度和孔隙特征有关。提高混凝土抗侵蚀性的主要措施是合理选择水泥品种、降低水灰比、提高混凝土密实度和改善孔隙结构。

4) 混凝土的碳化。是指环境中的二氧化碳与水泥石中的氢氧化钙作用，减弱了混凝土对钢筋的防锈保护作用。因此，为防止钢筋锈蚀，必须设置足够的混凝土保护层。碳化还将引起混凝土体积收缩，产生细微裂缝，引起强度下降。

5) 碱骨料反应。是指硬化混凝土中所含的碱与骨料中活性成分二氧化硅发生反应，生成具有吸水膨胀性的产物——碱—硅酸凝胶，在有水的条件下吸水后产生很大的体积膨胀，导致混凝土开裂，影响耐久性。

（2）提高混凝土耐久性的主要措施。

1) 合理选择水泥品种。

2) 控制混凝土水灰比与水泥用量。

3) 选用质量好、技术条件合格的骨料。

4) 掺入外加剂。

5) 改善混凝土的施工工艺。

3.5 其 他 材 料

3.5.1 木材

木材作为三大建筑材料（木材、水泥、钢材）之一，在土木工程中应用广泛。木材具有轻质高强、弹性韧性较好、易于加工等优点。木材是天然资源，生长期长，产量受自然条件制约，故在我国较少用作外部结构材料。大部分木材都具有美观的天然纹理，易于着色和油漆，是理想的建筑装饰、装修材料。木材也存在内部构造不均匀，其顺纹和横纹方向性能不一，湿胀干缩、易腐、易燃等缺点。但经过一定的加工和处理，这些缺点可得到相当程度的改善。木材按树种通常分为针叶树材和阔叶树材两大类。由于树种的差异和树木生长环境的不同，木材构造差别很大。

1. 木材的物理力学性质

木材的物理力学性质主要包括含水率、密度、强度等，其中对木材性能影响最大的是含水率。

（1）木材的含水率。木材中所含水分可分为自由水、吸附水和化合水三种，其中吸附水是影响木材强度和胀缩的主要因素。木材的含水率是指木材中所含水的重量占干燥木材重量的百分比。

（2）木材的密度。常用木材的密度为 $500\sim800\mathrm{kg/m^3}$。木材密度随含水率变化而变化。

（3）木材的强度。木材是一种天然的非匀质的各向异性材料，木纤维的方向、形状决定了木材的力学性质。木材按受力状态分为抗拉、抗压、抗弯和抗剪 4 种强度，而抗拉、抗压、抗剪强度又有顺纹和横纹之分。顺纹是指作用力方向与木纤维方向平行；横纹是指作用力方向与木纤维方向垂直。木材的顺纹与横纹强度有很大差别。木材强度除由本身组织构造因素决定外，还与含水率、疵点（木节、斜纹、裂纹、腐朽及虫蛀等）、负荷持续时间、温度等因素有关。

2. 木材的防护

（1）木材的防腐防虫。

1）木材的腐朽和防腐。木材的腐朽是由于真菌在木材中寄生引起的。木材受到真菌侵害后，颜色改变，结构逐渐变松、变脆，导致木材强度与耐久性降低，这种现象称为木材的腐朽。木材防腐通常采用两种方法：破坏真菌生存的条件或将木材变成含毒的物质。破坏真菌生存条件最常用的方法为：将木材风干或烘干，并对结构物采取通风、防潮、表面涂刷油漆等措施。将木材变成含毒的物质最常用的方法为：将防腐剂注入木材内，使真菌无法生存与繁殖。

2）木材的防虫。木材还易受到白蚁、天牛等昆虫的蛀蚀，它们破坏木质结构的完整性而使木材强度严重降低。防止虫蛀的方法通常是向木材内注入防虫剂。

（2）木材防火。木材属易燃物质，是具有火灾危险性的材料，需进行防火处理，以提高其耐火性。常用的防火处理方法是在木材表面涂刷、浸渍或覆盖难燃材料，或用防火剂浸渍木材。

3．木材的应用

在土木工程施工过程中，应根据木材的树种、等级、材质等情况综合分析，合理选用，尽量做到大材不小用，好材不零用。木材根据用途和加工程度的不同，分为原条、原木、锯材三类。将木材加工过程中的大量边角、碎料、刨花、木屑等进行加工处理，可制成各种人造板材。人造板材种类很多，土木工程中常用的有胶合板、纤维板、刨花板、木丝板、木屑板等。

3.5.2 砖瓦

1．砖

砖是一种常用的砌筑材料，一般以黏土、工业废料或其他地方资源为主要原料，以不同工艺制成。因其具有原材料容易取得、生产工艺比较简单、价格低、体积小、便于组合等优点，被广泛地应用于墙体、基础、柱、拱、烟囱、沟道等砌筑工程中。目前，我国大量生产和应用的砖主要是烧结砖和蒸养砖。

（1）烧结普通砖。是以黏土或页岩、煤矸石、粉煤灰为主要原料，经过焙烧而成的普通砖。

1）烧结普通砖的分类。按原料分为：黏土砖（N）、页岩砖（Y）、煤矸石砖（M）、粉煤灰砖（F）。按颜色分为：红砖和青砖。以黏土为主要原料，经配料、制坯、干燥、焙烧而成的烧结普通砖简称黏土砖。黏土砖因焙烧环境不同分为红砖和青砖，青砖较红砖耐久性好，强度高，但价格较红砖贵。生产传统的黏土砖毁田取土量大，能耗高，砖自重大，施工生产中劳动强度高，功效低，已逐渐被新型材料所取代。利用粉煤灰、煤矸石和页岩等为原料烧制砖，这是由于它们的化学成分与黏土相近。同时，利用煤矸石和粉煤灰等工业废渣烧砖不仅可以减少环境污染，节约大片良田黏土，而且可以节省大量燃料煤，这是三废利用、变废为宝的有效途径。

2）烧结普通砖的技术性能指标。形状尺寸、表观密度、吸水率、强度等级、质量等级、抗风化能力。

（2）烧结多孔砖和烧结空心砖。由于高层建筑的发展，对普通烧结砖提出了减轻自重、减小墙厚、改善绝热和吸音性能等要求。推广使用多孔砖、空心砖能减少能耗，并可节约黏土用量，降低生产成本，具有很大的经济和社会效益。

（3）非烧结砖。不经焙烧而制成的砖为非烧结砖，如蒸养（压）砖、免烧免蒸砖、碳化砖等。非烧结砖是很有发展前途的砌筑材料，主要品种有灰砂砖、粉煤灰砖、炉渣砖等。

2．瓦

瓦一般指黏土瓦。瓦的种类较多，按组成材料分为黏土瓦、水泥瓦、石棉水泥瓦、钢丝网水泥瓦、聚氯乙烯瓦、玻璃钢瓦、沥青瓦等；按形状分为平瓦和波形瓦两类。黏土瓦作为传统的屋面材料，随着建筑业的发展，逐渐向多材质的大型水泥类瓦材和高分子复合类瓦材发展。

（1）烧结类瓦材。

1）黏土瓦。以黏土（包括页岩、煤矸石等粉料）为主要原料，经泥料处理、成型、干燥和焙烧而成。我国目前生产的黏土瓦有小青瓦、脊瓦和平瓦，主要用于民用建筑和农村坡形屋面防水。

2）琉璃瓦。琉璃瓦是我国陶瓷宝库中的珍品之一。它是用难熔黏土制坯，经干燥、上釉后焙烧而成的一种高级屋面材料。一般只限于仿古建筑、纪念性建筑及园林建筑中的亭、台、楼、阁上使用。

（2）水泥类瓦材。

1）混凝土瓦。以水泥和砂为主要原料，经模压成型，养护而成。该瓦成本低、耐火，但自重大于黏土瓦，其应用范围同黏土瓦。

2）石棉水泥瓦。以保温石棉和水泥为基本原料，经配料、打浆、成型、养护而制成的轻型瓦材。主要用于厂房、库房、凉棚等建筑的屋面材料，也作为不采暖建筑骨架墙的外墙封面板。

3）钢丝网水泥大波瓦。由普通硅酸盐水泥和砂子，按一定配比，中间加低碳冷拔钢丝网一层加工而成。适用于工厂散热车间、仓库或临时性的屋面及围护结构等处。

（3）高分子类复合瓦材。

1）纤维增强塑料波形瓦。是采用玻璃纤维和不饱和聚酯树脂为原料经人工糊制而成的。适用于售货亭、凉棚、车站站台等建筑的屋面。

2）玻璃纤维沥青瓦。是以玻璃纤维薄毡为胎料，表面涂敷改性沥青而成的片状屋面瓦材。适用于一般民用建筑的坡形屋面。

3）聚氯乙烯波形瓦。是采用聚氯乙烯树脂为主体原料加入其他配合剂，经塑化、挤压或压延、压波等工序而制成的一种新型屋面瓦材。适用于简易建筑的屋面。

3.5.3　建筑塑料

塑料是以聚合物为主要成分，加入或不加入某些添加剂，经一定温度、压力塑制成型的有机合成材料。塑料及其制品应用于建筑已有数十年的历史，塑料可用作装修、装饰材料；可制成涂料，作为防水材料；可制成塑料上、下水管道、卫生洁具以及隔热隔音材料；还可制成黏合剂应用于工程中。伴随土木工程的发展，土木工程材料向轻质高强、多功能、便于机械化施工的方向发展，塑料在这方面具有独特的优越性。因此，塑料在土木工程中的应用前景广阔。

1. 塑料的特征

塑料品种繁多，性能各异，与传统土木工程材料相比，具有质轻、比强度高、可塑性好、耐腐蚀性好、装饰性好、电绝缘性优良等优点。塑料也存在耐热性差、易老化、燃烧时会产生大量有毒烟雾等缺点。但通过加入各种稳定剂及对聚合物采取共混、共聚、增强复合等途径，可从不同角度改善其性能，扩大其在土木工程中的应用。

2. 塑料在土木工程中的应用

土木工程常用塑料的种类有：聚氯乙烯（PVC）、聚乙烯（PE）、聚丙烯（PP）、聚苯乙烯（PS）、不饱和聚酯塑料（UP）等。塑料在土木工程中常用于制作塑料门窗、管材和型材等。

（1）聚氯乙烯塑料及其制品。聚氯乙烯树脂加入不同量的增塑剂，可制得硬质或软质制品。硬质 PVC 塑料可制成管件、管材及棒、板、塑料焊条等型材，可制作泡沫保温材料、防腐蚀材料，还可以用作地板砖、门窗框及门窗扇、百叶窗、墙面板、屋面采光板、楼梯扶手等建筑装修的构、配件。软质 PVC 塑料可制成板材、管材、防水材料以及墙纸、地板革等铺设墙面、楼地面的装修材料。

（2）聚乙烯塑料及其制品。聚乙烯塑料是优良的防水材料，可用做防渗、防潮薄膜、给水排水管道、混凝土建筑物的防水层等，还可供配制涂料。

（3）聚苯乙烯塑料及其制品。聚苯乙烯塑料在建筑上多用于制作装饰透明零件、灯罩、涂料等，另外，可制成聚苯乙烯泡沫塑料制品。

（4）不饱和聚酯塑料及其制品。不饱和聚酯树脂和玻璃纤维可制成玻璃钢，建筑上用做瓦楞板、屋架材料、贴面板、卫生洁具等。不饱和聚酯塑料还可以用来生产门窗框架、管道、水箱等。

（5）聚丙烯塑料及其制品。聚丙烯塑料管与塑料管相比，具有较高的表面硬度且表面光洁，多用作化学废料排放管。

3.5.4 沥青

沥青是由多种有机化合物构成的复杂混合物，是一种呈褐色或黑褐色的有机胶凝材料。沥青被广泛应用于建筑、公路、桥梁等工程中，主要用途是生产防水材料和铺筑沥青路面等。

沥青按产源分类，可分为地沥青和焦油沥青两大类。其中，地沥青包括天然沥青和石油沥青；焦油沥青包括煤沥青、木沥青和岩沥青。目前常用的是石油沥青和煤沥青。

1. 石油沥青

石油沥青是一种有机胶凝材料，在常温下呈固体、半固体或黏性液体状态。

石油沥青的主要技术性质有黏滞性、塑性、温度敏感性、大气稳定性、防水性及延性。我国石油沥青产品按用途分为道路石油沥青、建筑石油沥青和普通石油沥青等。土木工程中最常用的是建筑石油沥青和道路石油沥青。道路石油沥青主要用于道路路面或车间地面等工程，一般拌制成沥青混合料使用。还可以作密封材料和黏结剂以及沥青涂料等。建筑石油沥青黏性较大，耐热性较好，但塑性较小，主要用作制造防水材料、防水涂料和沥青嵌缝膏。它们绝大部分用于屋面及地下防水、沟槽防水、防腐蚀及管道防腐等工程。普通石油沥青由于含有较多的蜡，温度敏感性大，在建筑工程上不宜直接使用。只能与其他种类石油沥青掺配使用。

石油沥青的牌号主要根据其针入度、延度和软化点等质量指标划分，以针入度值表示。不同石油沥青的技术指标可参看国家规范。在选用沥青材料时，应根据工程类别（房屋、道路、防腐）及当地气候条件、所处工作部位（屋面、路面、地下）来选用不同牌号的沥青。

2. 煤沥青

煤沥青是炼焦厂和煤气厂的副产品。按蒸馏程度不同，煤沥青分为低温沥青、中温沥青和高温沥青，建筑上多采用低温沥青。

煤沥青的大气稳定性与温度稳定性较石油沥青差。煤沥青中含有酚，有毒性，因此，防腐性较好，适用于地下防水层或作防腐材料用。但由于煤沥青在技术性能上存在较多的缺点，成分不稳定，并有毒性，近年来已很少用于建筑、道路和防水工程之中。

3. 改性沥青

当普通石油沥青的性能不能全面满足使用要求时，常采取措施对沥青进行改性。改性后性能得到不同程度改善的沥青称为改性沥青。工程上常用的改性沥青有：

（1）橡胶改性沥青。是沥青中掺入适量橡胶后使其改性的产品。沥青与橡胶的相溶性较好，混溶后的改性沥青高温变形很小，低温时具有一定塑性。掺入的橡胶有天然橡胶、合成橡胶和再生橡胶。

（2）合成树脂类改性沥青。用树脂改性石油沥青，可以改善沥青的耐寒性、耐热性、黏结性和不透气性。但树脂和石油沥青的相溶性较差，故可掺入的树脂品种也较少。常用的有聚乙烯、聚丙烯等。

（3）橡胶和树脂改性沥青。橡胶和树脂用于沥青改性，使沥青同时具有橡胶和树脂的特性。树脂较橡胶便宜，两者又有较好的混溶性，故效果较好。

（4）矿物填充料改性沥青。在沥青中加入一定数量的粉状或纤维状矿物填充料，可以提高沥青的黏结能力和耐热性，减小沥青的温度敏感性。

复 习 思 考 题

（1）观察周围的建筑物（如学生宿舍、教学楼、体育馆、图书馆、食堂等）和路面、桥梁所采用的工程材料。

（2）简述钢材的分类和适用范围。

（3）简述水泥的分类及其特点和适用情况。

（4）简述混凝土的主要技术指标及其影响因素。

（5）简述砂浆的主要技术指标。

（6）简述塑料在土木工程中的应用。

第4章 基础工程

4.1 地基与基础工程概述

地基和基础在建筑物的设计和施工中占很重要的地位，它对建筑物的安全使用、工程造价、工期等有很大的影响。因此，选择正确的地基基础类型至关重要。在建筑工程中，直接承受建筑物荷载的地层称为地基，而基础是位于建筑物最底下的结构部分，通过它将上部结构荷载扩散并传给地基。

地基基础是建筑物的根基，又属于地下隐蔽工程，它的质量直接关系着建筑物的安危。据统计，世界各国的工程事故中，以地基基础事故最多，而且一旦发生地基基础事故，补救是非常困难的。例如，建于1941年的加拿大特朗斯康谷仓地基破坏，是地基发生整体滑动、建筑物丧失稳定性的典型例子（图4.1）。该谷仓由65个圆柱形筒仓组成，平面尺寸23.5m×59.4m，高31m，容积36500m³，采用的是厚度为0.6m、埋深3.6m的片筏基础。在谷仓初次使用过程中，当谷物装到约32000m³（约为总容积88%）时，发现谷仓下沉了30cm，在24h内，谷仓西侧陷入土中8.8m，东侧则抬高1.5m，仓身倾斜27°，由于该谷仓的整体性很好，仓身倾斜后谷仓完好无损。该起事故的发生是由于事前不了解基础下埋藏有厚达16m的软黏土层，地基的理论承载力只有270kPa，而实际基底平均压力达到了320kPa，超过了地基的极限承载力。由于仓身倾斜后谷仓完好无损，事后进行了补救措施，在其下面做了70多个支承于基岩上的混凝土墩，使用388个500kN的千斤顶以及支撑系统，才把仓体逐渐纠正过来，但其位置比原来降低了4m。

图4.1 加拿大特朗斯康谷仓地基破坏图示

4.2　地　基

人们总是希望选择在地质条件良好的场地上从事工程建设，但有时也不得不在地质条件不好的地基上建造工程。另外，随着科学技术的发展，楼层越来越高，结构越来越复杂，结构的荷载日益增大，这对地基变形要求也越来越严格，因此，原来可被评价为良好的地基，也可能在特定条件下必须进行地基处理。

4.2.1　地基的分类

地基按地质成因可分为土质地基和岩石地基。土质地基处于地壳的表层，施工方便，基础工程造价较经济，是房屋建筑、中、小型桥梁、涵洞、水库、水坝等构筑物基础经常选用的地基形成。当岩层距地表很近，或高层建筑、大型桥梁、水库水坝荷载通过基础底面传给土质地基，而地基土体承载力、变形验算不能满足相关规范要求时，则必须选择岩石地基。例如，我国南京长江大桥的桥墩基础、三峡水库大坝的坝基基础等。

地基土（岩）按其成因可分为：一般天然地基、特殊地基和人工地基等三类。

1. 一般天然地基

一般天然地基是指由于自然环境的作用，天然形成的地基。作为建筑地基的天然土（岩）可分为黏性土、砂土、碎石土、岩石等。

2. 特殊地基

特殊地基又可分为稳定性有问题的地基和特殊性能岩（土）地基。

稳定性有问题的地基是指位于各类不良地质条件场地上的地基，其稳定性应特别引起重视。这些地基包括：岩溶土洞、滑坡坍塌、泥石流、地裂缝带、矿山采空区、地震区场地及砂土液化区等地基。

我国地域广阔，广泛分布着各种具有特殊性能的岩（土）地基，如湿陷性黄土地基（受水浸湿后，土体会发生显著的附加下沉）、红黏土地基（表层压缩性低、强度高，但其底部土层呈流塑态，强度低、压缩性高）、膨胀土地基（吸水膨胀、失水收缩）、多年冻土地基和盐渍土地基等。

另外，两种常见的特殊性地基是人工填土地基和软土地基。

人工填土地基是根据其组成和成因可进一步区分为素填土、杂填土和冲填土。填土地基的特点是组成不均匀、遇水会湿陷、遇震动会下沉。

软土地基是指地基的主要受力层由高压缩、低强度的淤泥质土、淤泥、粉土、泥炭土等组成，这些土的含水量高、孔隙比大、渗透性差。因此其容许承载力低、变形模量小，对于建造其上的结构物会造成大的沉降和不均匀沉降，甚至造成结构物倾斜、开裂而破坏。

3. 人工地基

若天然地基的承载力不能承受基础传递的全部荷载，需采用多种处理技术对这些地基进行人工改造，加固处理后的地基称为人工地基。

4.2.2　地基应满足的要求

作为建筑物的地基，为了承受外荷载应该具备下列性能：

（1）应具有足够的强度，在外荷载作用下不至于发生破坏。即建筑物的荷载通过基础的传递，作用在地基上的压应力不大于地基的容许承载力。

（2）应具有较大的压缩模量，使建筑物不至于产生过大的沉降量和不均匀沉降量，以确保安全使用。

（3）在水平荷载作用下，不会失稳破坏。

（4）在动力荷载作用下不发生震动液化而导致地基失稳。

（5）遇水不会发生湿陷、塌陷，也不产生膨胀、冻胀。

4.2.3 地基处理

地基处理的历史可追溯到古代，我国劳动人民在地基处理方面有着极其宝贵的经验，许多现代的地基处理技术都可在古代找到它的雏形。根据历史记载，早在 2000 年前就已采用了在软土中夯入碎石等压密土层的夯实法和使用灰土和三合土的垫层法；我国古代在沿海地区的软弱地基上修建海塘时，采用每年农闲时逐年填筑的方法（现代堆载预压法中称为分期填筑法），利用前期荷载使地基逐年固结，从而提高土的抗剪强度，以适应下一期荷载的施加，这些都是我国古代劳动人民从实践中积累的处理软土地基的宝贵经验。

1. 地基处理的对象

地基处理的对象是软弱地基和特殊土地基。

2. 地基处理的目的

地基处理的目的是采用各种地基处理方法和手段，对软弱地基土进行改造和加固，以改善地基土的特性，提高软弱土地基的强度和稳定性，降低软弱土的压缩性，减少基础的沉降和不均匀沉降，防止地震时地基土的振动液化，消除特殊土的湿陷性、胀缩性和冻胀性。

3. 地基处理的方法

软弱地基处理的方法主要有换填垫层法、强夯法、预压法、挤密法、灌浆法、深层搅拌法、加筋法、排水固结法、化学加固法、高压喷射注浆法（图 4.2）等。我们不能严格按照地基处理的作用机理将其进行分类，因为很多地基具有多种处理效果。如碎石桩具有置换、夯实、挤密、排水和加筋的多重作用；石灰桩具有既挤密又吸水，吸水后又进一步挤密等反复作用；在各种挤密法中，同时存在着置换作用。可见对具体工程问题要进行具

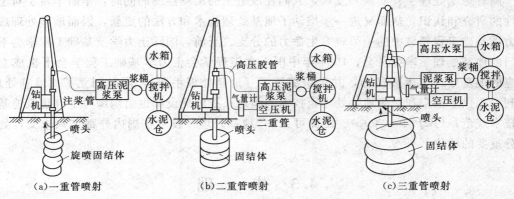

(a)一重管喷射　　　　(b)二重管喷射　　　　(c)三重管喷射

图 4.2　高压喷射注浆示意图

体分析，采用合理的处理方法进行地基处理。

4. 地基处理方案的选择

地基处理的方法虽然很多，但许多方法还在不断发展和完善中。每一种地基处理方法都有它的适用范围和局限性，因此，选用某一种地基处理方法时，一定要根据地基土质条件、工程要求、工期、造价、料源、施工机械条件等因素综合分析后再确定。

（1）根据搜集的资料，初步选定可供考虑的几种地基处理方案。

（2）对初步选定的几种地基处理方案，应分别从预期处理效果、材料来源和消耗、施工机具和进度、对周围环境影响等各种因素，进行技术经济分析和对比，从中选择最佳的地基处理方案，或采用两种或多种地基处理的综合处理方案。另外，选择地基处理方案时，应同时考虑加强上部结构的整体性和刚度。

（3）对已选定的地基处理方案，根据建筑物的安全等级和场地复杂程度，可在有代表性的场地上进行相应的现场实体试验，以检验设计参数，选择合理的施工方法和测试最终的处理效果。试验性施工一般应在典型地质条件地基处理的场地以外进行，在不影响工程质量时，也可在地基处理范围内进行。

5. 地基处理技术的发展

20 世纪 60 年代以来，国外在地基处理技术方面发展十分迅速，老方法得到改进，新方法不断涌现。在 20 世纪 60 年代中期，从如何提高土的抗拉强度这一思路出发，发展了土的"加筋法"；从如何有利于土的排水和排水固结这一基本观点出发，发展了土工合成材料、砂井预压和塑料排水带；从如何进行深层密实处理的方法考虑，采用加大击实功的措施，发展了"强夯法"和"振动水冲法"等。另外，现代工业的发展为地基工程提供了强大的生产手段，如能制造重达几十吨的强夯起重机械，潜水电机的出现，带来了振动水冲法中振冲器的施工机械；真空泵的问世，建立起了真空预压法；生产了大于 200 个大气压的压缩空气机，从而产生了"高压喷射注浆法"。

我国地基处理技术起步比较晚，但发展很快，从能够解决一般工程地基处理问题，到能够解决各类超软、深厚、高填方等大型地基处理问题，并且采用多种方法联合的处理方法，现已接近国际先进水平。

随着地基处理工程实践和发展，人们在改造土的工程性质的同时，不断丰富了对土的特性的研究和认识，从而又进一步推动了地基处理技术和方法的更新，因而地基处理成为土力学基础工程领域中的一个较有生命力的分支。当前，国际土力学及基础工程学会下有专门的地基处理学术委员会；1984 年中国土木工程学会土力学基础工程学会下也成立了相应的地基处理学术委员会，并组织编著了《地基处理手册》，同时创立了《地基处理》期刊，提供了推广和交流地基处理新技术的园地；我国建设部也组织编写了《建筑地基处理技术规范》（JCJ 79—2002）。由此可见，"地基处理"技术在国内外都方兴未艾，处于十分重要的地位。

4.3 基　　础

房屋建筑是由上部结构与下部结构（基础）两大部分组成的。通常以室外地面标高为划分标准，地面标高以上的部分为上部结构，地面标高以下的部分为基础。从室外设计地面至基础底面的垂直距离，称为基础的埋置深度，简称基础的埋深。

基础是承受上部结构荷载，并将其传递到地基的结构。它的主要功能是通过扩大的基础底面或桩基础等形式将上部结构传来的荷载传到地基持力层，根据地基可能出现的变形及上部结构特点，利用基础所具有的刚度，与上部结构共同调整地基的不均匀变形，使上部结构不致产生过大的次应力。

基础按刚度可分为刚性基础和柔性基础；按基础的埋置深度可分为浅基础和深基础。

4.3.1　刚性基础

刚性基础，又称无筋扩展基础，是指用抗压性能较好，而抗拉、抗剪性能较差的材料建造的基础（图4.3）。常用的基础材料有砖、石、混凝土、三合土、灰土等。刚性基础需具有非常大的抗弯刚度，受荷后基础不允许出现挠曲变形和开裂，所以设计时必须规定基础材料及质量，限制台阶高宽比，控制建筑物层高和一定的地基承载力，而无须进行繁杂的内力分析和截面强度计算。

(a)砖基础　　　　　　　　(b)石基础　　　　　　　　(c)混凝土基础

图4.3　刚性基础

4.3.2　柔性基础

柔性基础，又称为扩展基础。当刚性基础不能满足力学要求时，需采用钢筋混凝土基础，即柔性基础（图4.4）。

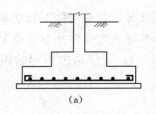
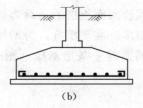
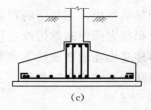

(a)　　　　　　　　　　(b)　　　　　　　　　　(c)

图4.4　柔性基础

4.3.3　浅基础

通常把位于天然地基上、埋置深度小于5m的一般基础（柱基或墙基）以及埋置深度虽然超过5m，但小于基础宽度的大尺寸基础（箱形基础），统称为天然地基上的浅基础。

浅基础按构造类型可分为单独基础、条形基础、筏形基础、壳体基础和箱形基础5种。

1. 单独基础

单独基础又称独立基础。在房屋建筑中，柱的基础一般为单独基础。当柱采用预制构件时，基础做成杯口形，然后将柱子插入，并嵌固在杯口内，故称杯形基础。钢筋混凝土独立基础，一般做成锥形和阶梯形（图 4.5）。

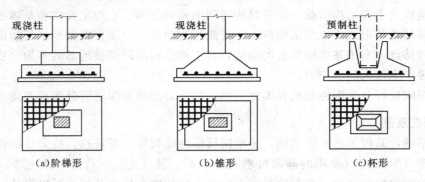

(a)阶梯形　　　　　　　　(b)锥形　　　　　　　　(c)杯形

图 4.5　钢筋混凝土柱下单独基础

2. 条形基础

条形基础是指基础长度远大于其宽度的一种基础形式，可分为墙下条形基础和柱下条形基础。墙下钢筋混凝土条形基础一般做成无肋式［图 4.6（a）］，如果地基在水平方向上压缩不均匀，为了增加基础的整体性和抗弯能力，减少不均匀沉降，也可做成有肋式的条形基础［图 4.6（b）］。

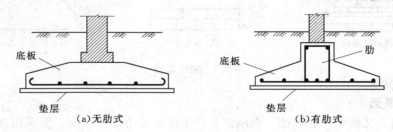

(a)无肋式　　　　　　　　　　(b)有肋式

图 4.6　墙下钢筋混凝土条形基础

在框架结构中，当柱子的荷载较大而土层的承载力较低时，若采用柱下独立基础，可能基底面积很大而使基础边缘互相接近甚至重叠，为增加基础的整体性并方便施工，可将同一排的柱基础连通做成柱下钢筋混凝土条形基础（图 4.7）；若仅是把相邻的两个柱相连，又称联合基础或双柱基础。

3. 筏形基础

当柱子或墙传来的荷载很大，而地基土较软弱，再采用单独基础或条形基础都不能满足地基承载力要求时，往往需要把整个房屋底面做成一片连续的钢筋混凝土板作为房屋的基础，即筏形基础（图 4.8）。

4. 壳体基础

为改善基础的受力性能，基础的形状可做成各种形式的壳体，称为壳体基础（图 4.9）。

5. 箱形基础

对于高层建筑，由于其基底压力很大，遇到特别软弱的地基时，通常采用箱形基础

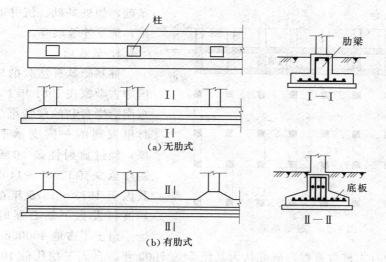

图 4.7 柱下条形基础

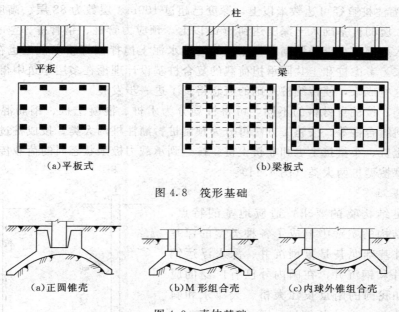

图 4.8 筏形基础

图 4.9 壳体基础

（图 4.10）。这种基础是由钢筋混凝土整片底板、顶板和纵横交叉的隔墙组成，形成整体空心箱体结构。基础的中空部分，可用做地下室，有的还可以形成多层地下室。箱形基础具有很大的整体空间刚度，因此，不会由于地基不均匀沉降在上部结构中产生过大的变形开裂、歪斜。箱形基础的高度一般取地面以上建筑物高度的 1/10，或箱形基础长度的 1/18，且不小于 3m。

4.3.4 深基础

深基础是指位于地基深处承载力较高的土层上，埋置深度大于 5m 或大于基础宽度的

47

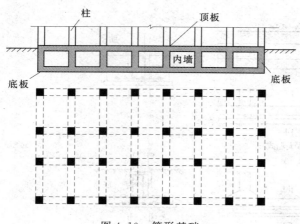

图 4.10　箱形基础

基础，如桩基础、沉井基础、沉箱基础，地下连续墙等。

1. 桩基础

桩基础具有悠久的应用历史。美国考古学家在 1981 年 1 月对在太平洋东南沿岸智利的蒙特维尔德附近的森林里发现的一间支承于木桩上的木屋，经过放射性碳 60 测定，认为其距今至少有 12000～14000 年的历史。我国于 1973～1978 年在浙江余姚河姆渡村发掘了新石器时代的文化遗址，出土了占地 40000m² 的大量木结构遗存，其中有木桩数百根，研究认为其距今约 7000 年。自人工挖孔桩 100 年前在美国问世以来，灌注桩基础得到了极大的发展，出现了很多新桩型，单桩承载力可达数千 kN，最大的灌注桩直径可达数米以上，深度已超过 100m。层数为 88 层、高度为 420.5m 的上海金茂大厦的桩基础入土深度达到 80m 以上。预应力管桩、钢管桩、空心混凝土桩、在桩中心插入型钢或小直径预制混凝土桩的劲性水泥土搅拌桩等新老桩型也在大量采用。特别是近年来，考虑桩和土共同承担荷载的复合桩基设计理论在多层建筑中得到了较为广泛的应用。这些成果，使传统桩基础的概念得到了进一步发展。

桩的分类。按桩身材料的不同，可将桩划分为木桩、混凝土桩、钢筋混凝土桩、钢桩、其他材料组合桩等。按施工方法可分为预制桩、灌注桩两大类。按成桩过程中挤土效应可分为挤土桩、小量挤土桩和非挤土桩。按达到承载力极限状态时的荷载传递方式可分为端承桩和摩擦型桩两大类（图 4.11）。

2. 沉井基础

为了满足结构物的要求，适应地基的特点，在土木工程结构的实践中形成了各种类型的深基础，其中沉井基础尤其是重型沉井、深水浮运钢筋混凝土沉井和钢沉井，在国内外已有广泛的应用和发展。如我国的南京长江大桥、天津永和斜拉桥、美国的 Stlouis 大桥等均采用了沉井基础。

沉井是一种四周有壁、下部无底、上部无盖、侧壁下部有刃脚的筒形结构物，它是以井内挖土，依靠自身重量克服井壁摩擦力后下沉至设计标高，然后经过混凝土封底，并填塞井孔，使其成为桥梁墩台或其他构筑物的基础（图 4.12）。

按不同的下沉方式沉井分为就地制作下沉的沉井与浮运沉井。就地制作下沉的沉井是在基础设计的位置上制造，然后挖土靠沉井自重下沉。

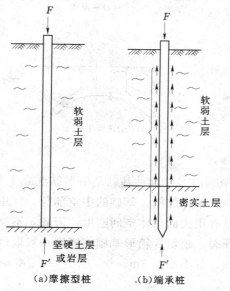

图 4.11　桩基础

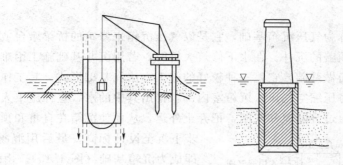

图 4.12 沉井基础

如基础位置在水中，需先在水中筑岛，再在岛上筑井下沉（图 4.13）。在深水地区，筑岛有困难或不经济，或有碍通航，或河流流速大，可在岸边制筑沉井拖运到设计位置下沉，这类沉井叫浮运沉井。

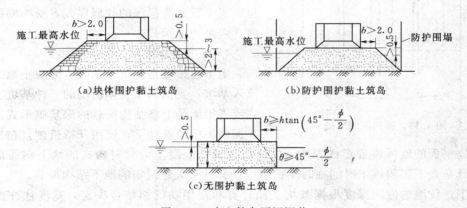

图 4.13 水上筑岛下沉沉井

按外观形状分类，沉井在平面上可分为单孔或多孔的圆形、矩形、圆端形及网格形沉井（图 4.14）。圆形沉井受力好，适用于河水主流方向易变的河流；矩形沉井制作方便，但四角处的土不易挖除，河流水流也不顺；圆端形沉井兼有两者的优点，也在一定程度上也兼有两者的缺点，是土木工程中常用的基础类型。

图 4.14 沉井的平面布置形式

沉井既是基础，又是施工时的挡土和挡水围堰结构物，施工工艺也不复杂。沉井基础的特点是埋置深度很大、整体性强、稳定性好，能承受较大的垂直荷载和水平荷载。沉井基础的缺点是施工期较长；对细砂及粉砂类土在井内抽水易发生流砂现象，造成沉井倾斜；沉井下沉过程中可能遇到的大孤石、树干或井底岩层等，而导致沉井表面倾斜过大，均会给施工带来一定困难。

3. 沉箱基础

沉箱基础又称为气压沉箱基础，它是以气压沉箱来修筑的桥梁墩台或其他构筑物的基础。沉箱形似有顶盖的沉井。在水下修筑大桥时，若用沉井基础施工困难，则改用气压沉箱施工，并用沉箱做基础，它是一种较好的施工方法和基础形式。其工作原理是：当沉箱在水下就位后，将压缩空气压入沉箱室内部，排出其中的水，这样施工人员就能在箱内进行挖土施工，并通过升降筒和气闸，把弃土外运，从而使沉箱在自重和顶面压重作用下逐步下沉至设计标高，最后用混凝土填实工作室，即成为沉箱基础（图 4.15）。由于施工过程中通过压缩空气，使其气压保持或接近刃脚处的静水压力，故称气压沉箱。

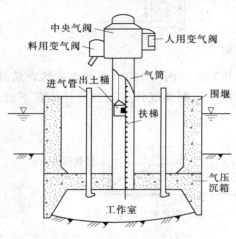

图 4.15 桥的沉箱基础

沉箱和沉井一样，可以就地建造下沉，也可以在岸边建造，然后浮运至桥基位置穿过深水定位。当下沉处是很深的软弱层或者受冲刷的河底时，应采用浮运式。

4. 地下连续墙

地下连续墙是基坑开挖时，为防止地下水渗流入基坑，支挡侧壁土体坍塌的一种基坑支护形式或直接承受上部结构荷载的深基础形式。它是在泥浆护壁的条件下，使用开槽机械，在地基中按建筑物平面的墙体位置形成深槽，槽内以钢筋、混凝土为材料构成的地下钢筋混凝土墙。它既是地下工程施工时的临时支护结构，又是永久建筑物的地下结构部分。

地下连续墙的嵌固深度根据基坑支挡计算和使用功能相结合决定，宽度往往由其强度、刚度要求决定，与基坑深浅和侧壁土质有关。地下连续墙可穿过各种土层进入基岩，有地下水时无须采取降低地下水位的措施。用地下连续墙作为建筑物的深基础时，可以地下、地上同时施工，因此在工期紧张的情况下，为采用"逆作法"施工提供了可能。目前在桥梁基础、高层建筑箱基、地下车库、地铁车站、码头等工程中都有使用成功的实例。

复 习 思 考 题

(1) 简述地基的分类。

(2) 地基应满足的要求有哪些？

(3) 地基处理的方法有哪些？

(4) 什么是基础的埋置深度？浅基础和深基础的划分依据有哪些？

(5) 查找意大利比萨斜塔资料，谈谈地基基础的重要性。

第5章 建 筑 工 程

建筑工程是指为新建、改建或扩建建筑物和附属构筑物设施所进行的规划、勘察、设计和施工、竣工等各项技术工作和完成的工程实体以及与其配套的线路、管道、设备的安装工程。

（1）建筑物。人们为从事生产、生活和进行各种社会活动的需要，而创造的社会生活环境，如厂房、住宅、办公楼等。

（2）构筑物。仅仅为满足生产、生活的某一方面需要，而建造的某些工程设施，如水池、水塔、烟囱、支架等。

5.1 建 筑 物 的 分 类

根据建筑物的使用性质，通常分为生产性建筑和非生产性建筑两大类。生产性建筑根据生产内容的不同分为工业建筑和农业建筑。非生产性建筑则通常统称为民用建筑。

（1）工业建筑。为工业生产服务的各类建筑，如生产车间、辅助车间、动力用房、仓储建筑等。

（2）农业建筑。用于农业、畜牧业生产和加工用的建筑和构筑物，如种子库、温室、畜禽饲养场、粮食与饲料加工站、农机修理站等。

（3）民用建筑。指供人们工作、学习、生活、居住和进行公共活动的建筑的总称。

5.1.1 民用建筑的分类

1. 按民用建筑的使用功能分类

民用建筑按使用功能可分为居住建筑和公共建筑两大类。

（1）居住建筑。主要是指提供家庭和集体生活起居用的建筑场。居住建筑又可分为住宅和宿舍建筑。

（2）公共建筑。主要是指提供人们进行各种社会活动的建筑物。

建设部、国家质检总局发布的《民用建筑设计通则》（GB 50352—2005）对民用建筑的分类标准作出了具体明确的规定，该通则明确规定了民用建筑的分类以及建筑物举例。

（1）住宅建筑。住宅、公寓、老年人住宅、底商住宅等。

（2）宿舍建筑。单身宿舍或公寓、学生宿舍或公寓等。

（3）办公建筑。各级立法、司法、党委、政府办公楼，商务、企业、事业；团体、社区办公楼等。

（4）科研建筑。实验楼、科研楼、设计楼等。

（5）文化建筑。剧院、电影院、图书馆、博物馆、档案馆、文化馆、展览馆、音乐厅、礼堂等。

（6）商业建筑。百货公司、超级市场、菜市场、旅馆、饮食店、银行、邮局等。

（7）体育建筑。体育场、体育馆、游泳馆、健身房等。

（8）医疗建筑。综合医院、专科医院、康复中心、急救中心、疗养院等。

（9）交通建筑。汽车客运站、港口客运站、铁路旅客站、空港航站楼、地铁站等。

（10）司法建筑。法院、看守所、监狱等。

（11）纪念建筑。纪念碑、纪念馆、纪念塔、故居等。

（12）园林建筑。动物园、植物园、游乐场、旅游景点建筑、城市公园等。

（13）综合建筑。多功能综合大楼、商住楼、商务中心等。

2. 按照民用建筑的规模大小分类

民用建筑按建筑的规模大小可分为大量性建筑和大型性建筑。

（1）大量性建筑。指建筑规模不大，但修建数量多的；与人们生活密切相关的；分布面广的建筑，如住宅、学校、医院、商店、中小型影剧院等。这些建筑在大中小城市和农村是不可缺少的，修建的数量很大，所以称为大量性建筑。

（2）大型性建筑。指规模大、耗资多的建筑，如大型办公楼、大型体育馆、大型影剧院、航空港、火车站、博物馆、大型工厂等。大型性建筑规模巨大，耗资也大，不可能到处都修建，修建量有限，但在一个国家或地区具有代表性，对城市的面貌影响也较大。

3. 按照民用建筑的层数或总高度分类

民用建筑按地上层数或高度分类符合以下规定：

（1）居住建筑分类：

1）低层建筑。1～3 层住宅。

2）多层建筑。4～6 层住宅。

3）中高层建筑。7～9 层住宅。

4）高层建筑。10 层及 10 层以上住宅。

5）超高层建筑。建筑物高度超过 100m 的住宅。

（2）公共建筑分类。

1）普通建筑。建筑高度不大于 24m 的公共建筑和建筑高度大于 24m 的单层公共建筑。

2）高层建筑。建筑高度超过 24m 的公共建筑。

3）超高层建筑。建筑物高度超过 100m 的建筑。

4. 按照主要承重结构材料分类

民用建筑按主要承重结构材料可分为木结构建筑、砌体结构建筑、钢筋混凝土结构建筑、钢结构建筑和其他结构建筑。

（1）木结构建筑。以木材作为房屋承重骨架的建筑。

（2）砌体结构建筑。建筑物的竖向承重构件是砖、砌块等砌筑的墙体，水平承重构件为钢筋混凝土楼板及屋面板，墙体既是承重构件，又起着围护和分隔室内外空间的作用。

（3）钢筋混凝土结构建筑。以钢筋混凝土作为承重结构的建筑。

（4）钢结构建筑。以型钢作为房屋承重骨架的建筑。

（5）其他结构建筑。指除以上结构建筑以外的建筑。例如，生土建筑、充气建筑、塑料建筑、膜结构和组合结构建筑等。

5. 按照建筑的结构类型分类

民用建筑按结构的类型可分为框架结构、剪力墙结构、框架—剪力墙结构、筒体结构、空间结构和混合结构。

(1) 框架结构。利用梁、柱组成的纵、横两个方向的框架形成的结构体系。结构的承重部分是由钢筋混凝土或型钢组成的梁柱体系，墙体只起围护和分隔作用。框架结构的特点是能为建筑提供灵活的使用空间，适用于大空间的教学楼、商场等，但抗震性能差。适用于跨度大、荷载大，高度大的多层和高层建筑。在非地震区，框架结构一般不超过15层。

(2) 剪力墙结构。结构的竖向承重构件和水平承重构件均采用钢筋混凝土制作。墙体可承担各类荷载引起的内力，并能有效控制结构的水平力，这种用钢筋混凝土墙板来承受竖向和水平力的结构称为剪力墙结构。这种结构在高层建筑中被大量运用。一般在 30m 高度范围内都适用。

(3) 框架—剪力墙结构。在框架结构中适当布置一定数量的剪力墙，建筑的竖向荷载由框架柱和剪力墙共同承担，而水平荷载主要由刚度较大的剪力墙来承担。框架—剪力墙结构既有框架结构布置灵活的特点，又能承受水平推力，是目前高层建筑常采用的结构形式。框架—剪力墙结构一般宜用于 10~20 层的建筑。

(4) 筒体结构。是由一个或几个筒体作为竖向结构，并以各层楼板将井壁四周相互连接起来而形成的空间结构体系，包括框架—筒体结构、筒中筒结构、成束筒结构等，适用于平面或竖向布置繁杂、水平荷载较大的高层、超高层建筑。筒体结构体系适用于 30~50 层的建筑。

(5) 空间结构。当建筑物跨度较大（超过 30m）时，中间不设柱子，用特殊的机构解决的称为空间结构。包括桁架、网架、悬索、拱、膜、壳体等。适用于大跨度的体育馆、剧院等公共建筑。

(6) 混合结构。是由两种或两种以上材料作为主要承重构件的建筑，如有砖（或砌块）墙加钢筋混凝土楼板的砖混结构建筑；钢屋架和钢筋混凝土墙（或柱）的钢混结构建筑。其中，砖混结构在居住建筑中应用较广，钢混结构多用于大跨度建筑。

5.1.2 工业建筑的分类

工业建筑通常按工业建筑的用途、内部生产状况及层数进行分类。

1. 按工业建筑的用途分类

按工业建筑的用途，可分为主要生产厂房、辅助生产厂房、动力用厂房、储藏用建筑等。

(1) 主要生产厂房。进行产品加工的主要工序的厂房。例如，机械制造厂的铸造、锻造、热处理、铆焊、冲压、机械加工车间及装配车间等。

(2) 辅助生产厂房。为主要生产厂房服务的厂房。例如，机械制造厂的机修和工具用车间等。

(3) 动力用建筑。为工厂提供能源和动力的各类建筑。例如，发电站、锅炉房、变电站、煤气发生站、压缩空气站等。

（4）储藏用建筑。储存各种原料、成品或半成品的仓库。例如，材料库、成品库等。

（5）运输工具用建筑。用于停放、检修各种运输工具的库房。例如，汽车库、电瓶车库、叉车库等。

2. 按工业建筑的内部生产状况分类

按工业建筑的内部生产状况，可分为热加工车间、冷加工车间、有侵蚀性介质作用的车间、恒温恒湿车间、洁净车间等。

（1）热加工车间。指在生产过程中散发出大量热量、烟尘等有害物的车间，如炼钢、轧钢、铸工、锻压车间等。

（2）冷加工车间。指在正常温度、湿度条件下进行生产的车间，如机械加工车间、装配车间等。

（3）有侵蚀性介质作用的车间。指在生产过程中会受到酸、碱、盐等侵蚀性介质的作用，对建筑结构的耐久性有影响的车间，如化工厂和化肥厂的某些生产车间、冶金工厂中的酸洗车间等。

（4）恒温恒湿车间。指在温度、湿度波动很小的范围内进行生产的车间，如纺织车间、精密仪表车间等。

（5）洁净车间。指产品的生产对室内空气的洁净程度要求很高的车间，如集成电路车间、精密仪表的微型零件加工车间等。

3. 按工业建筑的层数分类

按工业建筑的层数，可分为单层厂房、多层厂房、混合层数厂房。

（1）单层厂房。指工业厂房中，层数为一层的厂房。适用于大型机器设备或有重型起重运输设备的工厂。广泛应用于各种工业企业，约占工业建筑总量的75%。它对具有大型生产设备、振动设备、地沟、地坑或重型起重运输设备的生产有较大的适应性，如冶金、机械制造等工业部门。

（2）多层厂房。指工业厂房中，层数为两层及两层以上的厂房，常用的层数为 $2\sim6$ 层。多层厂房主要适用于较轻型的工业，在工艺上利用垂直工艺流程有利的工业，或利用楼层能创设较合理的生产条件的工业等，如纺织、服装、针织、制鞋、食品、印刷、光学、无线电、半导体以及轻型机械制造及各种轻工业等。

（3）混合层数厂房。是指同一厂房内既有单层也有多层的厂房。多用于化学工业、热电站的主厂房等。

4. 按厂房跨度的数量和方向分类

（1）单跨厂房。指只有 1 个跨度的厂房。

（2）多跨厂房。指由几个跨度组合而成的厂房，车间内部彼此相通。

（3）纵横相交厂房。指由两个方向的跨度组合而成的工业厂房，车间内部彼此相通。

5. 按厂房跨度尺寸分类

（1）小跨度。指不大于 12m 的单层工业厂房。这类厂房的结构类型以砌体结构为主。

（2）大跨度。指 12m 以上的单层工业厂房。其中，$15\sim30m$ 的厂房以钢筋混凝土结构为主；跨度在 36m 及 36m 以上时，一般以钢结构为主。

6. 按生产性质分类

按生产性质可分为黑色冶金建筑、纺织工业建筑、机械工业建筑、化工工业建筑、建材工业建筑、动力工业建筑、轻工业建筑、其他建筑。

5.1.3 农业建筑的分类

农业建筑可分为动物生产建筑、植物栽培建筑、贮藏（库房）建筑、农产品加工建筑、农村能源建筑和辅助生产建筑。

（1）动物生产建筑。主要包括工厂化饲养的畜禽建筑，如饲养鸡、鸭、猪、牛、羊、兔、皮毛等的建筑物和构筑物，以及鱼、虾等养殖建筑。

（2）植物栽培建筑。主要包括地膜、浮动膜、温床、风障、阳畦、小拱棚等职务简易保护地栽培设施，以及塑料薄膜大棚、温室、食用菌生产建筑、人工气候室、植物工厂等。

（3）贮藏（库房）建筑。包括种子库、粮库、饲料库、蔬菜、水果贮藏库、饲料贮藏建筑、畜禽鱼类产品贮藏库以及农机库、油库、化肥库、农药库等。

（4）农产品加工建筑。包括畜生禽肉、皮、毛、谷物、粮油、水产、乳品、种子、饲料、果蔬加工等需要的厂房建筑。

（5）农村能源建筑。包括沼气、太阳能、小型水力发电、风力、地热利用等建筑。

（6）辅助生产建筑。为主要农业生产服务的建筑，停放、检修农业机具的库房。例如，农机具维修车间和存放仓库等。

5.2 建 筑 基 本 构 件

建筑结构是指在建筑物（包括构筑物）中，由建筑材料做成用来承受各种荷载或者作用，以起骨架作用的空间受力体系。建筑结构是在一个空间中用各种基本的结构构件组成并具有某种特征的有机体。

5.2.1 板

板指平面尺寸较大而厚度较小的受弯构件。通常水平放置，但有时也斜向设置（如楼梯板）或竖向设置（如墙板）。承受垂直于板面方向的荷载，受力以弯矩、剪力、扭矩为主，但在结构设计中剪力和扭矩往往可以忽略。板在建筑工程中一般应用于楼板、屋面板、基础板、墙板等。

板按平面形式可分为方形板、矩形板、圆形板、扇形板、三角形板、梯形板和各种异型板等；按截面形式可分为实心板、空心板、槽形板、单（双）T形板、单（双）向密肋板、压型钢板、叠合板等；按所用材料可分为木板、钢板、钢筋混凝土板、预应力板等。

板按受力特点可分为单向板和双向板。

单向板指板上的荷载沿一个方向传递到支承构件上的板，双向板指板上的荷载沿两个方向传递到支承构件上的板。当矩形板由两对边支承时为单向板；当由四边支承时，板上的荷载沿双向传递到四边，则为双向板。

但是，当板的长边比短边长很多时，板上的荷载主要沿短边方向传递到支承构件上，而沿长边方向传递的荷载则很少，可以忽略不计，这样的四边支承板仍认定其为单向板。根据理论分析，当板的长边与短边之比大于 2 时，沿短边方向传递的荷载不超过 6%，因此规定，对四边支承板当长边与短边之比大于 2 时为单向板，当长边与短边之比小于等于 2 时为双向板。

　　按支承条件可分为四边支承板、三边支承板、两边支承板、一边支承板和四角点支承板等；按支承边的约束条件可分为简支边板、固定边板、连续边板等。

5.2.2　梁

　　梁是建筑结构中的受弯构件，通常水平放置，但有时也斜向设置以满足使用要求，如楼梯梁。梁的截面高度与跨度之比称为高跨比，一般为 $1/16 \sim 1/8$，高跨比大于 $1/4$ 的梁称为深梁；梁的截面高度通常大于截面宽度，但因工程需要，梁宽大于梁高时，称为扁梁；梁的高度沿轴线变化时，称为变截面梁。

　　1. 梁的分类

　　（1）梁按截面形式可分为矩形截面梁、T 形截面梁、十字形截面梁、工字形截面梁、匚形截面梁、口形截面梁、不规则截面梁等。

　　（2）梁按所用材料可分为钢梁、钢筋混凝土梁、预应力混凝土梁、木梁以及钢与混凝土组成的组合梁等。

　　（3）梁按常见支承方式可分为简支梁、悬臂梁、一端简支另一端固定梁、两端固定梁、连续梁。

　　（4）梁按在结构中的位置可分为主梁、次梁、连梁、圈梁、过梁等。梁一般直接承受板传来的荷载，再将板传来的荷载传递给主梁。主梁除承受板直接传来的荷载外，还承受次梁传来的荷载。连梁主要用于连接两榀框架，使其成为一个整体。圈梁一般用于砖混结构，将整个建筑围成一体，增强结构的抗震性能。过梁一般用于门窗洞口的上部，用以承受洞口上部结构的荷载。

　　（5）梁按功能可分为结构梁（如基础地梁、框架梁等，与柱、承重墙等竖向构件共同构成空间结构体系）和构造梁（如圈梁、过梁、连梁等，起到抗裂、抗震、稳定等构造性作用）。

　　（6）梁按结构工程属性可分为框架梁、剪力墙支承的框架梁、内框架梁、砌体墙梁、砌体过梁、剪力墙连梁、剪力墙暗梁、剪力墙边框梁。

　　（7）梁按受力状态可分为静定梁和非静定梁。静定梁是指静定次数大于 3 的梁，非静定梁是指静定次数等于 3 的梁，如简支梁、连续梁、悬臂梁等。

　　（8）梁按在房屋的不同部位，可分为屋面梁、楼面梁、地下框架梁、基础梁。

　　2. 部分梁定义

　　（1）地梁。也叫基础梁、地基梁，简单地说就是基础上的梁。一般用于框架结构和框—剪结构中，框架柱落在地梁或地梁的交叉处。其主要作用是支撑上部结构，并将上部结构的荷载传递到地基上。

　　（2）框架梁。是指两端与框架柱相连的梁，或者两端与剪力墙相连但跨高比不小于 5 的梁。

　　（3）圈梁。是沿建筑物外墙四周及部分内横墙设置的连续封闭的梁。其目的是增强建筑的整体刚度及墙身的稳定性。在房屋的基础上部的连续的钢筋混凝土梁叫基础圈梁，也叫地圈梁；而在墙体上部，紧挨楼板的钢筋混凝土梁叫上圈梁。在砌体结构中，圈梁有钢筋砖圈梁和钢筋混凝土圈梁两种。

（4）连梁。在剪力墙结构和框架—剪力墙结构中，连接墙肢与墙肢，是指两端与剪力墙相连且跨高比小于 5 的梁。连梁一般具有跨度小、截面大，与连梁相连的墙体刚度又很大等特点。一般在风荷载和地震荷载的作用下 ，连梁的内力往往很大。

（5）暗梁。完全隐藏在板类构件或者混凝土墙类构件中，钢筋设置方式与单梁和框架梁类构件非常近似。暗梁总是配合板或者墙类构件共同工作。板中的暗梁可以提高板的抗弯能力，因而仍然具备梁的通用受力特征。混凝土墙中的暗梁作用比较复杂，已不属于简单的受弯构件，它一方面强化墙体与顶板的节点构造，另一方面为横向受力的墙体提供边缘约束。强化墙体与顶板的刚性连接。

（6）边框梁。框架梁伸入剪力墙区域就变成边框梁。

（7）框支梁。由于建筑功能要求需要下部大空间，上部部分竖向构件不能直接连续贯通落地，而通过水平转换结构与下部竖向构件连接。当布置的转换梁支撑上部的剪力墙的时候，转换梁叫框支梁。

（8）悬挑梁。只有一端有支撑，一端埋在或者浇筑在支撑物上，另一端伸出挑出支撑物的梁。

（9）井式梁。就是不分主次，高度相当的梁，同位相交，呈井字型。这种一般用在楼板是正方形或者长宽比小于 1.5 的矩形楼板，大厅比较多见，梁间距 3m 左右，由同一平面内相互正交或斜交的梁所组成的结构构件，又称交叉梁或格形梁。

（10）次梁。在主梁的上部，主要起传递荷载的作用。

（11）拉梁。是指独立基础，在基础之间设置的梁。

（12）过梁。当墙体上开设门窗洞口时，为了支撑洞口上部砌体所传来的各种荷载，并将这些荷载传给窗间墙，常在门窗洞口上设置横梁，该梁称为过梁。

（13）悬臂梁。梁的一端为不产生轴向、垂直位移和转动的固定支座，另一端为自由端（可以产生平行于轴向和垂直于轴向的力）。

（14）平台梁。指通常在楼梯段与平台相连处设置的梁，以支承上下楼梯和平台板传来的荷载。

5.2.3 柱

柱是指承受平行于其纵轴方向荷载的线形构件，其截面尺寸远小于高度，工程结构中柱主要承受压力，有时也同时承受弯矩。柱是框架或排架结构的主要承重构件，承受屋顶、楼板层和梁传来的荷载，并将这些荷载传给基础。

柱按截面形式可分为方柱、圆柱、管柱、矩形柱、工字形柱、H 形柱、I 形柱、十字形柱、双肢柱、格构柱等。

按柱的破坏特征或长细比可分为短柱、长柱及中长柱。按受力特点可分为轴心受压柱和偏心受压柱等。

按所用材料可分为石柱、砖柱、砌块柱、木柱、钢柱、钢筋混凝土柱、劲性钢筋混凝土柱、钢管混凝土柱和组合柱等。

劲性钢筋混凝土柱是在钢筋混凝土柱的内部配置型钢，与钢筋混凝土协同受力的柱，可减小柱的截面，提高柱的刚度，但用钢量较大。

钢管混凝土柱是用钢管作为外壳，内浇混凝土的柱，是劲性钢筋混凝土柱的另一种形式。

钢柱按截面形式可分为实腹柱和格构柱。实腹柱是指截面为一个整体，常用截面为工字形截面的柱。格构柱是指柱由两肢或多肢组成，各肢间用缀条或缀板连接的柱。钢柱常用于大中型工业厂房、大跨度公共建筑、高层建筑、轻型活动房屋、工作平台、栈桥和支架等。

钢筋混凝土柱是最常见的柱，广泛应用于各种建筑。钢筋混凝土柱按制造和施工方法可分为现浇柱和预制柱。

5.2.4　墙

墙是建筑的主要围护构件和结构构件，是建筑的重要组成部分。

1. 墙体的作用

墙体在建筑物中的作用主要有以下 4 个方面：

（1）承重作用。墙体既承受建筑物自重和人及设备等荷载，又承受风和地震作用。

（2）围护作用。外墙抵御风、雨、雪等自然界各种因素的侵袭，防止太阳辐射、冷热空气侵入和噪声的干扰等。

（3）分隔作用。内墙把建筑物分隔成若干个小空间，起着分隔空间、隔声、遮挡视线以及保证室内环境舒适等作用。

（4）环境作用。装修墙面，满足室内外装饰和使用功能要求。

2. 墙体的分类

建筑物的墙体按所在位置、受力情况、材料及施工方法的不同有以下几种分类方式：

（1）墙体按所在位置分类。按墙体在平面上所处位置不同可分为外墙和内墙，纵墙和横墙。凡位于房屋周边与外环境直接接触的墙统称为外墙。凡位于房屋内部的墙统称为内墙。沿建筑物短轴方向布置的墙称为横墙，有内横墙和外横墙，外横墙位于房屋两端一般称山墙。沿建筑物长轴方向布置的墙称为纵墙，又有内纵墙和外纵墙之分。对于一面墙来说，窗与窗之间或门与窗之间的墙称为窗间墙，窗台下面的墙称为窗下墙，上下窗之间的墙称窗槛墙，突出屋面的外墙称女儿墙。

（2）墙体按受力情况分类。墙体按结构垂直方向受力情况分为承重墙和非承重墙。凡直接承受屋顶、楼板等上部结构传来荷载，并将荷载传给下层的墙或基础的墙称为承重墙；凡不承受上部荷载的墙称非承重墙。非承重墙又可分为自承重墙、隔墙、框架填充墙和幕墙。不承受外来荷载，仅承受自身重量并将其传至基础的墙称自承重墙；起分隔房间的作用，不承受外来荷载，并且自身重量由梁或楼板承担的墙称隔墙；框架结构中填充在柱子之间的墙称框架填充墙；悬挂在建筑物外部骨架或楼板间的轻质墙称幕墙，包括金属幕墙、石材幕墙和玻璃幕墙等。外部的填充墙和幕墙不承受上部楼板层和屋顶的荷载，却承受风荷载和地震荷载。

（3）墙体按材料分类。墙体所用材料种类很多。有利用黏土和工业废料制作各种砖和砌块砌筑的砌块墙；利用混凝土现浇或预制的钢筋混凝土墙；钢结构中采用压型钢板墙体及加气混凝土板等墙体；用石块和砂浆砌筑的石墙；此外，还用土坯和黏土砂浆砌筑的墙或在模板内填充黏土夯实而成的土墙等。

（4）按构造方式分类。按构造方式不同分为实体墙、空体墙和复合墙三种。实体墙是由单一材料组成的，如砖墙、砌块墙、钢筋混凝土墙等；空体墙是由单一材料砌成内部空腔的墙或由带有空洞的材料建造的墙体；复合墙是由两种或两种以上的材料组合而成的墙体。

（5）按施工方法分类。按施工方法不同分为叠砌墙、板筑墙和装配式板材墙。叠砌墙是将各种预先加工好的块材，如黏土砖、灰砂砖、石块、空心砖、中小型砌块，用胶结材料（砂浆）砌筑而成的墙体；板筑墙则是在施工时，直接在墙体部位竖立模板，在模板内夯筑黏土或浇筑混凝土振捣实而成的墙体，如夯土墙和大模板、滑模施工的混凝土墙体；装配式板材墙是将工厂生产的大型板材运至现场进行机械化安装而成的墙体。这种板材较大，一块板就是一堵墙，包括板材墙、多种组合墙和幕墙等，施工速度快、工期短，对施工机械化要求很高，是建筑工业化发展方向。

5.2.5 拱

拱是由曲线形或折线形平面杆件组成的平面结构构件，含拱圈和支座两部分。拱圈在荷载作用下主要承受轴向压力（有时也承受弯矩和剪力），支座可做成能承受竖向和水平反力以及弯矩的支墩，也可用拉杆来承受水平推力。由于拱圈主要承受轴向压力，可采用砖、石、混凝土等廉价材料制造，与同跨度同荷载的梁相比，具有节省材料、刚度大、跨越大、应用范围广等优点。

拱按所用材料分，有木拱、砖拱、石拱、混凝土砌块拱、钢筋混凝土拱和钢拱。

拱按受力特点分，有三铰拱、两铰拱、无铰拱等。

拱按其轴线的外形分，有圆弧拱、抛物线拱、悬链线拱、折线拱等。

拱按拱圈截面分，有实体拱、箱形拱、管状截面拱、桁架拱等。

5.3 木结构建筑物

5.3.1 木结构建筑特点

（1）施工简便、建造速度快，受气候影响小。木结构建筑材料密度小，需要的加工工具和机械设备比较简单，施工简便；木结构建筑的各种构件、板材可以在工厂加工，施工受气候影响小；房屋构件在工厂预制，运到工地后进行装配，具有建造速度快。

（2）节能、环保。木结构建筑在建筑期可比钢结构建筑节省 27.75% 的能源和 39.2% 的水，比混凝土结构节省 45.24% 的能源和 46.17% 的水。首先，树木在生长过程中，能吸收二氧化碳；在木材原料向产品的转化过程中，大量的碳被固化，碳约占木材质量的一半，并储存于木材产品的整个生命周期中。其次，木材产品的生产和运输不仅耗能较少，也能大量减少废气和废水的排放。最后，与混凝土、砖石或钢结构相比较，木结构建筑在建造和使用过程中更加节能。木结构建筑能降低化石燃料的使用，减少燃烧化石燃料向大气排放的二氧化碳，从而减轻对全球变暖和气候变化的影响。

（3）抗震性能好。木材轻质高强，因而地震加速度在木建筑物上所产生的能量没有其他建筑物大。木结构在承受瞬间冲击荷载和周期性荷载时具有良好的韧性，受地震作用时仍可保持结构的稳定和完整，不易倒塌。因而，木材轻质高强的特点和木结构良好的韧性使得木结构建筑具有良好的抗震性。事实也证明木结构建筑在地震中具有优越的抗震性能，我国许多古代建筑都成功地经受过大地震的考验，如天津蓟县独乐寺观音阁、山西应县木塔等建筑，千百年来均经历过多次地震仍然傲然屹立。

（4）保温、隔音效果好。由于木材细胞组织可容留空气，木结构建筑具有良好的保温隔热性能，比普通砖混结构房屋节省能源超过40%。它的保温性能是钢材的400倍，混凝土的16倍。研究结果表明，150mm厚的木结构墙体，其保温性能相当于610mm厚的砖墙。另外，在现代木结构建筑中，往往会在木结构架的空隙中填充保温、隔音材料，所以木结构建筑的保温、隔音效果都很好。

（5）居住舒适。木材为天然材料，色调美观、纹理丰富，绿色无污染，不会对人体造成伤害，材料透气性好，易于保持室内空气清新及湿度均衡。因而，木结构建筑居住舒适。

（6）木结构建筑需要进行防腐防虫处理。木材是有机物，易受不良环境的腐蚀；木材是某些昆虫的食物，易被虫蛀。

（7）防火性差。木材本身能燃烧，在高温的长期作用下强度降低，使其遇火灾时引起结构破坏，从而造成人员伤亡和财产损失。

5.3.2 传统式木结构建筑

在我国，木结构建筑历史悠久，从原始社会开始便有了木架结构。西周时期，已经能够建造大型木结构宫室，秦、汉时期出现了大规模的木结构宫殿，唐代是木结构建筑的鼎盛时期。明代始建、清代重修的一些大型木结构建筑一直保留至今。我国古代木结构建筑保存近千年的有应县木塔（图5.1）及五台山南禅寺（图5.2）、佛光寺（图5.3）、蓟县独乐寺（图5.4）等一批古寺，另外还有北京故宫古建筑群（图5.5）、曲阜三孔等一批古建筑，这些古建筑是中华民族历史文化遗产的重要组成部分，在国际上久享盛名，具有极高的历史、艺术和科学价值，并誉为东方建筑之瑰宝。

图5.1　应县木塔

图5.2　五台山南禅寺

（a）

（b）

图 5.3 五台山佛光寺

（a） （b）

图 5.4 蓟县独乐寺

传统木结构建筑是由柱、梁、檩、枋、斗拱等大木构件形成框架结构体系承受来自屋面、楼面的荷载以及风力、地震力（图 5.6）。传统木结构体系的关键技术是榫卯结构，即木质构件间的连接不需要其他材料制成的辅助连接构件，主要是依靠两个木质构件之间的插接。这种构件间的连接方式使木结构具有柔性的结构特征，抗震性强，并具有可以预制加工、现场装配、营造周期短的明显优势。传统木结构建筑经数千年的发展，建筑类型丰富，结构及构造做法也各有千秋，主要有以抬梁式和穿斗式为代表的两种主要形式的木

61

图 5.5 北京故宫古建筑群

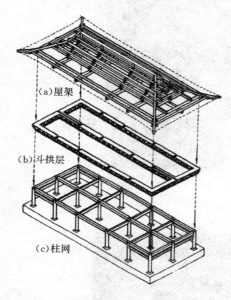

(a)屋架

(b)斗拱层

(c)柱网

图 5.6 明清大木大式构架分解

结构体系。

抬梁式木结构是在柱头上插接梁头，梁头上安装檩条，梁上再插接矮柱用以支起较短的梁，如此层叠而上，每榀屋架梁的总数可达 5 根。当柱上采用斗拱时，则梁头插接于斗拱上。这种形式的木结构建筑的特点是室内分割空间比较容易，但用料较大。广泛用于华北、东北等北方地区的民居以及国内大部分地区的宫殿、庙宇等规模较大的建筑中（图 5.7）。

这种构架的特点是在柱顶或柱网上的水平铺作层上，沿房屋进深方向架数层叠架的梁，梁逐层缩短，层间垫短柱或木块，最上层梁中间立小柱或三角撑，形成三角形屋架。相邻屋架间，在各层梁的两端和最上层梁中间小柱上架檩，檩间架椽，构成双坡顶房屋的空间骨架。房屋的屋面重量通过椽、檩、梁、柱传到基础（有铺作时，通过它传到柱上）。

穿斗式木结构是用穿枋把柱子纵向串联起来，形成一榀榀的屋架，檩条直接插接在柱头上；沿檩条方向，再用斗枋把柱子串联起来，由此形成一个整体框架，如图 5.8 所示。这种形式的木结构建筑的特点是室内分割空间受到限制，但用料较小。广泛应用于安徽、江苏、浙江、湖北、湖南、江西、四川等地区的民居类建筑中。

传统木结构建筑特征，大致可归纳如下：

（1）使用木材为主要建筑材料，创造出独特的木结构形式，以此为骨架，既满足使用功能要求，又创造出优美的建筑形体和相应的建筑风格。

（2）梁柱构架形式多样，由立柱和横梁枋组合而成，建筑物上部荷载由梁柱构架传递到基础。墙壁只起围护、分隔作用，不传递荷载，门窗配置灵活，这种结构有"墙倒屋不塌"的特点。

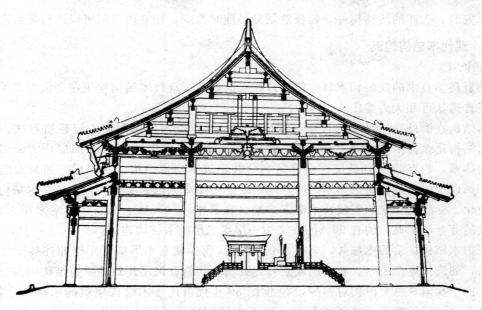

图 5.7 北京故宫太和殿横剖面图——抬梁式木结构体系

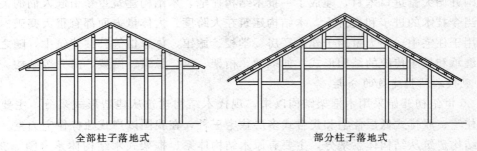

全部柱子落地式　　　　　　　　　　　部分柱子落地式

图 5.8 穿斗式木结构

（3）用纵横相叠的短木和斗形方木相叠而成的向外挑悬的斗拱，是立柱和横梁间的过渡构件，逐渐发展成为上下层柱网之间或柱网和屋顶梁架之间的整体构造层。斗拱是中国古代木结构构造的巧妙形式，自唐代以后斗拱的尺寸渐减小，但它的构件的组合方式和比例基本没有改变。因此，建筑学界常用它作为判断建筑物年代的一项标志。

（4）实行单体建筑标准化、定型化，并遵照礼制规定，中国古代的宫殿、寺庙、住宅等，往往是由若干单体建筑结合配置成组群。这种建筑的标准化、定型化加快了施工进度、节省了成本。

（5）在木结构建筑的木材表面运用色彩装饰手段，对木材表面采用油漆等进行防腐，形成了中国特有的建筑油饰、彩画。

（6）重视建筑组群平面布局。中国古代建筑组群的布局原则是内向含蓄的，多层次的，力求均衡对称。建筑组群的一般平面布局取左右对称的原则，房屋在四周，中心为庭院。大规模建筑组群平面布局更加注重中轴线的建立，组合形式均根据中轴线发展。

（7）灵活安排空间布局。传统木结构建筑的室内间隔，可以用各种隔扇、门、罩、屏等便于安装、拆卸的活动构件，能任意划分，随时改变，使室内空间可以进行灵活安排。

5.3.3　现代木结构建筑

1. 概述

随着科学技术的发展和木材性能处理技术的提高，现代木结构建筑在全世界范围内已得到了普遍认可和大力推广。

木结构在国外应用已有上百年，技术成熟，已经成为发达国家主流建筑形式。在北美，木结构建筑在市场中占主导地位，约有 85％的多层住宅和 95％的低层住宅采用轻型木结构体系，约有 50％的低层商业建筑和公共建筑采用木结构。在美国、加拿大北美地区，90％以上的新建建筑采用木结构；木材工业是加拿大国家支柱产业之一，木结构住宅的工业化、标准化和配套安装技术非常成熟。在日本，50％以上的新建住宅采用木结构。在北欧的芬兰和瑞典，约有 90％的住宅为一层或二层的木结构建筑。

我国木结构建筑历史悠久，早在 3500 年前，我国就基本形成了用榫卯连接梁柱的框架体系，到唐代逐渐成熟。新中国成立后，我国木结构在民用建筑的屋盖结构中占有很大比重。由于我国森林资源相对稀少，20 世纪 80 年代可用于木结构建筑的木材十分紧缺，国家又无力从国外购进优质结构用材，以至木结构建筑被停止使用。随着国民经济的发展，中国开始大量进口木材，建成了一批木结构住宅，木结构建筑重新引起人们的关注。

在当今技术的进步和支持下，木结构建筑在大跨度、大体量方面都有很大突破。不仅广泛应用于住宅中，还大量用于建造厂房、学校、旅馆、体育馆等公共建筑中，随之产生了许多继承和异于传统的结构形式，如框架、桁架、拱、悬索、网架、薄壳等结构。

2. 现代木结构建筑的分类

从 20 世纪初开始采用木框架结构以来，现代木结构建筑从建造形式来分，主要有户式独栋住宅、联排式低层住宅和集合式多层住宅三种，在我国以户式独栋住宅为主。

木结构建筑从结构体系来分，主要有原木结构体系、框架式木结构体系（图 5.9）和梁柱式木结构体系（图 5.10）及混合结构体系。混合结构主要有砖木混合和一层砖混二层及二层以上采用木结构。

图 5.9　门头沟框架式木结构示范住宅　　　图 5.10　黄山梁柱式木结构示范住宅

3. 现代木结构建筑优势

随着现代建筑技术的发展，科学技术也在其中发挥着越来越大的作用，木结构从取材、加工、设计、安装均融入科技成分，使木材在建筑中产生新的作用。现代木结构建筑技术具有相当多的优势，除了具有传统木结构建筑所具有的优势外，还具有以下优势：

（1）防潮、防腐。现代木结构建筑采用防腐处理的木材和配套使用防潮建材，可以弥补木结构住宅防潮、防腐等不足。如在与混凝土基础接触的部位，使用防腐处理过的木材，在外墙体敷设透气的防潮膜等，既可防止外界潮气对墙内保温材料的侵袭，又能避免室内潮气在墙体内形成的冷凝现象。

（2）耐久性良好。精心设计和建造的现代木结构建筑，能够面对各种挑战，是现代建筑形式中最经久耐用的结构形式之一，包括在多雨、潮湿，以及白蚁高发地区，维护良好的建筑可达 70 年以上寿命。

（3）防火性能满足要求。现代结构建筑采用防火石膏板等防火建材进行设防，防火建材产生的结构耐燃力，加上先进的木材预处理技术，按木结构设计规范设计建造的木结构建筑，完全可以达到防火的要求。

（4）用途广泛。除了用于高端别墅、度假村外，木结构建筑还可用于多层住宅、商场、学校、办公楼和各种商业及娱乐设施中。

（5）防虫。是木结构建筑存在的现实的问题。现代木结构建筑在防虫方面已经取得了较大的进步，防虫方法也由传统的土壤处理法发展到使用金属屏障网和屏障沙粒、杀蚁药品、对木材进行防腐防蚁处理等多种有效的方法。通过防虫措施，可以有效地解决防虫问题。

5.4 砌体结构建筑物

5.4.1 砌体结构建筑的特点

1. 砌体结构的优点

（1）来源广泛，取材方便。从块材来源而言，我国各种天然石材分布较广，易于开采和加工。土坯、蒸养灰砂砖块、焙烧砖所需的黏土、砂几乎到处都有。近年来，我国的火力发电也得到了很大的发展，制造粉煤灰砖所需的粉煤灰也可就近取得。砌块还可以用工业废料——矿渣制作，来源方便，价格低廉。

（2）性能良好。砌体结构具有良好的耐火性和较好的耐久性。砌体结构具有比钢结构甚至较钢筋混凝土结构有更好的耐火性，保温、隔热性能良好，节能效果明显。其受大气的影响小，具有较好的抗腐蚀性能，完全可以满足预期耐久年限的要求。

（3）节省材料，造价低。采用砌体结构可节约钢材、水泥，而且砌筑砌体时不需模板及特殊的技术设备，可以节约木材。与水泥、钢材和木材等建筑材料相比，价格相对便宜，工程造价较低。

（4）施工简单快捷。新铺砌体上即可承受一定荷载，可以连续施工；在寒冷地区，必要时还可以用冻结法施工。同时，采用砌块或大型板材作墙体时，可以减轻结构自重，加快施工进度，进行工业化生产和施工。采用配筋混凝土砌块的高层建筑较现浇钢筋混凝土高层建筑可节省模板，加快施工进度。

（5）利于抗震，收缩量小。目前，随着高强度混凝土砌块等块体的开发和利用，配筋砌块砌体剪力墙结构，在等厚度墙体内可随平面和高度方向改变重量、刚度、配筋，砌块竖缝的存在一定程度上可以吸收能量，增加延性，有利于抗震，总体收缩量比混凝土小等。

2. 砌体结构的缺点

（1）砌体结构的自重大。通常砌体的抗弯、抗拉性能很差，强度较低，故必须采用较大截面尺寸的构件，致使其体积大，自重也大，材料用量多，运输量也随之增加。因此，应加强轻质高强材料的研究，以减小截面尺寸并减轻自重。

（2）用工多。由于砌体结构工程多为小型块材经人工砌筑而成，而在一般砌体结构居住建筑中，砌筑工作量占总工作量的 1/4 以上，砌筑工作量大。因此在砌筑时，应充分利用各种机具来搬运块材和砂浆，以减轻劳动量；但目前的砌筑操作基本上还是采用手工方式，因此必须进一步推广砌块和墙板等工业化施工方法，以逐步克服这一缺点。

（3）现场的手工操作，不仅工期缓慢，而且质量均匀性难以保证。应十分注意在设计时提出对块材和砂浆的质量要求，在施工时对块材和砂浆等材料质量以及砌体的砌筑质量进行严格的检查。

（4）抗震能力较差。砂浆和块材间的黏结力较弱，使无筋砌体的抗拉、抗弯及抗剪强度都很低，造成砌体抗震能力较差，有时需采用配筋砌体。

（5）黏土砖占地多，不利于环保。采用烧结普通黏土砖建造砌体结构，不仅需要耗用农田，而且影响农业生产，对生态环境平衡不利。所以，应加强采用工业废料和地方性材料代替黏土砖的研究，以解决上述矛盾。

5.4.2 砌体结构的应用范围

砌体结构由于有其一系列独特的优点，因此长期在土木工程中被广泛使用。但由于其缺点也限制了它在某些范围的应用。

1. 在民用建筑中的应用

多层住宅、办公楼等民用建筑的基础、墙、柱、过梁、屋盖和地沟等构件都可用砌体结构建造。无筋砌体房屋一般可建 5～7 层，配筋砌块剪力墙结构房屋可建 8～18 层。重庆市在 20 世纪 70 年代建成了高达 12 层的以砌体承重的住宅。在福建的泉州、厦门和其他一些产石地区，建成了不少以毛石或料石作承重墙的房屋。某些产石地区以毛石砌体作承重墙的房屋高达 6 层。在国外有建成 20 层以上的砖墙承重房屋。

2. 在工业建筑中的应用

在工业厂房建筑中，通常采用砌体砌筑围墙。对中、小型厂房和多层轻工业厂房，以及影剧院、食堂、仓库等建筑，也广泛地采用砌体作墙身或立柱等承重结构。

砌体结构还可用于烟囱、小水池、地沟、料仓、管道支架等结构中。在水利工程方面，堤岸、坝身、水闸、围堰引水渠等，也较广泛地采用砌体结构。在交通运输方面，除桥梁、隧道采用砌体结构外，地下渠道、涵洞、挡墙也常用石材砌筑。

3. 在农业建筑中的应用

农村建筑如猪圈、粮仓等，也可用砖石砌体建造。

5.4.3　砌体结构的发展趋势

砌体结构作为一种传统结构形式，在土木工程中今后相当长的时期内仍将占有重要地位。随着科学技术的进步，砌体结构的发展方向着重在以下几个方面。

1. 研究新材料，发展轻质高强砌体材料

加强砌筑块材和砂浆新材料的研究，发展轻质、高强的砌体是砌体结构发展的重要方向。采用轻质、高强砌体，墙、柱的截面尺寸才可能减小，重量减轻，结构设计更加合理，抗震性能也得到提高，房屋的建造高度将进一步提高，同时可以提高生产效率，减少材料消耗。

目前我国的砌体材料和发达国家相比，强度低、耐久性差，如黏土砖的抗压强度一般为 $7.5 \sim 15$MPa，承重空心砖的孔隙率不大于 25%。而发达国家的抗压强度一般均达到 $30 \sim 60$MPa，且能达到 100MPa，承重空心砖的孔隙率可达到 40%，容重一般为 13kN/m³，最轻可达 0.6kN/m³。因而，发展高强砌体是砌体结构的发展趋势。

在发展高强块材的同时，研制高强度等级的砌筑砂浆。目前的砂浆强度等级最高为 M15，当与高强块材匹配时需开发大于 M15 以上的高性能砂浆。发展高强度、高黏接胶合力的砂浆，能有效地提高砌体的强度和抗震性能。

2. 积极开发节能环保建材

开发绿色环保砌体材料是砌体结构的另一发展方向。坚持"可持续发展"的战略方针，依据环境再生、协调共生、持续自然的原则，尽量减少自然资源的消耗，尽可能对废弃物再利用和净化，保护生态环境，以确保人类社会的可持续发展。

（1）加大限制黏土砖等生产的力度，积极发展黏土砖的替代产品，促进了其他新材的发展。

（2）大力发展蒸压灰砂废渣制品。这包括钢渣砖、粉煤灰砖、炉渣砖及其空心砌块、粉煤灰加气混凝土墙板等。

（3）利用页岩生产多孔砖。我国页岩资源丰富，分布地域较广。烧结页岩砖能耗低、强度高、外观规则，其强度等级可达 MU15～MU30，可砌清水墙和中高层建筑。

（4）大力发展废渣轻型混凝土墙板。这种轻板利用粉煤灰代替部分水泥，骨料为陶粒、矿渣或炉渣等轻骨料，加入玻璃纤维或其他纤维。这种轻板与其他轻材料墙板的发展，提高了砌体施工技术的工业化水平。

（5）GRC 板的改进与提高。这种板自重轻、防火、防水、施工安装方便。GRC 空心条板是大力发展的一种墙体制品，需用先进的生产工艺和装配，以提高板的产量和质量。

（6）蒸压纤维水泥板。我国是世界上第三大粉煤灰生产国，仅电力工业年排灰量达上亿吨，但目前的利用率仅为 38%。其实粉煤灰经处理后可生产价值更高的墙体材料，如高性能混凝土砌块、蒸压纤维增强粉煤灰墙板等。它具有容重低、导热系数小、可加工性强、颜色白净的特点，目前全国的产量已达 700 万 m²。

（7）大力推广复合墙板和复合砌块。目前国内外没有单一材料，既满足建筑节能保温隔热，又满足外墙的防水、强度的技术要求。因此只能用复合技术来满足墙体的多功能要求，如钢丝网水泥夹芯板。复合砌块墙体材料，也是今后的发展方向，如采用矿渣空心砖、灰砂砌块、混凝土空心砌块中的任一种与绝缘材料相复合都可满足外墙的要求，我国在复合墙体材料的应用方面已有一定基础，需要进一步改善和完善配套技术，大力推广，这是墙体材料"绿色化"的主要出路。

3. 发展配筋砌体

我国是一个多地震的国家，大部分地区属于抗震设防区。我国的研究成果及试点工程都已表明，在中高层建筑（8～18 层）中，采用配筋砌体结构尤其是配筋砌块剪力墙结构，可提高砌体的强度和抗裂性，能有效地提高砌体结构的整体性和抗震性能，而且节约钢筋和木材，施工速度快，经济效益明显。配筋砌块砌体结构房屋将在未来的建筑结构中发挥重要作用。

砌块建筑施工机具对配筋砌块结构的质量保证起至关重要的作用。在我国虽已初步建立了配筋砌体结构体系，但需研制和定型生产砌块建筑施工用的机具，如铺砂浆器、小直径振捣棒（$\phi \leqslant 25$）、小型灌孔混凝土浇筑泵、小型钢筋焊机、灌孔混凝土检测仪等。

4. 开展预应力砌体研究

预应力砌体其原理同预应力混凝土，能明显地改善砌体的受力性能和抗震能力。国外，特别是英国在配筋砌体和预应力砌体方面的水平很高。我国 20 世纪 80 年代初期曾有过研究，但至今只有少数专家进行研究，因此应进一步加强预应力砌体的研究。

5. 加强砌体结构试验和理论研究

我国在砌体结构理论、设计方法方面取得了一定的成果。砌体结构的动力反应性能、抗震性能、砌体结构的耐久性以及砌体结构修复补强技术等方面还需要进一步深入研究。今后需要加强这些方面的研究工作，改进试验方法，建立精确、完整的结构计算理论，不断提高砌体结构的设计水平和施工水平。

进一步研究砌体结构的破坏机理和受力性能，通过物理和数学模式，建立精确而完整的砌体结构理论，是世界各国关心的课题。我国在这方面有较好的基础，但目前跟发达国家相比还有较大的差距，因此应继续加强这方面的工作，加强对砌体结构的试验技术和数据处理的研究对促进砌体结构发展有着深远的意义。

因此还必须加强对砌体结构的实验技术和数据处理的研究，使测试自动化，以得到更精确的实验结果。

5.5 钢筋混凝土结构建筑物

5.5.1 钢筋混凝土结构建筑特点

钢筋混凝土结构的优点很多，除了能合理地利用钢筋和混凝土两种材料的特性外还有以下优点：

（1）取材容易。混凝土所用的砂、石一般易于就地取材。另外，还可以有效利用矿渣、粉煤灰等工业废料，有利于保护环境。

（2）合理用材。钢筋混凝土结构合理地发挥了钢筋和混凝土两种材料的性能，与钢结构相比，还可以降低造价。

（3）可模性。新拌和的混凝土是可塑的，根据工程需要，可以较容易地浇筑成各种形状和尺寸的钢筋混凝土结构。

（4）整体性。浇筑或装配整体式钢筋混凝土结构有很好的整体性，有利于抗震，抵抗振动和爆炸冲击波。

（5）耐久性比较好。密实的混凝土有较高的强度，同时由于钢筋被混凝土包裹，不易锈蚀，维修费用也很少，所以钢筋混凝土结构的耐久性比较好。

（6）耐火性好。混凝土包裹在钢筋外面，火灾时钢筋不会很快达到软化温度而导致结构整体破坏。与裸露的木结构、钢结构相比耐火性要好。

钢筋混凝土结构也具有以下主要缺点：

（1）自重大。钢筋混凝土的密度约为 $25kN/m^3$，比砌体和木材的重度都大。尽管比钢材的重度小，但结构的截面尺寸较大，因而其自重远远超过相同跨度或高度的钢结构的重量。这对大跨度结构、高层建筑结构以及抗震不利，以及运输和施工吊装带来困难。

（2）抗裂性差。由于混凝土的极限拉应变值较低，约为 $0.15mm/m$，以及混凝土的收缩，导致在使用荷载条件下构件的受拉区容易出现裂缝。普通钢筋混凝土结构受拉和受弯等构件在正常使用时往往带裂缝工作，对一些不允许出现裂缝或对裂缝宽度有严格限制的结构，要满足这些要求就需要提高工程造价。当裂缝数量较多和开展较宽时，影响结构的耐久性和美观，同时给人一种不安全感，影响结构的使用。

（3）隔热、隔声性能较差。钢筋混凝土结构的隔热隔声性能也较差。

（4）延性差。混凝土的脆性随混凝土强度等级的提高而加大。混凝土结构破坏前的预兆较小，特别是在抗剪切、抗冲切和小偏心受压构件破坏时，破坏往往是突然发生的。

5.5.2 钢筋混凝土结构的应用范围

钢筋混凝土结构在土木工程中的应用范围极广，各种工程结构都可采用钢筋混凝土建造。在民用建筑中，钢筋混凝土结构随处可见，占有相当大的比例；工业建筑中，钢筋混凝土结构也占有相当大的比例，如工业厂房、隧道、核电站的安全壳、海洋石油钻井平台、火力发电厂的冷却塔、储油罐等常为钢筋混凝土结构。钢筋混凝土结构在原子能工程、海洋工程和机械制造业的一些特殊场合，如反应堆压力容器、海洋平台、巨型运油船、大吨位水压机机架等，也得到了广泛的应用。

5.5.3 钢筋混凝土结构的发展趋势

钢筋混凝土结构在土木工程中得到了广泛的应用，在今后相当长的时期仍然是主要的工程结构之一。但由于其缺点限制了它在某些方面的应用，钢筋混凝土结构的发展趋势主要有以下几个方面。

1. 轻质混凝土

利用天然轻骨料（如浮石、凝灰岩等）、工业废料轻骨料（如炉渣、粉煤灰陶粒、自燃煤矸石等）、人造轻骨料（页岩陶粒、黏土陶粒、膨胀珍珠岩等）制成的轻质混凝土具有密度较小、相对强度高以及保温、抗冻性能好等优点，利用工业废渣如废弃锅炉煤渣、煤矿的煤矸石、火力发电站的粉煤灰等制备轻质混凝土，可降低混凝土的生产成本，减少城市或厂区的污染，减少堆积废料占用的土地，对环境保护也是有利的。

2. 高强混凝土

混凝土强度的提高允许柱横截面大幅度减少、重量减轻，减少材料消耗，提高生产效率。结构设计更加合理，抗震性能也得到提高，同时也提供了更多可用房屋面积，房屋的建造高度将进一步提高。随着技术发展，高强混凝土会具有更为广阔的应用前景。

3. 纤维增强混凝土

为了改善混凝土的抗拉性能差、延展性差等缺点，在混凝土中掺加纤维以改善混凝土性能的研究，发展得相当迅速。目前研究较多的有钢纤维、耐碱玻璃纤维、碳纤维、芳纶纤维、聚丙烯纤维或尼龙合成纤维混凝土等。

4. 自密实混凝土

自密实混凝土不需机械振捣，而是依靠自重使混凝土密实。混凝土的流动度虽然高，但仍可以防止离析。这种混凝土的优点有：在施工现场无振动噪声；可进行夜间施工，不扰民；对工人健康无害；混凝土质量均匀、耐久；钢筋布置较密或构件体型复杂时也易于浇筑；施工速度快，现场劳动量小。

5. 推广使用清水混凝土

清水混凝土又称装饰混凝土，属于一次浇注成型，不做任何外装饰，直接采用现浇混凝土的自然表面效果作为饰面，因此不同于普通混凝土，表面平整光滑、色泽均匀、棱角分明、无碰损和污染，只是在表面涂一层或两层透明的保护剂，显得十分天然、庄重，具有优越的结构性能和显著的经济性。

清水混凝土在国内外大型建筑工程得到了广泛的应用，在日本，清水混凝土在各种建筑工程中早已得到广泛使用。在我国，清水混凝土在桥梁工程中已得到广泛应用，但在一般房屋建筑工程很少应用。清水混凝土推广使用是未来发展趋势之一。

6. 高性能混凝土

高性能混凝土（HPC）是一种新型高技术混凝土，采用现代混凝土技术制作，大幅度提高普通混凝土的耐久性、工作性、实用性、强度、体积稳定性和经济性等性能。它以耐久性作为主要设计指标，根据工程具体情况对其他性能重点予以保证。在重要工程中高性能混凝土将逐步取代普通混凝土，是混凝土材料发展的一个重要方向。

7. 绿色混凝土

绿色混凝土，指具有环境协调性和自适应性的混凝土。环境协调性是指对资源及能源消耗少、对环境污染少和循环再生利用率高；自适应性是指具有满意的使用性能，能够改善环境，具有感知、调节和修复等机敏特性。

绿色混凝土包括绿色高性能混凝土、再生骨料混凝土、环保型混凝土和机敏混凝土等。

绿色混凝土真正使混凝土变为合理应用资源，保护环境，保持生态平衡，成为与环境极其友好，能造福子孙后代的建筑材料。绿色混凝土是混凝土发展的重要方向。

8. 发展预应力钢筋混凝土

预应力钢筋混凝土结构成功解决了混凝土过早开裂的问题，提高了结构的抗裂度和刚度，同时有效地利用了高强材料。预应力钢筋混凝土将得到进一步的发展。

9. 发展新的钢筋产品

钢筋混凝土结构中的钢筋强度将向高强发展，同时还会延伸一些如低成本的余热处理钢筋、高延性的抗震钢筋及耐腐蚀的环氧涂层钢筋等产品。预应力钢筋将出现环氧涂层钢绞线等产品。

5.6 钢结构建筑物

5.6.1 钢结构建筑特点

钢结构与其他结构如砖混结构、钢筋混凝土结构相比，在使用功能、设计、施工以及综合经济方面都具有优势，钢结构建筑主要特点有以下几个方面：

1. 钢结构强度高，重量轻

钢材和其他建筑材料诸如混凝土、砖石和木材相比虽然密度大，但强度要高得多。因此，当承受的荷载和条件相同时，构件截面面积较小，钢结构重量较其他结构轻。例如，当跨度和荷载均相同时，钢屋架的重量仅为钢筋混凝土屋架的 $1/4 \sim 1/3$，冷弯薄壁型钢屋架甚至接近 $1/10$，便于运输和安装；钢结构建筑自重轻，约为同层高度混凝土结构建筑自重的 $1/2 \sim 3/5$，构件重量大大轻于钢筋混凝土构件。

2. 材质均匀、塑性好、韧性好、可靠性高

钢材材质均匀、塑性好、韧性好。钢材是工业化生产的产品，在生产过程中质量可以得到比较严格的控制，因而材质比较均匀，非常接近匀质体和各向同性体，在一定的应力幅度内几乎是完全弹性的。这些性能基本符合目前的计算方法和基本假设，计算结果与实际受力情况非常吻合，钢结构计算准确，可靠性高。钢材具有良好的塑性和韧性。由于塑性好，使钢结构一般不会因为偶然超载或局部超载而突然断裂破坏。由于韧性好，使钢结构对动力荷载的适应性较强。钢材的这些性能对钢结构的安全可靠性提供了充分的保证。

3. 工业化程度高、制作简便、施工周期短

钢结构所用的材料为各种型材，加工比较简便，并能使用机械操作，大量的钢结构构件都在专业化的金属结构制造厂中制造，工业化程度高。各种构件运至施工现场后进行安装，经过比较简单的焊接连接或螺栓连接即可形成结构，有时还可以在地面拼装和焊接成较大的单元再行吊装，以缩短施工周期。

4. 综合经济效果好

钢结构建筑由于结构自重较轻，对地基承载力的要求也降低，可以节约地基处理费用。传统的钢筋混凝土建筑，由于本身结构自重复杂，因而基础处理较复杂，在不良土质情况下，基础造价高。钢结构建筑采用先进的设计和加工工艺以及大规模的生产方式，可大大地降低造价。

同时施工速度快、施工周期短，可以降低间接费用。所以，钢结构的综合经济效果是比较好的。

5. 绿色环保

钢结构主要使用的材料是钢材，加工制造过程中产生的余料和碎屑，以及废弃和破坏了的钢结构或构件，均可回炉重新冶炼成钢材重复使用，是一种高强度、高性能的绿色环保材料，具有很高的再循环使用价值。钢结构施工时可大大减少砂、石、水泥的用量，可以减轻对不可再生资源的破坏，施工现场占地面积小，环境污染少，现场干作业多，湿作

业少，施工环境得到明显改善。随着城市的发展、改造和更新，在拆除既有建筑时，混凝土结构和砌体结构建筑拆除后成了建筑垃圾，无法再利用；而钢结构拆除后可回收再利用，建筑垃圾量极少；因此，钢结构是绿色环保结构，符合国家可持续发展的要求。

6. 抗震性能好

由于钢材拥有良好的塑性以及韧性，使得其对于动荷载的适应性能比较强，尤其在强震作用下钢结构能保证较好的延性，相较于其他结构的同类建筑抗震性能大大提高。钢结构建筑自重轻，结构自重的降低，使结构的自振周期降低，减小了地震作用力，有利于抗震。在国内外的各次地震中，钢结构是损坏最轻的结构，被公认为是抗震设防区尤其是强震区最适合的结构。

7. 耐热性较好，防火性能差

钢材耐热而不防火，随着温度的升高，强度就降低。温度在 250℃ 以内，钢材性质变化很小，因此钢结构可以用于温度不高于 250℃ 的场合。当温度达到 300℃ 以上时，强度逐渐下降；当温度达到 600℃ 时，强度降至不到 1/3，在这种场合，必须对钢结构采取防护措施。

钢结构耐火性能差，在火灾中，未加防护的钢结构一般只能维持 20min 左右，当结构温度达到 500℃ 以上时，就可能瞬时全部崩溃。为了提高钢结构的耐火等级，通常都用混凝土或砖把它包裹起来。

8. 耐锈蚀性差

钢材耐腐蚀的性能比较差，钢材在潮湿环境中，特别是处于有腐蚀介质的环境中容易锈蚀，必须刷涂料或镀锌，而且在使用期间还应定期维护。不过在没有侵蚀性介质的一般厂房中，构件经过彻底除锈并涂上合格的油漆，锈蚀问题并不严重。

我国已研究出一些高效能的防护漆，漆防锈效能和镀锌相同，但费用却低得多。同时国内已经研制成功锌铝涂层及氟碳涂层技术，为钢结构的防锈提供了新途径。近年来出现的耐大气腐蚀的钢材具有较好的抗锈性能，已经逐步推广应用。

5.6.2　钢结构建筑的应用范围

根据我国工程建设的实践经验，钢结构建筑的合理应用范围大致如下。

1. 大跨度建筑

结构跨度越大，结构自重在全部荷载中所占的比例就越大，减轻结构自重可以获得明显的经济效果。由于钢结构具有材料强度高而结构重量轻的优点，特别适合用于大跨度建筑。大跨度钢结构常应用于飞机装配车间、飞机库、体育场馆、火车站、会展中心、影剧院等，其结构体系可为网架、网壳、悬索结构、索膜结构、拱架、框架及组合结构等。我国已经建成了人民大会堂、国家主体育场、国家大剧院、西安秦始皇墓陶俑陈列馆、广州国际会议展览中心、首都国际机场等一大批大跨度钢结构建筑。

2. 工业厂房

工业厂房中的重型厂房的主要承重结构（屋架、托架、吊车架和立柱等）和有强烈热辐射的车间常全部或部分采用钢结构，如冶金工厂的平炉车间、初扎车间、混贴车间，重型机械厂的铸钢车间、水压机车间、锻压车间，造船厂的船体车间，电厂的锅炉框架，飞机制造厂的装配车间，以及其他工厂的跨度屋架、吊车梁。我国的鞍钢、武钢和上海宝钢等的许多车间都采用钢结构厂房，上海重型机械厂、上海江南造船厂中都有高大的钢结构厂房。

近年来，随着钢网架结构的广泛应用，一般的工业厂房也采用了钢网架结构。我国的武汉钢铁公司厂房、宝山钢铁公司一期工程厂房、一汽—大众汽车公司厂房等都采用了钢网架结构。

3. 高耸结构

钢结构还用于高耸结构。高耸结构是指高度较大、横断面相对较小的结构，以水平荷载（特别是风荷载）为结构设计的主要依据。根据其结构形式可分为自立式塔式结构和拉线式桅式结构，如烟囱、电视塔、微波塔、输电线塔、钻井塔、广播电视发射塔、火箭（卫星）发射塔、石油钻井架和桅杆、无线电天线桅杆等。高耸结构采用钢结构，制作、安装、运输都比较简单方便，经济性较好，抵抗风载的能力也比较强。我国的北京环境气象监测塔、上海东方明珠电视塔、广州电视塔等一大批高耸结构采用了钢结构。

4. 多层或高层住宅

将钢结构建筑用于多层或高层住宅，具有其他结构体系无可比拟的优势。近年来，钢结构住宅在我国已经得到了一定发展，如被国家建设部列为住宅钢结构体系示范工程的金宸公寓 3 号、4 号楼，上海北蔡的 8 层钢结构住宅，长沙远大公司的 8 层钢结构集成住宅，山东莱钢的樱花间住宅小区等工程。

5. 高层和超高层建筑

建筑高度越大，所受的侧向水平荷载及地震作用的影响也越大，所需柱截面也大大加大。采用钢结构可以减少柱截面而增加建筑物的使用面积和提高建筑的抗震性能，因此，在高层和超高层建筑上采用钢结构是非常合适的，可以获得良好的经济效果和使用效果。我国已建成了一些高层和超高层钢结构建筑，如北京香格里拉饭店、北京长城饭店、上海希尔顿饭店、上海金茂大厦、北京银泰中心、北京国贸中心、深圳科技发展中心大厦、地王商业大厦等。

6. 可拆卸结构或移动结构

钢结构重量较轻，构件可用较简单、方便的螺栓连接来形成结构。因此，可拆卸结构或移动结构最宜采用钢结构，便于装配和拆卸，便于搬迁。钢结构在建筑业应用广泛，如建筑工地的生产和生活附属用房、临时展览馆、钢管脚手架、塔式起重机、龙门起重机、大跨度桥梁结构、水工结构中的闸门、升船机和塔式起重机等。

7. 轻型钢结构建筑

钢结构质量轻不仅对大跨结构有利，对使用荷载特别轻的小跨结构也有优越性。因为使用荷载特别轻时，小跨结构的自重也就成了一个重要因素。冷弯薄壁型钢屋架在一定条件下的用钢量可以不超过钢筋混凝土屋架的用钢量。轻型钢结构建筑自重轻、用钢量低、经济性好。在我国，轻型钢结构建筑已在工业厂房、仓库、办公室、体育设施、商业卖场等工程上得到了较为广泛的应用，并向住宅和别墅发展。

5.6.3 钢结构建筑的发展趋势

1. 高性能钢材的研发和应用

研究和发展强度比较高、塑性和韧性也比较好、耐火耐候性能优良、价格比较适中、具有良好截面特性的、高性能的钢材并应用于钢结构建筑上，提高钢结构建筑的承载能力，降低钢结构建筑的造价。高性能钢材的研发和应用是钢结构建筑的发展趋势。

2. 钢结构建筑设计、计算改进

我国目前的钢结构设计采用的是近似概率极限状态设计法，它计算的可靠度还只是构件或某一截面的可靠度，而不是整个结构体系的可靠度，不适用于在反复荷载或动力荷载作用下的结构的疲劳计算。同时，连接的极限状态的研究滞后于构件。今后还应继续研究改进计算方法和计算手段，在设计计算中引入计算机辅助设计及绘图，编制通用或专用的计算软件，改进计算手段，提高设计计算的准确度和效率。

所以，钢结构设计方法的改进和完善及计算方法的改进是今后一个时期的发展趋势。

3. 结构形式的革新和应用

新结构形式有薄壁型钢结构、悬索结构、悬挂结构、网架结构和预应力钢结构等。这些结构均适用于轻型、大跨屋盖结构、高层建筑，充分发挥每一种结构形式的优点，促进结构形式的发展，对减少用钢量有重要意义。

结构形式的革新和应用是提高钢结构成效的一个重要途径，也是钢结构建筑的发展趋势。

4. 发展轻型钢结构建筑

轻型钢结构建筑是以轻型高效钢材和轻质高效维护材料组装而成的低层或多层钢材建筑，具有非常突出的优点，属于绿色环保建筑体系，是钢结构建筑发展的一个主要方向。

5. 发展多层或高层钢结构住宅建筑

在国外，采用钢结构住宅建筑已有百年历史，发展很好。在我国，大跨结构等建筑上采用钢结构建筑已较常见，而在住宅建筑上则采用极少，我国每年都要兴建大量的住宅建筑，发展多层或高层钢结构住宅建筑是大势所趋。从全球高层钢结构发展的历程来看，今后在高层和超高层建筑中使用钢结构是必然趋势。从钢结构的优越性和综合效益考虑，预计未来钢结构将成为高层建筑中的主导。而从建筑轻钢结构发展状况来看，我国政府倡导的钢结构住宅及其产业化需求将是量大面广的钢结构市场之一。因此，多层和高层建筑是钢结构建筑的发展趋势。

5.7　其他结构建筑物

5.7.1　组合结构建筑物

1. 组合结构的概念及特点

组合结构建筑物是指采用组合结构建造的建筑物。广义上讲，所有高层建筑结构都是组合结构，因为一个功能性建筑不可能只用钢或只用混凝土建造。

组合构件是指两种不同性质的材料组合成为一个整体而共同工作的构件。组合结构是由组合构件组成，在组合结构中充分发挥各种材料优点，且各种材料变形协调、共同工作。在相同材料用量条件下，组合结构和组合构件比非组合结构和非组合构件具有更高的强度、更好的变形性能和抗震性能。

组合结构依据组成材料的不同有不同的分类，实际上有些已经普及应用的结构也是组合结构。例如，钢筋混凝土结构就是由钢筋与混凝土组合而成，并已形成一种独立的建筑结构类型。组合墙梁是砌体与钢筋混凝土的组合。本节主要叙述钢与混凝土组合而成的组合结构，钢筋混凝土结构不在讨论的范围内。

目前，组合结构的研究与应用得到了迅速发展，至今已成为一种公认的新的结构形式，与传统的四大结构，即钢结构、木结构、砌体结构和钢筋混凝土结构并列，已扩展成为五大结构。大量工程实践表明，组合结构具有显著的经济效益和社会效益，将成为结构体系的重要发展方向之一。

钢—混凝土组合结构是在钢结构和钢筋混凝土结构基础上发展起来的一种新型的结构，主要有压型钢板组合板、钢—混凝土组合梁、钢骨混凝土、钢管混凝土和外包钢混凝土等五类。

（1）压型钢板组合板。

压型钢板组合板由压型钢板、混凝土板通过抗剪连接措施共同作用形成。压型钢板与混凝土组合楼板是指由压型钢板上浇筑混凝土组成的组合楼板，根据压型钢板是否与混凝土共同工作可分为组合板和非组合板。组合板是指压型钢板除用作浇筑混凝土的永久性模板外，还充当板底受拉钢筋的现浇混凝土楼（屋面）板。非组合板是指压型钢板仅作为混凝土楼板的永久性模板，不考虑参与结构受力的现浇混凝土楼（屋面）板。

在压成各种形式的凹凸肋与各种形式槽纹的钢板上浇筑混凝土而制成的组合楼盖，依靠凹凸肋及不同的槽纹使钢板与混凝土组合在一起。钢板中凹凸肋与槽纹形式的不同，钢与混凝土的共同工作性能也有所不同。在与混凝土共同工作性能较差的压型钢板上可焊接附加钢筋或栓钉，以保证钢材与混凝土的组合状态下的共同作用效果。

压型钢板组合板将造价低、抗压强度高、刚度大的混凝土等放在板的受压区，而受拉性能好的钢材放在板的受拉区，代替板中受拉纵筋，使得两种材料合理受力，都能发挥各自的优点。压型钢板可代替受拉钢筋，减少了钢筋的制作与安装工作，压型钢板组合板刚度较大，省去许多受拉区混凝土，节省混凝土用量，减轻结构自重。其突出的优点还在于受压型钢板在施工时先行安装，可作为浇筑混凝土的模板及施工平台。节省了大量木模板及支撑，获得一定的经济效益，而且使施工安装工作可以数个楼层立体作业，大大加快了施工进度。与木模板相比，施工时减小了火灾发生的可能性；因此，近年来组合板应用发展很快，已在许多工程的楼板、屋面板以及工业厂房的操作平台板等中应用。

（2）钢—混凝土组合梁。

钢—混凝土组合梁是指梁的下部采用钢材、上部采用混凝土、通过抗剪连接件形成的一种结构构件。连接件保证了钢材和混凝土能够变形协调、共同工作。组合梁下部的钢材受拉与受剪，上部的混凝土受压，受力合理，强度与刚度显著提高，从而能够充分发挥钢材受拉性能好和混凝土受压性能好的优点。

钢—混凝土组合梁具有截面高度小、自重轻、延性好等优点。一般情况下，钢—混凝土简支组合梁的高跨比可以做到 $1/20 \sim 1/16$，连续组合梁的高跨比可以做到 $1/35 \sim 1/25$。同钢筋混凝土梁相比，钢—混凝土组合梁使结构高度降低 $1/4 \sim 1/3$，自重减轻 $40\% \sim$

60％，减小地震作用，增加有效使用空间，节省支模工序和模板，缩短施工周期，增加梁的延性等，同时现场湿作业量减小，施工扰民程度减轻，有利于保护环境；同钢梁相比，钢—混凝土组合梁可以使结构高度降低 1/4～1/3，刚度增大 1/4～1/3，减小了钢材用量，增加了稳定性和整体性，增强了结构抗火性和耐久性，提高抗震性能。因此，钢—混凝土组合梁具有截面尺寸小、自重轻、强度高、刚度大、延性好、跨越能力大、整体稳定性和局部稳定性好、便于施工等特点，兼有钢结构和混凝土结构的优点，具有显著的技术经济效益和社会效益，适合我国基本建设的国情，是未来结构体系的主要发展方向之一。

钢—混凝土组合梁可以广泛应用于建筑结构和桥梁结构等领域。在跨度比较大、荷载比较重的情况下，具有显著的技术经济效益和社会效益。在建筑领域，钢—混凝土组合梁可以用于多、高层建筑和多层工业厂房的楼盖结构、工业厂房的吊车梁、工作平台、栈桥等。在桥梁结构领域，可以广泛用于城市桥梁、公路桥梁、铁路桥梁，还适用于大跨拱桥、大跨悬索桥、大跨斜拉桥的桥面结构等。

（3）钢骨混凝土。

钢骨混凝土结构是指在钢骨周围配置钢筋，并浇筑混凝土的结构，也称为型钢混凝土或劲性钢骨混凝土。钢骨混凝土构件的内部钢骨部分与外包钢筋混凝土部分通过黏结力和抗剪连接件使它们紧密地结合在一起形成整体，协调统一地工作，其受力性能优于钢骨部分和钢筋混凝土部分的简单叠加。

与钢结构相比，钢骨混凝土构件的外包钢筋混凝土部分可以防止钢构件的局部屈曲，并能提高钢构件的整体刚度，使钢材的强度得以充分发挥。采用钢骨混凝土结构，一般可比纯钢结构节约钢材 50％以上。其次，钢骨混凝土结构比纯钢结构具有更大的刚度和阻尼，有利于结构变形的控制。此外，外包混凝土可提高结构的耐久性和耐火性。

与钢筋混凝土结构相比，由于配置了钢骨，使构件的承载力大为提高，尤其是采用实腹式钢骨时，构件的受剪承载力有很大提高，使抗震性能得到很大改善。此外，钢骨架本身具有一定的承载力，可以利用钢骨架承受施工阶段的荷载，并且将模板悬挂在钢骨架上，省去支撑，有利于加快施工速度，缩短施工周期。

钢骨混凝土构件可以用于梁、柱、节点、框架剪力墙及筒体等各种结构中，其突出优点是承载力高、构件截面较小、可降低结构层高；可以利用型钢的承载力减少模板工程量、缩短工期；结构延性好、抗震性能优良；耐久性和防火性能均明显优于钢结构。

由于柱、墙等截面的减小，提高了建筑面积的使用率，也使建筑室内空间更好布置。由于梁截面高度的减小，增加了房间净空，还可以降低房屋的层高与总高。由于钢骨混凝土结构强度与刚度的显著提高，使其可以应用于大跨、重荷、高层及超高层建筑中。钢骨混凝土柱不仅强度、刚度明显增加，而且延性获得很大的提高，从而成为一种抗震性能很好的结构，所以尤其适用于地震区。与钢结构建筑相比，采用钢骨混凝土构件节省了大量钢材，降低了造价，而且克服了钢结构刚度较小、侧向位移较大的缺点，因此，也往往将钢骨混凝土构件用于高层建筑的下面数层。

钢骨混凝土构件根据配置的型钢的形式可分为实腹式型钢与角钢骨架的桁架式配钢两大类。前者的强度、延性很高，远比后者优越，适合用于大型、中型及很高的建筑，但是配角钢骨架比配实腹钢可更多地节省钢材，其含钢量比钢筋混凝土结构稍大或基本相当，而其强度、刚度和延性则比钢筋混凝土结构有较大提高，通常用于荷载、跨度、高度不是特别大的结构中。

（4）钢管混凝土。

钢管混凝土是指在钢管中充填混凝土形成的结构。按截面形状的不同，分为圆形钢管混凝土、方形钢管混凝土及多边形钢管混凝土构件等，目前，以圆形钢管混凝土构件的应用最为普遍。

在钢管混凝土受压构件中，钢管与混凝土共同承担压力。但就薄壁圆钢管而言，在压力的作用下，容易发生局部屈曲，是很不利的。而在管中填充混凝土，大大改善了管壁的侧向刚度，因此对钢管的受压极为有利。钢管混凝土构件受力性能的优越性更主要地表现在合理地应用了钢管对混凝土的径向约束力。这种约束力将混凝土柱的受力状态从单向受压改变为三向受压，混凝土的抗压强度得到了很大程度的提高。使混凝土的抗压性能更为有利的发挥，从而构件断面可以大大减小。

钢管的主要作用是约束混凝土，所以圆形钢管是最理想的。钢管主要承受环向拉力，恰好发挥钢材抗拉强度高的优点。钢管虽然也承受纵向与径向压力，但是被混凝土充填，所以对防止其失稳极为有利。钢管混凝土柱充分发挥了混凝土和钢材各自的优点，特别是克服了薄壁钢材容易失稳的缺点，所以受力非常合理，大大节省了材料。据资料分析，其与钢结构相比可节省钢材 50% 左右，降低造价 40%～50%；与钢筋混凝土柱相比，还可节省水泥 70% 左右。钢管本身就是浇筑混凝土的模板，故可省去全部模板，并不需要支模、钢筋制作与安装，简化了施工，比钢筋混凝土柱用钢量约增加 10%。钢管混凝土柱的另一突出优点是延性较好，这是因为一方面钢管外壳具有很好的延性；另一方面混凝土在三向约束条件下比单向受压条件下具有的延性好得多。

由于钢管混凝土主要是利用强度很高的混凝土受压，所以这种构件最适用于轴心受压与小偏心受压构件。由于它是圆形截面，而且断面高度较小，所以在受弯为主的结构转变为受压为主。钢管混凝土不适用于受弯构件，故梁一般采用其他结构形式。钢管混凝土结构的最大弱点是圆形截面的柱与矩形截面的梁连接较复杂，节点的施工处理较为复杂。这是影响钢管混凝土结构进一步推广的一大障碍。此外，钢管的外露，使其也具有一般钢结构防锈、防腐蚀及防火性能较差的弱点。

（5）外包钢混凝土。

外包钢混凝土是外部配型钢的混凝土结构，是在克服装配式钢筋混凝土结构某些缺点的基础上发展起来的，仿效钢结构的构造方式，是钢与混凝土组合结构的一种新形式。

外包钢结构取消了钢筋混凝土结构中的纵向柔性钢筋以及预埋件，构造简单，有利于混凝土的捣实，也有利于采用高标号混凝土，减小杆件截面，便于构件规格化，简化设计和施工；外包钢结构的特点就在于能够利用它的可焊性，杆件的连接可采用钢板焊接的干式接头，管道等的支吊架也可以直接与外包角钢连接，外包钢结构具有连接方便的优点。和装配式钢筋混凝土结构相比，可以避免大量钢筋剖口焊和接头的二次浇灌混凝土等工作。外包角钢和箍筋焊成骨架后，本身就有一定强度和刚度，在施工过程中可用来直接支承模板，承受一定的施工荷载。这样施工方便、速度快，又节约了材料，使用灵活。双面配置角钢的杆件，极限抗剪强度与钢筋混凝土结构相比提高 22% 左右。剪切破坏的外包钢杆件，具有很好的变形能力，剪切延性系数和条件相同的钢筋混凝土结构相比要提高一倍以上。

外包钢混凝土组合结构吸收了普通钢—混凝土组合结构和钢骨混凝土组合梁的优点并克服了它们的缺点，具有构造简单、施工方便、使用灵活、承载力高、刚度大、工业化生产和综合经济指标优等特点，在工业与民用建筑中得到了一定范围的应用，已经成为一种有良好应用前景的组合构件。

2. 组合结构的发展与应用

(1) 国外的发展与应用。

在 20 世纪初，西方国家及日本等国便开始了组合结构的应用。开始采用组合结构时，人们并没有意识到这些结构的突出优点。例如，开始采用钢骨混凝土构件时，只是为了满足钢结构的抗火性能，并没有考虑混凝土对构件承载能力的提高；早在 19 世纪英国赛文铁路桥中采用钢管桥墩，只是为了防止钢管内部锈蚀而在管中浇灌了混凝土。

1905 年日本的田岬旧东京仓库，1918 年的东京海上大厦，1921 年设计建成的日本兴业银行，是早期采用钢骨混凝土结构的一批建筑。在欧美，1908 年 Burr 做了钢骨混凝土柱的试验，发现混凝土的外壳能使柱的强度和刚度明显提高。随后，加拿大、英国、日本等国家的学者对组合结构进行了大量的试验研究。

20 世纪 30 年代开始建造了一批组合结构建筑。20 世纪 60 年代前后，欧美、日本等国家和地区在多、高层建筑的建设中，采用压型钢板作为浇筑混凝土的永久模板和施工作业平台。

1964 年前组合结构主要用于建造 6～10 层的建筑物，1964 年以后开始用于高层、超高层建筑中。目前，国外已应用组合结构建成了大量的高层、超高层建筑以及一些工业建筑。国外建成的典型的型钢混凝土建筑有：美国休斯敦第一城市大厦，49 层，高 207m；休斯敦得克斯商业中心大厦，79 层，高 305m；达拉斯第一国际大厦，72 层，高 276m；休斯敦海湾大楼，52 层，高 221m；日本北海饭店，36 层，高 121m；新加坡财政部办公大楼，55 层，高 242m；雅加达中心大厦，21 层，高 84m；悉尼款特斯中心，高 198m。

(2) 国内的发展与应用。

20 世纪 50 年代，我国在桥梁中应用组合梁结构，并做了少量的试验。20 世纪 80 年代，我国开始对组合结构进行深入的研究与广泛应用。

20 世纪 80 年代，西安建筑科技大学与原冶金部建筑研究总院最早开始进行组合结构的研究，冶金部建筑研究总院进行了轴压和偏压短柱、偏压长柱和梁的试验研究，原西安冶金建筑工程学院进行了梁和柱抗剪和反复加载试验及梁柱节点的试验研究。继而有西南交通大学、重庆建筑大学、中国建筑科学院、华南理工大学、东南大学、清华大学等高等院校、科研单位也展开了广泛的研究。20 世纪 80 年代，我国对钢管混凝土结构的受力性能、设计计算方法进行了研究。80 年代中期，我国开始引进与研究组合楼盖这种结构形式，并得到了较为广泛的应用。1987 年以来，原郑州工学院、山西省电力勘测设计院、原哈尔滨建筑工程学院等单位先后对组合梁进行了研究，取得了一系列有价值的成果。20 世纪 90 年代，我国进行了钢骨混凝土框架结构的模拟地震动态试验、拟动力试验，应用结构的静、动力特性与分析方法，并在试验研究基础上制定了一套完整的设计计算理论。

1987年开始，水利电力部华北电力设计院和电力建设研究所，首先在电厂的结构体系改革中提出采用包钢结构，并结合实际工程，做了大量的试验研究。后来与中国建筑科学研究院建筑结构研究所合作进行了外包钢杆件的剪切和偏压剪强度、延性以及框架节点的试验研究，并对计算理论进行了探讨。

近年来，清华大学开展了一系列开口和闭口截面组合梁在纯扭、弯扭以及弯剪扭等联合作用下的试验研究与理论分析工作。

20世纪80年代以来，我国在北京、上海等地相继建成了一批组合结构的高层建筑。典型的建筑有北京香格里拉饭店、北京长富宫饭店、上海瑞金大厦、上海锦江饭店、江苏太仓翕山饭店、北京王府井大街的SRC柱升板建筑、郑州铝厂蒸发车间等。

5.7.2 索膜结构建筑物

1. 索膜结构建筑物概念与特点

索膜结构是用高强度柔性薄膜材料经受其他材料的拉压作用而形成的稳定曲面，能承受一定外荷载的空间结构形式。这种结构体系是在刚性或张紧的柔性边缘构件上，通过张拉建立预应力并确定形状。

索膜结构从结构上可分为骨架式膜结构、张拉式膜结构和充气式膜结构3种形态。

（1）骨架式膜结构。以钢构或是集成材构成的屋顶骨架，在其上方张拉膜材的构造形式，下部支撑结构安定性高，因屋顶造型比较单纯，开口部不易受限制，且经济效益高等特点，广泛适用于任何大、小规模的空间。

（2）张拉式膜结构。由膜材、钢索及支柱构成，利用钢索与支柱在膜材中导入张力以达安定的形式。除了可实践具创意、创新且美观的造型外，也是最能展现膜结构精神的构造形式。近年来，大型跨距空间也多采用以钢索与压缩材构成钢索网来支撑上部膜材的形式。因施工精度要求高，结构性能强，且具丰富的表现力，所以造价略高于骨架式膜结构。

（3）充气式膜结构。将膜材固定于屋顶结构周边，利用送风系统让室内气压上升到一定压力后，使屋顶内外产生压力差，以抵抗外力，因利用气压来支撑，以及钢索作为辅助材，无须任何梁、柱支撑，可得更大的空间，施工快捷，经济效益高，但需维持进行24h送风机运转，在持续运行及机器维护费用的成本上较高。

索膜结构建筑具有以下特点：

（1）重量轻。索膜结构依靠预应力形态而不是材料来保持结构的稳定性，从而使其自重比传统建筑结构的小得多，同时具有良好的稳定性。

（2）透光性好。透光性是现代膜结构显著特性之一。膜材的透光性是由它的基层纤维、涂层及其颜色所决定的。标准膜材的光谱透射比为$10\%\sim20\%$，有的膜材的光谱透射比可以达到40%，而有的膜材则是不透光的。膜材的透光性及对光色的选择可以通过涂层的颜色或是面层颜色来调节。膜材具有透光性，使其无论在美观上还是在操作上，都有显著的优越性；散射光线，消除眩光，能将光线广泛地漫射到其内部空间；材料内部涂层具有较高的反射率，能在夜间保持室内的照明效果；夜间逆光照射下表面发光。

（3）节约能源。膜材的透光性，为人们创造了自然光采光的环境，建筑提供所需的照明，与不透光的材料相比，减少了室内照明用电；与玻璃材料相比，它大大减少了热量的传递；在热带地区，减少了空调制冷用电量；在寒冷地区，减少了室内取暖设备的用电量。因此，使用膜结构建筑可以节约能源。

（4）声学性能较好。建筑声学主要是排除外界噪声和吸收室内回音，膜结构的膜材料，能让室内 0～60Hz 的低频率噪声透过，较大面积和较高特殊需求的，可以采用专门的内膜材料，吸收噪声；膜材料具有较好的声学性能，能满足建筑一般声学要求。但是，膜材料对外部噪声减少阻隔能力是有限的，膜材料不适合用于对外部隔噪声要求较高的建筑。

（5）艺术性、造型独特。多变的支承结构和柔性膜材使建筑物造型更加多样化，新颖美观，既有造型独特的外观，又有梦幻般的内部空间，可创造更自由的建筑形体和更丰富的建筑语言，富有时代气息。大跨度无柱室内空间光线明亮而柔和，置身其中具有置身室外的自然亲切之感。膜结构给室内外空间与环境带来全新的视觉感受，膜建筑所造成的视觉效果是其他建筑形式难以达到的。

（6）更短的施工周期。索膜建筑中的索、膜、柱等构件的加工和制作均可依照设计在工厂内完成，现场只进行安装作业。与传统建筑相比，膜结构建筑施工周期大大缩短，它几乎可以缩短一半。

（7）更大跨度的建筑空间。由于膜结构自重轻，同时索膜建筑采用有效的空间预张力系统，膜建筑可以不需要内部支承，所以索膜建筑能满足大跨度自由空间的技术要求。这使人们可以更灵活、更有创意地设计和使用建筑空间。

2. 索膜结构建筑物的发展与应用

由于索膜结构具有丰富的建筑造型和优异的结构受力特性，得到了广大建筑师、结构师的青睐，广泛应用于商业、体育、工业等大跨度建筑结构及户外设施、文化娱乐建筑等各种建筑中。

（1）索膜结构建筑物在国外的发展与应用。

1967 年加拿大蒙特利尔博览会德国馆应用索膜建筑技术，是索膜结构大跨度建筑中的里程碑。德国馆由被尊为索膜建筑与结构技术先驱的德国建筑师弗赖·奥托（Frei Otto）与 Rudolph Gotbrod 合作设计，如图 5.11 所示。

1970 年在日本大阪世博会上出现了许多膜结构建筑作品，如 Murata 和 Kawaguchi 设计的富士馆和 Geiger 和 Bird 设计的美国馆。美国馆采用气承式膜结构建筑，外形近似椭圆形，具体尺寸为 140m×83.5m（图 5.12）。

图 5.11　1967 年加拿大蒙特利尔博览会德国馆　　图 5.12　1970 年日本大阪世博会美国馆

美国馆使用玻璃纤维的膜材与辅助钢索，完成了超过 10000m² 的膜屋顶结构，大大改变了以往的膜构造观念，对之后的膜结构发展有着重大的影响。

此外，GEIGER—BERGER 构造事务所以大阪万国博览会的经验与 PTFE 膜材开发为基础，在美国设计了为数众多的棒球场、竞技场等直径超过 150m 的超大型设施用的膜屋顶。

大阪世博会以后，膜结构建筑得到了快速发展，诞生了很多标志性索膜结构建筑。

1985 年建成的沙特阿拉伯利雅得体育场外径 288m，其看台眺篷由 24 个连在一起的形状相同的单支帐篷式索膜结构单元组成，每个单元悬挂于中央支柱，外缘通过边缘索张紧在若干独立的锚固装置上，内缘则绷紧在直径为 133m 的中央环索上。1988 年建成的英国温布尔登网球场，由 3 组细长预制钢筋混凝土交叉拱支撑膜材形成屋面结构，白天自然柔和的光线完全能满足比赛的要求，晚上灿烂的室内灯光为城市添一美景；1990 年 M. Levy 设计完成的美国佛罗里达州太阳海岸穹顶直径达 210 m，是世界上首座索穹顶室内足球场。1992 年，美国建成的亚特兰大奥运会主馆，是目前世界上最大的索穹顶室内体育馆。该馆采用佐治亚穹顶，采用索膜穹顶结构，椭圆形平面，240.79m×192.02m，具有连续拉、间断压的受力特点，材料强度得到了最充分的发挥，整个屋盖用钢量仅 30kg/m²，是目前世界上最大的索穹顶室内体育馆。1994 年，美国建造的丹佛（Denver）国际机场，由 17 个类帐篷单体构成，宽度 67m，长度 274m，覆盖面积约 18000m²，采用双层玻纤织物涂以 PTFE 树脂的膜结构建筑，篷面设计可透过光线，使整个场所都有充足的采光，顶篷由钢制栓柱和缆绳吊住，是世界上最大的一个完全封闭的张拉膜结构。1999 年，阿联酋建成的迪拜大厦酒店，高 320m，它采用双层 PTFE 膜材作为中庭立面材料，成为世界上采用膜结构立面的最高建筑。膜结构在日本建筑中也是很受人瞩目的，到了 20 世纪 80 年代后期，日本各地建了许多膜结构弯顶建筑作为市民运动场，1999 年建成的仙台弯顶和 2000 年建成的丰田体育场看台屋面都是屋顶面积在 30 万 m² 以上的膜屋面结构，日本膜结构多数是由坚固的钢或木骨架支撑的，与欧美各国采用预应力张拉索支撑相比，仍保持了自己独特的结构形式。

（2）索膜结构建筑物在国内的发展与应用。

图 5.13 上海体育场

膜结构建筑在我国的发展相对较晚，近 10 年来索膜结构发展很快。1997 年在上海建成了能容纳 8 万人的上海体育场（图 5.13），这是我国首次将膜结构建筑应用到大型体育场上，其覆盖面积为 3.61 万 m²，所用的膜材料全部从国外进口，包括玻纤织物涂 PTFE 树脂的膜材料和一些附属材料，由美国 Weidlinger 公司和上海建筑设计院设计。这标志着膜结构已被我国工程界和公众接受，对我国膜结构建筑的发展影响甚大，为膜结构在我国的广泛应用拉开了序幕。

我国第二个大型膜结构建筑是青岛颐中体育场（图 5.14），体育运动中心占地面积 5.9 万 m²。1996 年 2 月开工建设，于 1999 年 8 月竣工，总面积为 3 万 m²，所采用的膜材料为涤纶工业丝织造的织物，以 PVC 进行涂层，其顶面层再覆以聚偏氟乙烯层（PVDF），可容纳 6 万观众。自此以后，膜结构建筑在我国得到了迅速发展，如上海虹口足球场、义乌市体育场、威海市体育中心体育场、昆明世博园艺术广场活动遮篷、南宁国际会展中心，武汉、郑州，广州等一些城市都纷纷建造了运动场馆，甚至一些中小城市亦相继效仿。除了体育场馆外，如展览馆、会展中心、水上乐园、剧场、飞机场、加油站等亦纷纷采用膜结构建筑。

1998 年建成的深圳华侨欢乐谷中心表演场（图 5.15），是我国技术人员自行设计、制作和安装的张拉膜结构，膜屋面直径 86m，水平投影面积约 5800m^2，膜体内边缘依附在中心环上，整个体系的竖向荷载通过中心环经吊索传至 15 根 $\phi610mm \times 14mm$ 的钢柱上。膜体外边缘连接在 15 根 $\phi325mm \times 8mm$ 的钢拱梁上，通过外拉索与外锚座相连。

图 5.14　青岛颐中体育场

图 5.15　深圳华侨欢乐谷中心表演场

5.7.3　其他新型结构建筑物

其他结构建筑物主要有生土建筑、充气建筑、塑料建筑等。生土建筑有悠久的历史，最早始于人工凿穴，从古代留存的烽火台、墓葬和故城遗址等可以看到古人用生土营造建筑物的情况。生土建筑分布广泛，几乎遍及全球。目前，塑料建筑应用较少。本节介绍其他建筑中目前应用较为广泛的充气建筑。

1945 年，充气雷达罩在美国诞生，接着在纽约又建造了世界上第一座充气网球场。日本建造的一座充气剧场，它既可竖在地面上，又可浮在水面上。而世界上最大充气建筑则是美国密西里州体育馆，可容纳 8 万观众。1968 年，法国巴黎的一次展览会，建筑师就大胆地建造了一座充气建筑，它采用高强度的塑料薄膜做成塑料大棚的模样，然后往里面充入空气，使里面的气压稍高出外边大气压一点点，整个塑料膜就鼓起来了。这种既新颖又古怪的房子，吸引了众多观众，轰动了整个展览会。之后不久，世界上许多国家的建筑师都开始纷纷仿效。20 世纪 70 年代，上海展览馆广场上就建造了一个 500m^2 的试验性充气房屋，受到了许多建筑专家的重视。

充气建筑主要有气承式和气囊式两种结构形式。气承式结构是直接用单层薄膜作为屋面和外墙，将周边锚固在圈梁或地梁上，充气后形成圆筒状、球状或其他形状的建筑物。室内气压为室外气压的 1.001～1.003 倍。人和物通过气锁出入口进出。为减小薄膜拉力、增大结构跨度，气承式结构薄膜上面可设置钢索网。气囊式结构是将空气充入由薄膜制成的气囊，形成柱、梁、拱、板、壳等基本构件，再将这些构件连接组合而成的建筑物。气囊中的气压为室外气压的 2～7 倍，故是一种高压体系。气囊式结构的优点是不必使整座建筑内部充气，因而可以减少不断补充气体和防漏的设备的费用；缺点是建造起来不及内部充气的简便快捷。

充气结构优点是重量轻、跨度大、构造简单、施工方便、建筑造型灵活等；缺点是隔热性、防火性较差，且有漏气问题需要持续供气。20世纪40年代开始应用，可作为室内的娱乐场、运动场、体育场、展览厅、生产车间、仓库、临时住宅、战地医院、游泳池、电影院、野外工作人员住房等，特别适用于轻便流动的临时性建筑和半永久性建筑。

复 习 思 考 题

（1）民用建筑按使用功能分类有哪些？
（2）建筑结构的类型有哪些？
（3）建筑结构的基本构件有哪些？并说明不同构件的受力特点。
（4）简述木结构建筑的特点。
（5）简述砌体结构的特点。
（6）简述钢筋混凝土结构建筑特点。
（7）简述钢结构建筑的特点。

第6章 交通土建工程

6.1 交通土建工程概述

建立四通八达的现代化交通网,大力发展交通运输业,对于发展国民经济,加强全国各族人民的团结,促进文化交流和巩固国防等方面,都具有非常重要的作用。交通土建工程是交通发展的基础,包括桥梁工程、隧道及地下工程、道路工程和铁道工程。交通土建工程发展现状分别介绍如下。

6.1.1 桥梁工程

在公路、铁路、城市和农村道路以及水利建设中,为了跨越各种障碍,必须修建各种类型桥梁和涵洞,因此桥涵是交通的重要组成部分。我国自改革开放以来,桥梁建设以令世人惊叹的规模和速度迅猛发展,取得了巨大成就。如今,在祖国的江、河、湖和海上,不同类型、不同跨径的桥梁,千姿百态,异彩纷呈,展示着我国交通特别是公路桥梁建设的辉煌。桥梁建设的成就和技术进步,是广大桥梁科技工作者才华、智慧和汗水的结晶,充分体现了我国综合国力的增强和改革开放的成果,标志着我国桥梁建设技术总体上达到国际先进水平。

中国的大桥跨度已名列前茅,技术上的差距也大大缩小。中国的进步和发展速度已赢得了国际同行的认可和尊敬。展望21世纪的桥梁工程,我国在桥梁建设过程中还存在许多不足之处。

1. 技术创新和工程质量

我国桥梁建设日新月异,设计、施工、科研单位的实力有所增强,水平普遍有所提高,但地区、单位之间并不平衡。我国桥梁技术的总体水平同世界领先水平相比仍存在一定差距,主要表现在理念和设计、材料、工艺技术创新上。

用可持续发展的观点审视桥梁的安全耐久性问题,实施桥梁结构的全寿命设计,加强健康监测,适时养护维修,以桥梁全寿命期内的综合费用评价桥梁的经济性和社会效益,这一新的理念应在桥梁的设计中得以充分体现。

设计是灵魂,施工是关键。在设计阶段采用高度发展的计算机辅助方法,进行有效的快速优化和仿真分析,运用智能化制造系统在工厂生产构件,利用 GPS 和遥控技术控制桥梁施工,精心设计、精心施工是建设精品工程的必备条件。设计、施工周期短,低标价中标,对设计、施工质量的保证是不利的。由于周期短、费用低,竞争和创新激励机制不强,设计片面追求单项技术指标,缺乏创新思考,技术的深入研究和优化比较不足,桥型结构平庸、模式化,经济指标差以及施工分包、转包,技术投入不足,工艺缺乏创新,质量不精的状况应该改变。工程款、材料款的拖欠,影响了工程施工的正常进行,影响了材料和桥梁专用产品的生产、供货,应加强立法来解决此类问题。

在工程建设市场激烈竞争的形势下，设计、施工、科研单位要在创新发展、竞争合作的进程中，实现其自身发展。应加强桥型结构和新技术、新工艺、新材料、新设备的研究开发工作，交流、吸纳国内外的先进技术经验，实现桥梁技术的进一步创新。桥梁专用产品、材料的质量不均匀，应严格把关，并由有关部门加大监管力度，防止不合格产品进入市场。生产企业应加强产品、材料的技术更新和质量保证工作。

2. 安全耐久性

桥梁的安全耐久性是桥梁界关注的突出问题。一些桥梁所暴露出的质量缺陷，不同程度地反映出在设计、施工、材料、养护维修、运营管理等方面存在的缺憾和不足。

（1）预应力混凝土桥梁的裂缝问题。一些预应力混凝土桥梁，由于梁体裂缝严重、挠度大，危及使用安全，而实施加固，预应力混凝土主梁也有裂缝发生，从根本上讲，应从设计和施工工艺方面采取有效措施。经检查发现，采用传统的压浆工艺，钢束管道内浆体不饱满，钢束严重锈蚀导致有效预应力降低。因此，对于预应力混凝土桥梁，为保证钢束管道压浆质量，塑料波纹管及真空辅助压浆工艺的推广应用不容置疑。有专家提出，预应力混凝土连续刚构桥的跨径不宜过大，在 $100 \sim 200m$，矮塔斜拉桥、梁拱组合体系等桥型可以增加跨度。大跨径斜拉桥主梁的结构形式，应总结已建桥梁的经验，经充分论证比较后确定。

（2）斜拉桥的拉索。平行镀锌钢丝拉索在我国已应用多年，近几年，无粘接镀锌钢绞线拉索和环氧涂层钢绞线拉索也先后被采用。三种型式的拉索，其构造、防腐、制作安装和实施换索的方式不同。在现有的技术条件下，斜拉桥在百年使用期内，拉索的更换不可避免，但应尽量做到在保证拉索的安全耐久性前提下，换索的次数最少、最方便。目前，我国桥梁界对三种型式拉索的认识还不尽一致，有必要从拉索的性能、安全耐久性、应用效果以及建设、养护维修费的综合经济指标等方面，进行技术经济的进一步研究论证，尽快取得共识。

（3）钢桥的桥面铺装和钢结构的防腐。我国以钢箱梁为主梁的悬索桥、斜拉桥，采用的桥面铺装型式较多，有的比较成功，但有的在通车后不久就因损坏而改建。其铺装的设计、材料、工艺问题，应通过研究和试验，尽快解决。对钢箱梁的防腐比较重视，但尽管采用了较先进的防腐技术，严格的养护维修仍是不可缺的。钢管混凝土拱桥拱肋构件的防腐、拱肋内混凝土脱空问题以及中承式、下承式拱桥吊杆易腐蚀、疲劳问题，应认真对待。

3. 关于桥梁美学

桥梁是人类最杰出的建筑之一，闻名遐迩的美国旧金山金门大桥、澳大利亚悉尼港桥、英国伦敦塔桥、日本明石海峡大桥、中国上海杨浦大桥、南京长江二桥、杭州湾跨海大桥、香港青马大桥，这些著名大桥都是一件件宝贵的空间艺术品，成为陆地、江河、海洋和天空的景观以及城市标志性建筑。宏伟壮观的澳大利亚悉尼港桥与现代化别具一格的悉尼歌剧院融为一体，成为今日悉尼的象征。因此，21世纪的桥梁结构必将更加重视建筑艺术造型，重视桥梁美学和景观设计，重视环境保护，达到人文景观同环境景观的完美结合。在20世纪桥梁工程大发展的基础上，描绘21世纪的宏伟蓝图，桥梁建设技术将有更大、更新的发展。

桥梁美学应从桥梁的方案设计阶段开始，将美学构思，包括色彩、照明等融入到桥型、桥孔布置、结构造型的设计中。桥型结构力求新颖别致、布局协调紧凑、线条明快，有个性化，并尽量避免对生态环境的破坏。有的地区或有些高速公路上的桥梁，包括立交桥、天桥，桥型结构呆板、笨拙，与环境、地貌的协调不足，存在拓展空间。

6.1.2　隧道及地下工程

　　隧道工程包括铁路隧道、公路和地铁隧道，典型工程如图 6.1～图 6.6 所示。

图 6.1　渝怀铁路圆梁山隧道　　　　　　图 6.2　深圳盐田坳隧道

图 6.3　京珠高速公路五龙岭连拱隧道　　　图 6.4　宁波甬江沉管隧道

图 6.5　北京地铁车站隧道

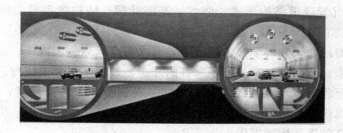

图 6.6 南京长江公路水底隧道

1. 铁路隧道

自 1826 年英国修建铁路隧道工程以来，经过 180 多年的发展，世界各国修建了 3 万多座铁路隧道，总长 1.2 万 km，占铁路总长的 1%左右。在 20 世纪的后期，我国修建了大量的隧道。根据不完全统计，目前我国大陆铁路隧道总数达 5300 余座，总长度为 2500km，其中，5km 以上的隧道就有 22 座。

在 20 世纪 50 年代初，我国常常采用迂回展线的方法来克服修建长隧道所带来的困难，如宝成铁路翻越秦岭的一段线路就是采用短小隧道群迂回展线的。共设计了 34 座隧道，最长的秦岭隧道长为 2.363km。但根据当时的技术水平，修建 2km 长度的隧道困难是相当大的。同时，在施工中，首次使用了风动凿岩机和有轨矿车，使得宝成铁路秦岭隧道的修建成为从"人工开挖"过渡到"机械开挖"的标志。

20 世纪 60 年代中期修建了成昆铁路，全长 1085km，隧道竟占 31%，其中关村坝隧道和沙马拉达隧道长度均在 6km 以上。在施工中采用了轻型机具、分部开挖的"小型机械化"施工，修建速度达到了平均每月单口成洞 100m 的水平。在 80 年代修建了大瑶山隧道，全长 14km 多，为双线铁路隧道。在施工中，采用凿岩台车、衬砌模板台车和高效能的装运工具等机具配套作业，并采用了全断面开挖。大瑶山隧道是我国山岭隧道采用重型机具综合机械化施工的开端，将隧道工程的修建技术和修建长大隧道的能力提高到一个新的阶段，缩短了同国际隧道施工先进水平的差距。不久前建成的南昆铁路上长度为 9.4km 的米花岭隧道，就是采用了大瑶山隧道修建技术，是基于新奥法的。随后采用 TBM（隧道掘进机法）修建了西安—安康铁路上的长 18 km 的秦岭隧道。

2. 公路隧道

发达国家（如瑞士、奥地利、挪威、日本、英国、德国和法国）早在 20 世纪六七十年代就建成了一批长大公路隧道。已建成的最长隧道为挪威的 LA FRLAND 隧道，长 24.5km，最长水下公路隧道 9.4km。国外公路隧道修建基本上都采用了新奥法，实现了真正的信息化设计与施工。同时，采用了先进的喷射混凝土技术，并解决了喷射混凝土回弹问题。较好解决了防排水设计与施工工艺，新的支护手段在不断改进。成功研制了多种通风形式及静电吸尘等先进通风设备，开发了稳定可靠的公路隧道营运管理系统，发展了公路隧道病害检测与处治技术以及无损探测技术和新型高强材料技术等。发展了盾构施工技术，已成功采用直径 14 m 的巨型盾构机掘进了东京湾横断公路隧道，同时采用 TBM 超前施工导洞，再结合钻爆扩挖的方法也在多个国家的长隧道施工中得到应用。另外，以美国、日本、荷兰为代表的国家修建了 107 座沉管隧道，较成功地解决了沉管隧道结构形式、防水、基层处理、结构抗震等关键技术问题，使隧道成为跨江、跨海的重要手段。

随着生活节奏的加快和科学技术的进步，要求安全、舒适、快速、方便经济的运输方式已提到日程上来。公路更加满足不了乘客的需求，过去多用盘山绕行、挖深路堑修建公路，不仅增加了里程，降低了行车速度，增加了耗油量、破坏了环境，而且行车很不安全，给汽车本身也带来了机械损耗，赶上冬季，线路多在冰冻线以上，山高、路滑、坡陡而引起翻车、封路的事件屡屡发生。

深挖路堑形成高边坡，不仅损失了许多土地，也破坏了自然景观，常常带来大的滑坡、塌方等病害。所以从实施可持续发展战略出发，长大公路隧道像雨后春笋一样迅猛发展起来，到 2000 年年底我国公路隧道已有 1684 座，总长有 628km，单洞最长达 18km（秦岭终南山隧道），建成的 3km 以上的特长隧道 15 座。其中有：首座半横向通风自动化最高的深圳梧桐山隧道、珠海板樟山隧道等一批城市公路隧道；有广州白云山三车道大跨度扁平率为 0.6 左右的隧道；有福州多连体（四连拱象山隧道）；有应用最多、大跨（32～35m）双连拱，具有代表性的京珠高速公路五龙岭隧道；有首次采用竖井和纵向射流运营通风技术的中梁山隧道；有不在洞口设光过渡段的猫狸岭隧道；有处于 3800m 高海拔、高寒（平均−7℃，最低达−35℃）地区施工的青海大坂山隧道；有处于高地应力区的川藏公路二郎山隧道；有穿越高浓度、高压力煤层的华蓥山隧道（长 4705m）；双向分离式四车道国内最长 18.4km 终南山隧道，长度大于 3km 以上的鹧鸪山隧道和雪峰山隧道等。

在近 10 多年的隧道建设中进行了新奥法的实践和推广，克服了瓦斯、涌水、采空区、软弱围岩、高地应力、永冻土等不良地质施工难题，完成了设计、施工、监理技术规范的制定工作，并编制了养护规范和修订了设计规范。同时，我国在新奥法设计与施工、CAD 技术、纵向通风研究、防排水技术、沉埋及盾构隧道修建技术方面均取得了一定的成绩。目前，四川、广东、浙江、福建和贵州等省规划和拟建一批特长隧道或隧道群，一些跨江、跨海隧道方案也相继提出，包括武汉和南京长江公路隧道已经建成，这给我国公路隧道的建设提出了新的考验。

3. 地铁隧道

1863 年 1 月，英国伦敦建成世界上第一条地铁，采用蒸汽机车牵引，成为世界上城市大运量快速公共交通系统的开端。20 世纪 70 年代以来，随着社会的发展，出现了许多大城市和超大城市，人口和私人轿车的增加，给交通带来了严重的问题，人们逐渐认识到只有发展大运量的快速轨道交通系统才能从根本上解决城市交通需求问题。地铁交通系统由于具有运量大、速度快、安全可靠、准点舒适和对环境污染小等优点得到了快速发展。目前全世界已有 44 个国家的 100 多座城市修建了 340 多条地铁，其运营线路总长度超过了 6000km。对于伦敦、纽约、巴黎、东京和莫斯科等城市，虽然已建成几百公里的地铁网络，但随着城市的发展，还在不断地扩建它们的地铁网络。

我国从 1965 年开始修建地铁，已建成并运营了北京、天津、上海、广州、南京和深圳地铁等，运营里程累计约 800km。目前，除上述 6 个城市还在继续修建地铁外，尚有杭州、苏州、武汉、沈阳、大连、长春、青岛和西安等城市即将或将要修建地铁，我国的地铁建设已步入高峰时期。

6.1.3 道路工程

改革开放以后，我国高速公路建设事业取得了突出成就。1988 年，我国第一条高速公路全长 18.5km 的沪嘉高速公路建成通车。此后，又相继建成全长 375km 的沈大高速公路和 143km 的京津塘高速公路。进入 1990 年代，在国道主干线总体规划指导下，我国高速公路建设步伐不断加快，每年建成的高速公路由几十公里上升到 1000km，甚至高达 5000km。在过去的 11 年间，我国高速公路从 1992 年的 652km 增加到 2003 年的近 3 万 km，高速公路通车总里程已仅次于美国，名列世界第二位。

截至 2006 年底，全国公路总里程达 345.70 万 km，路网结构进一步改善。全国公路总里程中，国道 13.34 万 km，省道 23.96 万 km，县道 50.65 万 km，乡道 98.76 万 km，专用公路 5.80 万 km，村道 153.20 万 km，分别占公路总里程的 3.9%、6.9%、14.7%、28.6%、1.7%和 44.3%。高速公路 4.53 万 km，一级公路 4.53 万 km，二级公路 26.27 万 km，三级公路 35.47 万 km，四级公路 157.48 万 km，等外公路 117.41 万 km。全国有铺装路面和简易铺装路面公路里程 152.51 万 km。有铺装路面 99.65 万 km，其中沥青混凝土路面 35.01 万 km，水泥混凝土路面 64.64 万 km；简易铺装路面 52.86 万 km；未铺装路面 193.19 万 km。

高速公路及其他高等级公路的建设，改善了我国公路的技术等级结构，改变了我国公路事业的落后面貌，同时也大大缩短了我国同发达国家之间的差距。在实现举世瞩目的历史性跨越的同时，我国高速公路建设仍然存在不可忽视的问题。

1. 总量不足，未能形成便利快捷的网络

截至 2006 年底，我国公路密度为 36.0km/百 km²，为美国的 52.92%、日本的 11.41%。全国通公路的乡（镇）占全国乡（镇）总数的 98.3%，通公路的建制村占全国建制村总数的 86.4%。全国还有 672 个乡镇和 89975 个建制村不通公路。日本高速公路已经连接了所有 10 万人口以上的城市，任何城镇与乡村均可以在 1 小时内到达高等级干线公路网。而我国目前一些人口和经济总量已达到相当规模的地级城市还不通高速公路。

2. 地区发展不均衡

东部地区公路里程 99.35 万 km，中部地区 120.25 万 km，西部地区 126.10 万 km，比上年末分别增加 0.27 万 km、5.15 万 km 和 5.76 万 km。东部地区高速公路 20279km，二级及二级以上公路 15.89 万 km，比上年末分别增加 1782km 和 7302km；中部地区高速公路 13339km，二级及二级以上公路 11.04 万 km，比上年末分别增加 1360km 和 7852km；西部地区高速公路 11717km，二级及二级以上公路 8.40 万 km，比上年末分别增加 1188km 和 7263km。

2006 年底，全国农村公路（含县道、乡道、村道）里程达到 302.61 万 km，比上年末增加 11.08 万 km。农村公路里程超过 10 万 km 的省（区、市）为 16 个，分别是：河南（21.36 万 km）、山东（17.94 万 km）、云南（17.73 万 km）、湖北（16.42 万 km）、广东（15.76 万 km）、湖南（15.68 万 km）、四川（14.12 万 km）、安徽（13.54 万 km）、河北（12.42 万 km）、黑龙江（12.31 万 km）、江西（11.59 万 km）、江苏（11.42 万 km）、新疆（11.06 万 km）、内蒙古（10.77 万 km）、贵州（10.19 万 km）和陕西

（10.06万km）。2006年，全国新增高速公路通车里程4334km。河南、浙江、江苏和陕西四省全年新增高速公路通车里程均超过300km。截至2006年底，高速公路突破二千公里的省（区、市）为6个，分别是：河南（3439km）、江苏（3354km）、广东（3340km）、山东（3281km）、浙江（2383km）和河北（2329km）。

3. 没有达到规模效益

高速公路的建设投资大、建设周期长，设计标准一般参照20年以后的车流量，这就造成使用初期交通量相对设计标准较低，赢利能力不高。随着使用年限增加、国民经济增长，客货流量会相应增长，交通量逐渐达到设计标准，通行费收入才会逐年提高。

高速公路的远景设计年限为20年。目前，除了少数高速公路以外，我国已建成的高速公路实际交通量普遍偏低。东部经济较为发达，高速公路的车辆交通量较高，而中西部特别是西部，由于受经济水平的限制，高速公路的交通量远未达到设计要求。

4. 收费站点设置过多，管理不善

截至1998年年底，全国共有公路收费站点3112个，收费公路里程达9.52万km，收费桥梁（隧道）43.38万延米，收费人员15.5万人。其中，桥隧收费站485个，共计43万延米；高速公路收费站506个，共计里程9553km；一般公路收费站点2121个，共计里程8.6万km。

全国公路收费站点过多现象仍然十分严重，建的比撤的还多，治乱减负工作亟须抓紧进行。一些地方违规设立道路收费站、出让道路收费权、延长道路收费期限，造成道路收费站点过多、过密，影响了经济秩序，加重了企业和人民群众的负担，并助长了不正之风和腐败现象。

由于高速公路兴建的主体不一，各路技术标准、设施不统一，设备五花八门，互不兼容，收费形式和制式也不一样。高速公路分属于各省（自治区、直辖市）、各地区管理，根据投资主体而分别自成独立的管理系统和财务结算系统，各自收费系统的软件分别由不同的商家编制，系统的任何改动、维护，均受制于原厂商，使得联网收费在设施上、管理上存在一定的难度。

今后一段时间，公路建设仍将保持一个稳步的发展态势，交通运输部门将以科学发展观为指导，坚持以人为本、与环境相协调的理念，注重资源节约和环境友好，采取生态环境保护和可持续发展的有效方法和途径；突出"以人为本"的设计理念，在公路建设过程中进一步增加人性化设计，体现公路基础设施的人性关怀，为全面建设小康社会作出应有的贡献。

（1）高速公路建设。以"7918"高速公路网规划为指导，"十一五"期间，重点建设"五射两纵七横"共14条线路，到2010年，基本建成西部开发8条省际公路通道。东部地区基本形成高速公路网，长江三角洲、珠江三角洲和京津冀地区形成较完善的城际高速公路网络；中部地区基本建成比较完善的干线公路网线，承东启西、连南接北的高速公路通道基本贯通；西部地区公路建设取得突破性进展，实现内引外联、通江达海。到2020年，我国高速公路通车里程达到10万km左右，基本建成国家高速公路网。

（2）国省干线公路建设。要加大改造建设力度，国省干线公路技术等级、质量和服务水平进一步提高。一些经济影响重大、在救灾应急过程中反映出来的瓶颈通道要加强建设和扩充，包括沿海地区道路和由北向南跨越的经济大通道，也包括最近几次大自然灾害暴露出来的一些迂回能力差、保障能力不强的通道，积极消除瓶颈制约，进行扩容建设，在原有的路两边增加一些车道，或开辟复线。同时，发展与国家区域经济相适应的区域间通道，如珠三角、长三角、长株潭、成渝经济区、辽宁沿海经济带、东北经济区等。

（3）农村公路建设。农村交通条件得到明显改善，采取"部省联手、各负其责、统筹规划、分级实施、因地制宜、量力而行"的办法，启动实施"农村公路建设五年千亿元工程"，确保到 2010 年，全国乡镇基本实现通油（水泥）路，东、中部地区所有具备条件的建制村通油（水泥）路，西部地区基本具备条件的建制村通公路。

（4）由于历史、认识、经济等方面原因，我国城市道路建设落后于交通需求，城市交通日渐拥挤，出现诸如交通堵塞、车多路少、出行困难、交通事故频发等一系列交通问题和矛盾，城市道路系统结构性调整亟待解决。随着我国城市化水平及人民生活水平的提高，我国城市道路交通将面临更加严峻的挑战，道路交通问题已经成为城市发展过程中的焦点问题。

6.1.4 铁路工程

我国的铁路事业，从 1876 年英国商人在上海修建淞沪铁路开始，已发展到延伸祖国东南西北的全国铁路网。从上海浦东国际机场至龙阳路地铁站的磁悬浮铁路的建成，这标志着我国铁路建设已逐步迈上国际先进水平。城市轻轨与地下铁道已是各国发展城市公共交通的重要手段之一。自北京出现了我国第一条地下铁路以后，上海、天津、广州、南京等地已将发展地铁作为解决城市公共交通的重要措施之一。上海于 2000 年 12 月还顺利建成了我国第一条轻轨铁路——明珠线，它将我国的城市交通发展推向一个新的阶段。

2004 年 1 月，国务院审议通过了《中长期铁路网规划》，我国铁路建设翻开了崭新的一页。几年来，铁路部门抓住铁路建设的黄金机遇期，全面展开了前所未有的大规模高标准铁路建设。到 2020 年，全国铁路运营里程将由 2002 年年底的 7.2 万 km 增加到 10 万 km，复线里程由 2.4 万 km 增加到 5 万 km，电气化里程由 1.8 万 km 增加到 5 万 km。这其中，主要干线将实现客货分流，建成 1.2 万 km 时速 200km 以上客运专线。

目前铁路建设的特点是：

（1）规模大。"十一五"期间，铁路建设将完成投资 12500 亿元，建成新线 17000km，比"八五"、"九五"、"十五"的总和还多。

（2）标准高。在建设标准上，原来修铁路是时速 80km、100km 的标准体系，现在正在建设的客运专线是时速 200km、250km、300km、350km 的世界一流标准体系。

（3）工期紧迫。欧洲高速铁路的建设工期一般为 5～8 年，而我国客运专线建设工期一般为 4 年，其他线路 1～4 年。

（4）保障有力。目前我国铁路建设已经进入一个黄金机遇期。铁道部提出"政府主导，多元化投资，市场化运作"思路后，各省区市加快发展铁路的积极性空前高涨，铁道部已与 31 个省区市签订了战略合作协议，为铁路建设营造了良好的外部环境，路地合作正在向广度和深度发展；广泛吸纳社会资金参与铁路建设，包括民营企业在内的许多企业积极投资铁路。

6.2 桥 梁 工 程

6.2.1 桥梁工程基本概念

1. 桥梁工程的演变

桥梁是公路和铁路等交通的重要组成部分。在历史上，每当运输工具发生重大变化，都会对桥梁在载重、跨度等方面提出新的要求，便推动了桥梁工程技术大发展。

我国在桥梁建造史上，具有重要的地位。相传周文王娶妻为了迎亲队伍减少路程取近路，命人在渭河上用木杆子和绳索把数百条木船绑在一起，两头用绳子把船牢牢固定在两岸上，搭起一座直线浮桥，使迎亲队伍顺利的通过，节省了时间。人们把这座浮桥叫渭水浮桥，从此我国就有了第一座桥。在19世纪20年代铁路出现以前，造桥所用的材料是以石材和木材为主的，铸铁和锻铁只是偶尔使用。

在漫长岁月里，造桥的实践积累了丰富的经验，创造了多种多样的形式。但现今使用的各种主要桥式几乎都能在古代找到起源。在最基本的三种桥式中，梁式桥起源于模仿倒伏于溪沟上的树木而建成的独木桥，由此演变为木梁桥、石梁桥，直到19世纪的桁架梁桥；悬索桥起源于模仿天然生长的跨越深沟而可以攀缘的藤条而建成的竹索桥，演变为铁索桥、柔式悬索桥，直至今日的加劲梁式悬索桥；拱桥起源于模仿石灰岩溶洞所形成的"天生桥"而建成的石拱桥，演变为木拱桥和铸铁拱桥。

2. 基本概念

桥梁结构示意图如图6.7所示，其基本概念包括以下内容。

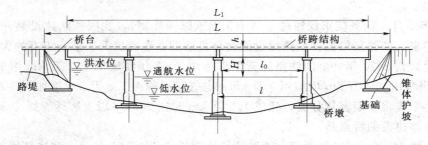

图 6.7　桥梁结构示意图

（1）设计洪水位。枯水季节的低水位，洪水季节的高水位，而按设计洪水频率计算出的高水位称为设计洪水位。

（2）净跨径。为梁桥设计洪水位线上相邻两个桥墩台之间的净距离（l_0）；拱桥为拱脚截面最低点之间的水平距离。

（3）总跨径。多孔桥梁中，各孔净跨径之和，反映该桥梁的泄洪能力。

（4）计算跨径。有支座的桥梁指两个相邻支座中心之间的距离，拱桥指拱脚截面形心之间的水平距离（l）。

（5）桥梁全长。指桥台侧墙或八字墙后端点间的水平距离（L）。

（6）桥梁高度。桥面与低水位或桥面与桥下线路路面之间的高差，又称为桥高，反映了桥梁的施工难易性。

（7）桥下净空。设计洪水位与桥跨结构最下缘间的距离，反映了通航能力。

（8）建筑高度。桥跨结构最下缘与桥面之间的距离，桥面与通航净空顶部间的高差称为容许建筑高度。

（9）净矢高。拱顶截面下缘到拱脚截面最低点之间的垂直距离。

（10）计算矢高。拱顶截面形心到拱脚截面形心之间的垂直距离。

其他概念：

（1）矢跨比。计算矢高与计算跨径之比，反映了拱桥的受力特性。

（2）标准跨径。规范规定小于60m的，其设计应采用标准跨径（l_b），对于梁桥为桥墩中线或桥墩中线与桥台前缘间的水平距离，而拱桥为净跨径。

6.2.2 桥梁的分类

桥梁的分类：

（1）按主要承重结构体系划分。有梁式桥、拱桥、悬索桥、连续刚构桥（刚架桥）、斜拉桥和组合体系桥等，如图6.8～图6.13所示，前三种是桥梁的基本体系。

图6.8　梁式桥

图6.9　中承式拱桥

图6.10　悬索桥

图6.11　连续刚构桥

（2）按桥梁上部结构的建筑材料划分。有木桥、石桥、混凝土桥、钢筋混凝土桥、预应力混凝土桥、钢桥和结合梁桥等。

（3）按用途划分。有公路桥、铁路桥、公铁两用桥；农桥、人行桥、运水桥（渡槽）；其他专用桥梁（如通过管路、电缆等）。

（4）按跨越障碍划分。有跨河桥、跨谷桥、跨线桥和高架线路桥等。

图 6.12　斜拉桥　　　　　　　　　　图 6.13　组合体系桥

（5）按桥梁平面的形状划分。有正交桥、斜桥和弯桥。

（6）按修建方法划分。混凝土桥分为就地灌筑桥和装配式桥两类，如图 6.14 和图 6.15 所示。也有两者结合的装配、现浇式混凝土桥，钢桥一般都采用装配法进行施工。

图 6.14　现浇桥梁　　　　　　　　　图 6.15　装配式桥梁

（7）按照工程规模来划分。有特大桥、大桥、中桥、小桥和涵洞，具体划分标准如表 6.1 所示。

表 6.1　　　　　　　　　　　桥梁涵洞按孔径来划分

桥涵分类	公路桥涵		铁路桥涵
	多孔跨径总长 L（m）	单孔跨径 L_i（m）	桥长 L（m）
特大桥	$L>1000$	$L_i>150$	$L>500$
大桥	$100 \leq L \leq 1000$	$40 \leq L_i \leq 150$	$100<L \leq 500$
中桥	$30<L<100$	$20 \leq L_i<40$	$20<L \leq 100$
小桥	$8 \leq L \leq 30$	$5 \leq L_i<20$	$L \leq 20$
涵洞	管涵、箱涵	$L_i<5$	$L<6$

（8）按桥面的位置划分。分为上承式、下承式和中承式，如图 6.16 和图 6.17 所示。

桥梁的其他划分方法，有临时性桥梁和永久性桥梁，临时性桥梁也称为便桥。绝大部分桥梁在建成后是不可移动的，称为固定式桥梁。在特殊条件下，为了满足通航要求和线路高程要求，可以建设开启桥。伴随着城市交通的发展可修建高架桥和立交桥。

图 6.16　上承式拱桥

图 6.17　下承式拱桥

6.2.3　桥梁构造

1. 桥梁的组成

桥梁的组成：基本组成和附属设施。

（1）桥梁基本组成。

1）桥跨结构（上部结构）。直接承担使用荷载。

2）桥墩、桥台、支座（下部结构）。将上部结构的荷载传递到基础中去，挡住路堤的土，保证桥梁的温差伸缩。

3）基础。将桥梁结构的反力传递到地基。

（2）桥梁附属设施。桥面铺装（或称行车道铺装）、排水防水系统、栏杆（或防撞栏杆）、伸缩缝、灯光照明。

桥梁的支承结构为桥台与桥墩。桥台是桥梁两端桥头的支承结构，是道路与桥梁的连接点。桥墩是多跨桥的中间支承结构。桥台和桥墩都是由台（墩）帽、台（墩）身和基础组成。

2. 桥墩的类型

桥墩的作用是支承在它左右两跨的上部结构通过支座传来的竖直力和水平力。由于桥墩建筑在江河之中，因此它还要承受流水压力，水面以上的风力和可能出现的冰压力，船只等的撞击力。所以桥墩在结构上必须有足够的强度和稳定性，在布设上要考虑桥墩与河流的相互影响，即水流冲刷桥墩和桥墩壅水的问题。在空间上应满足通航和通车的要求。

一般公路桥梁常采用的桥墩类型根据其结构形式可分为实体式（重力式）桥墩、空心式桥墩和桩（柱）式桥墩，参见图 6.18。

具体桥梁建设时采用什么类型的桥墩，应依据地质、地形及水文条件，墩高，桥跨结构要求及荷载性质、大小，通航和水面漂浮物，桥跨以及施工条件等因素综合考虑。但是在同一座桥梁内，应尽量减少桥墩的类型。

（1）实体式桥墩。主要特点是依靠自身重量来平衡外力而保持稳定。它一般适宜荷载

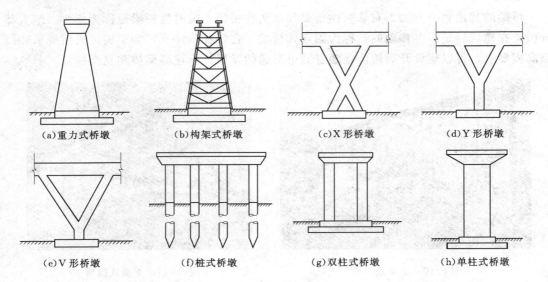

(a)重力式桥墩　　(b)构架式桥墩　　(c)X 形桥墩　　(d)Y 形桥墩

(e)V 形桥墩　　(f)桩式桥墩　　(g)双柱式桥墩　　(h)单柱式桥墩

图 6.18　桥墩类型

较大的大、中型桥梁，或流冰、漂浮物较多的江河之中。此类桥墩的最大缺点是圬工体积较大，因而其自重大阻水面积也较大。有时为了减轻墩身体积，将墩顶部分做成悬臂式的。

（2）空心式桥墩。它克服了实体式桥墩在许多情况下材料强度得不到充分发挥的缺点，而将混凝土或钢筋混凝土桥墩做成空心薄壁结构等形式，这样可以节省圬工材料，还减轻重量。缺点是经不起漂浮物的撞击。

（3）桩或柱式桥墩。由于大孔径钻孔灌注桩基础的广泛使用，桩式桥墩在桥梁工程中得到普遍采用。这种结构是将桩基一直向上延伸到桥跨结构下面，桩顶浇筑墩帽，桩作为墩身的一部分，桩和墩帽均由钢筋混凝土制成。这种结构一般用于桥跨不大于 30m，墩身不高于 10m 的情况。如果在桩顶上修筑承台，在承台上修筑立柱做墩身，则成为柱式桥墩。柱式桥墩可以是单柱，也可以是双柱或多柱形式，视结构需要而定。

3. **桥台的类型**

桥台是两端桥头的支承结构物，它是连接两岸道路的路桥衔接构造物。它既要承受支座传递来的竖直力和水平力，还要挡土护岸，承受台后填土及填土上荷载产生的侧向土压力。因此桥台必须有足够的强度，并能避免在荷载作用下发生过大的水平位移、转动和沉降，这在超静定结构桥梁中尤为重要。当前，我国公路桥梁的桥台有实体式桥台和埋置式桥台等形式，如图 6.19 所示。

（1）实体式桥台。U 形桥台是最常用的桥台形式，它由支承桥跨结构的台身与两侧翼墙在平面上构成 U 形而得名。一般用圬工材料砌筑，构造简单。适合于填土高度在 8~10m 以下、跨度稍大的桥梁。缺点是桥台体积和自重较大，也增加了对地基的要求。

（2）埋置式桥台。它是将台身大部分埋入锥形护坡中，只露出台帽，以安置支座及上部构造物。这样，桥台体积可以大为减少。但是由于台前护坡用作永久性表面防护设施，存在着被洪水冲毁而使台身裸露的可能，故一般用于桥头为浅滩、护坡受冲刷较小的场合。埋置式桥台不一定是实体结构。配合钻孔灌注桩基础，埋置式桥台还可以采用桩柱上的框架式和锚拉式等型式。

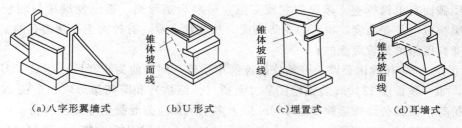

(a)八字形翼墙式　　(b)U形式　　(c)埋置式　　(d)耳墙式

图 6.19　桥台类型

6.2.4　主要桥型特点

1. 板桥

板桥是公路桥梁中量大、面广的常用桥型，它构造简单、受力明确，可以采用钢筋混凝土和预应力混凝土结构；可做成实心或空心，就地现浇为适应各种形状的弯、坡、斜桥。因此，一般公路、高等级公路和城市道路桥梁中，广泛采用，尤其是建筑高度受到限制和平原区高速公路上的中、小跨径桥梁，可以降低路堤填土高度，少占耕地和节省土方工程量。

实心板一般用于跨径 13m 以下的桥梁，空心板用于跨径不小于 13m 的桥梁。板桥跨径可做到 25m，目前有建成 35～40m 跨径的桥梁。

板桥多采用高标号混凝土，为了保证使用性能尽可能采用预应力混凝土结构；预应力方式和锚具多样化；预应力钢材一般采用钢绞线。

预制装配式板应特别注意加强板的横向连接，保证板的整体性，如接缝处采用"剪力键"。为了保证横向剪力传递，至少在跨中处要施加横向预应力。

2. 梁式桥

梁式桥种类很多，也是桥梁中最常用的桥型，其跨越能力可从 20m 直到 300m。

梁式桥按结构体系分为简支梁、悬臂梁、连续梁、连续刚构等。

梁式桥按截面形式分为 T 形梁、箱形梁、桁架梁等。

（1）简支 T 形梁桥。

T 形梁桥在我国公路上修建最多，早在 20 世纪五六十年代，我国就建造了许多 T 形梁桥，这种桥型对改善我国公路交通起到了重要作用。80 年代以来，我国公路上修建了几座具有代表性的预应力混凝土简支 T 形梁桥（或桥面连续），如河南郑州开封黄河公路桥，浙江省飞云江大桥等，其跨径达到 62m，吊装重 220t。

T 形梁采用普通钢筋混凝土结构的已经很少了，从 16～50m 跨径，都是采用预制拼装后张法预应力混凝土 T 形梁。预应力混凝土 T 形梁具有节省材料、架设安装方便、跨越能力较大等优点。其最大跨径以不超过 50m 为宜，再加大跨径不论从受力、构造、经济上都不合理了。大于 50m 跨径以选择箱形截面为宜。

（2）连续箱形梁桥。

箱形截面能适应各种条件，特别适合于预应力混凝土连续梁桥、变宽度桥。因为嵌固在箱梁上的悬臂板,其长度可以较大幅度变化,并且腹板间距也能放大;箱梁有较大的抗扭刚度。

箱梁截面有单箱单室、单箱双室或多室,早期为矩形箱,逐渐发展成斜腰板的梯形箱。箱梁桥可以是变高度,也可以是等高度。从美观上看,有较大主孔和边孔的三跨箱梁桥,用变高度箱梁是较美观的。

20世纪70年代我国公路上开始修建连续箱梁桥,到目前为止我国已建成了多座连续箱梁桥,如一联长度1340m的钱塘江第二大桥(公路桥)和跨高集海峡、全长2070m的厦门大桥等。我国公路桥梁跨度在100m以上多采用预应力混凝土连续刚构桥。中等跨径的预应力连续箱梁,如跨径40～80m,一般用于特大型桥梁引桥、高速公路和城市道路的跨线桥以及通航净空要求不太高的跨河桥。

(3)连续刚构桥。

连续刚构桥也是预应力混凝土连续梁桥之一,一般采用变截面箱梁。我国公路系统从20世纪80年代中期开始设计、建造连续刚构桥,至今方兴未艾。

连续刚构桥可以多跨相连,也可以将边跨松开,采用支座,形成刚构—连续梁体系。连续刚构桥一联内无缝,改善了行车条件;梁、墩固结,不设支座;合理选择梁与墩的刚度,可以减小梁跨中弯矩,从而可以减小梁的建筑高度。

连续刚构桥适合于大跨径、高墩。高墩采用柔性薄壁,柔性墩需要考虑主梁纵向变形和转动的影响以及墩身偏压柱的稳定性。

由于连续刚构受力和使用上的特点,在设计大跨径预应力混凝土桥时,应优先考虑这种桥型。当然,桥墩较矮时,这种桥型使用受到限制。近年来,我国公路上修建了几座著名的预应力混凝土连续刚构桥,如广东洛溪大桥,主孔180m;湖北黄石长江大桥,主孔3m×245m;广东虎门大桥辅航道桥,主孔270m。

3. 钢筋混凝土拱桥

我国修建拱桥数量最多。石拱桥由于自重大,材料加工费时费工,大跨石拱桥修建少了。山区道路上的中、小桥涵,因地制宜,采用石拱桥(涵)还是合适的。大跨径拱桥多采用钢筋混凝土箱拱、劲性骨架拱和钢管混凝土拱。

钢筋混凝土拱桥自重较大,跨越能力比不上钢拱桥,但是,因为钢筋混凝土拱桥造价低,养护工作量小,抗风性能好等优点,仍被广泛采用。钢筋混凝土拱桥形式较多,除山区外,也适合平原地区,如下承式系杆拱桥。

我国建成的贵州省江界河大桥,地处深山、峡谷,拱桥跨径330m,桥面离谷底263m;万县长江大桥,劲性骨架箱拱,跨径420m,居世界第一;广西邕宁县的邕江大桥,钢管混凝土拱,跨径312m,都是令人称道的拱桥。

4. 斜拉桥

斜拉桥是我国大跨径桥梁最流行的桥型之一。到目前为止建成或正在施工的斜拉桥共有30余座,仅次于德国、日本,而居世界第三位。

20世纪50年代中期,瑞典建成第一座现代斜拉桥,60多年来,斜拉桥的发展,具有强劲势头。我国70年代中期开始修建混凝土斜拉桥,改革开放后,修建斜拉桥的势头一直呈上升趋势。近几年我国开始修建钢与混凝土的混合式斜拉桥,如汕头石大桥,主跨

518m；武汉长江第三大桥，主跨 618m。钢箱斜拉桥如南京长江第二大桥南汊桥，主跨 628m；武汉军山长江大桥，主跨 460m。前几年上海建成的南浦（主跨 423m）和杨浦（主跨 602m）大桥为钢与混凝土的结合梁斜拉桥。

我国斜拉桥的主梁形式有混凝土箱和正交异性板钢箱两种。现在已建成的斜拉桥有独塔、双塔和三塔式。桥塔以钢筋混凝土塔为主，塔形有 H 形、倒 Y 形、A 形、钻石形等。

斜拉索仍以传统的平行镀锌钢丝、冷铸锚头为主。钢绞线斜拉索也有采用，如汕头石大桥。近年来，开始出现自锚和部分地锚相结合的斜拉桥，如西班牙的鲁纳（Luna）桥，主桥 440m；我国湖北郧县桥，主跨 414m。地锚体系把悬索桥的隧道锚特点用于斜拉桥中，可以使斜拉桥的跨径布置更能结合地形条件，灵活多样，节省费用。

一般来说，斜拉桥跨径 300～1000m 是合适的，在这一跨径范围，斜拉桥与悬索桥相比，斜拉桥有较明显优势。

5. 悬索桥

悬索桥的跨越能力特别大，可以说是跨千米以上桥梁的唯一桥型。如已建成的日本明石海峡大桥，主跨已达 1990m。正在计划中的意大利墨西拿海峡大桥，设计方案之一是悬索桥，其主跨 3500m。

我国很早就开始修建悬索桥，到了 20 世纪 90 年代初，我国才开始建造大跨悬索桥。例如，广东汕头海湾大桥，主跨 452m，加劲梁采用混凝土箱梁；广东虎门大桥，主桥跨径 888m，属于钢箱悬索桥；江阴长江大桥，主跨 1385m。

美国和日本的悬索桥的加劲梁一律用桁架。最有名的明石海峡桥，主跨 1990m，也是桁架加劲梁。欧洲多采用正交异性板钢箱作为加劲梁，梁高矮，如同机翼一样，空气动力性能好，横向阻力小，大大减小了塔的横向力；抗扭刚度大，顶板直接作桥面板，恒载轻，主缆截面可以减小，从而降低用钢量和造价。我国也多采用钢箱作为加劲梁。

塔的材料，国外以钢为主，我国以混凝土为主，近年来国外也有向混凝土发展的趋势，基础多为钻孔桩或沉井。锚碇有重力式和隧道锚两种，少数地质条件好的采用了隧道锚。江阴长江大桥北锚，位于冲积层上，采用 69m×51m 带有 36 个隔仓的沉井，下沉深度达 58m；日本明石海峡大桥神户侧锚碇采用环形地下连续墙基础，直径 85m，高 73.5m，槽宽 2.2m。

悬索桥结合地形、地质、水文可采用单跨悬吊、双跨不对称悬吊和三跨悬吊。世界上三跨悬吊连续体系最多，如丹麦大贝尔特东桥，三跨悬吊连续，其跨径为 535m＋1624m＋535m；中国的厦门海沧大桥，三跨悬吊连续，其跨径为 230m＋648m＋230m。

6.2.5 主要桥型施工过程

1. 梁桥施工过程

梁桥施工方法主要有现浇法和预制拼装法。其施工先后顺序都是先施工桥梁基础、桥墩和桥台，然后是主梁及桥面附属设施。

（1）现浇法是在现场搭设支架、模板、放入钢筋，然后浇筑混凝土、捣实并养护、拆除模板和支架，多用于城市立交桥或乡村桥梁。

（2）预制拼装法是先预制梁，然后再吊装的一种施工方法，在我国铁路和高速公路上用得最多。例如，高速公路上的先简支后连续梁桥，采用先在现场预制完成 T 形片梁，然后用架桥机吊装，最后进行横向和纵向连接。

2. 拱桥施工过程

拱桥的施工方法有现浇或现场砌筑，预制拼装和转体施工。

（1）现浇主要针对钢筋混凝土拱桥，是在现场先搭支架、模板、放入钢筋，然后浇筑混凝土、捣实并养护、拆模板的一种施工方法

（2）现场砌筑是圬工拱桥的一种施工方法，先搭支架、砌筑圬工结构，最后拆除支架。

（3）预制拼装是钢结构、钢筋混凝土桁架拱桥和钢管混凝土拱桥的一种施工方法，先制作构件，然后采用塔架或钢丝绳起吊预制构件，就位后进行拼装。而钢管混凝土拱桥是先拼装主拱圈钢管，然后填充混凝土，再施作吊杆和桥面结构。

（4）转体施工主要用于钢结构拱桥和钢筋混凝土桁架拱桥的修建，先在河流的两岸搭支架、再拼装或现浇半拱结构，然后采用塔架起吊进行竖直方向的转体，最后进行水平方向的转体，并在跨中处合拢。

3. 连续刚构桥施工过程

连续刚构桥的主要施工方法为悬臂拼装法，也有现浇法和节段拼装法。悬臂拼装法施工过程为：先施工桥梁基础和桥墩台，然后在薄壁桥墩上现浇 0 号段箱梁，最后利用挂篮对称悬臂向两侧现浇 1 号段箱梁、2 号段箱梁，直到在中跨和边跨合拢。节段拼装法采用的是预制箱梁段，直接对称悬臂吊装。

4. 斜拉桥施工过程

斜拉桥施工过程主要为基础、桥塔、斜拉索、主梁节段拼装或对称悬臂拼装。

5. 悬索桥施工过程

悬索桥施工过程主要为基础、桥塔、锚碇、主缆、吊杆、主梁拼装。

6.3　隧道及地下工程

6.3.1　隧道及地下工程基本概念

自从人类诞生以来，已有 300 万年了，隧道工程作为人类抵御外敌的一种重要途径。随着科学技术的发展，从天然的洞室使用向人工修建方向转变。隧道及地下工程的种类千姿百态，不仅作为人们生活服务的基础设施，而且已扩大到国家防灾等方面。隧道及地下工程开发的发展过程与人类科技的发展相关，分为以下几个阶段。

第一阶段：原始社会时期。从人类开始诞生到公元前 3000 年的新石器时代，人类开始利用天然洞室抵御自然灾害，属于人类穴居时期。在这个时期，人类已开始采用简单的工具开挖洞室并居住。

第二阶段：古代时期。从公元前 3000 年到公元 5 世纪，属于人类因生活而利用时期。例如，公元前 2000 年古巴比伦王朝修建的长 1km 的穿越幼法拉底河的越江隧道，该隧道连接宫殿和寺院。同时，在古罗马，还修建了大量的隧道工程，许多现在还在使用。

第三阶段：中世纪时期。从 5～14 世纪，这个时期出现了铜和铁等金属的冶炼技术，出现了采矿等工程。

第四阶段：近代。从 16～19 世纪，随着产业革命的开始，炸药的发明和应用，加速了隧道及地下工程的发展。开采了更多的矿物，修建了大量的运河隧道以及铁路、公路隧道，随着城市的发展，修建了城市地下基础设施等，使得隧道及地下工程的利用范围迅速扩大。

第五阶段：现代。从 20 世纪至今，随着科学技术的发展，计算机的发明和印刷电路等的出现，机器工业推动了隧道及地下工程的迅速发展。这个时期，修建了大量的盾构隧道和 TBM 山岭隧道，包括英法海底隧道、日本青函隧道和东京湾横断公路隧道，等等。同时，在这一时期，世界各国的大城市、特大城市都修建了大量的地下铁道，解决了城市交通堵塞问题。

20 世纪 80 年代，国际隧道协会提出了"大力发展地下空间，开始人类新的穴居时代"的号召。尤其是日本，提出了"大力开发地下空间，将国土扩大 10 倍"的构想。各国政府都将合理可持续地开发地下工程作为一项国策，美国等还专门制定了相应法规。归纳起来，隧道及地下工程的用途如下：

（1）供人类生存并确保安全的隧道及地下工程。如粮食的地下储存、地下住宅等。

（2）城市基础设施。包括交通、城市生命线等，如城市地铁交通系统、上水道、下水道、电力通信管网、地下商业街和停车场等。

（3）能源生产。随着科学技术的发展，出现了地下水力发电站、地下热能发电站、地下工厂和核能发电设施等。

（4）交通设施。随着经济的发展，交通越来越重要，如城市间、国家间的铁路、公路和跨海峡隧道工程等。

（5）防灾减灾用地下设施。如人防工程、各种地下储存、防洪工程以及城市军事防灾工程等。

隧道工程要在地下挖掘所需要的空间，并修建能长期经受外部压力的衬砌结构。工程进行时由于承受周围岩土或土沙等重力而产生的压力，不但要防止可能发生的崩坍，有时还要避免由于地下水涌出等所产生的不良影响。

隧道学科与地质学和水文学、岩石力学和土力学、结构力学和材料力学等有关学科有着密切的联系。它同时应用测量、施工机械、炸药、照明、通风、通信等各类工程学科，并由于对金属、水泥、混凝土、注浆药剂之类化学制品等的有效利用，而使其与广泛的领域保持着联系。因此，有关隧道技术的基础理论和实际应用，不但涉及土木工程等有关学科，而且也联系到其他学科，由此可见隧道工程学是一门复杂的综合性学科。

隧道是修筑在地面下的通路或空间，但孔径太小，属于管道的范畴。1970 年经合组织（OECD）的隧道会议对隧道所下的定义为：以某种用途，在地面下用任何方法按规定形状和尺寸，修筑的断面积大于 $2m^2$ 的洞室。下面以公路隧道为例，介绍基本概念。

（1）公路隧道。供汽车和行人通行的隧道，一般分为汽车专用隧道和汽车与人行混合用的隧道。

（2）山岭隧道。指的是穿越山脉或丘陵地形的隧道。

（3）岩石质量指标。指长度为 10cm 以上的岩芯累计长度占钻孔总长度的比值。

（4）围岩分级。将围岩按照稳定程度的不同分为不同的级别。

（5）环境、地质和水文调查。对隧道工程周围环境、通过的地质条件和水文条件进行的调查。

（6）隧道涌水。在隧道施工过程中，从隧道围岩里面涌出流入隧道内的地下水。

（7）围岩压力。隧道开挖后，围岩松散和变形后作用于隧道衬砌结构上的压力。

（8）松动压力。指隧道开挖后，拱顶围岩松动部分，因重力的作用作用于衬砌结构上的压力。

（9）净空断面。指隧道衬砌内断面的形状和大小。

（10）洞门。在隧道的洞口部位，连接道路与隧道并起挡土和坡面防护作用等而修筑的结构物。

（11）衬砌。为了隧道的施工和运营安全，以及内部整齐美观、防止隧道漏水等修筑的隧道结构。

（12）仰拱。为改善隧道衬砌结构的受力条件而在隧道底部设置的反向拱形结构物。

（13）小净距隧道。指隧道净距较小，小于分离式隧道的最小净距的隧道形式。

（14）连拱隧道。两隧道之间通过中墙相连接的隧道形式。

（15）竖井、斜井。为提供施工条件或通风而设置的竖向或斜向的坑道。

（16）横通道。为提供施工条件、通风条件或者运营后人员或汽车的横向交通而设置的水平横坑道。

（17）超前导坑。为提供开挖作业条件和预报前方地质条件而事先开挖的小断面隧道。

（18）通风。把隧道内部的有害气体排出隧道外的一种方式。

（19）照明。在隧道内设置灯具、达到行车目的所需要的亮度的一种方式。

6.3.2　隧道的分类

1. 按照用途分类

当前隧道除仍用于铁路、公路交通和水力发电、灌溉的水工隧道外，也用于城市地铁、上下水道、输电线路等大型管路的通道，另外还将过去理解为地下通路的隧道概念，扩大到地下空间的利用方面，包括地下发电厂、变电所、地下汽车停车场、大型地下车站、地下街道等建筑物。

2. 按照长度分类

以公路隧道为例，按其长度可分为 4 类：特长隧道、长隧道、中隧道和短隧道（表 6.2）。

表 6.2　　　　　　　　　　　　公路隧道按长度分类

分类	特长隧道	长隧道	中隧道	短隧道
长度 L（m）	>3000	3000～1000	1000～500	<500

注　隧道长度指两端洞门墙墙面与路面的交线同线路中线交点间的距离。

3. 按照隧道净距分类

以公路隧道为例，可分为分离式隧道、小净距隧道和连拱隧道。

4. 按照车道数分类

公路隧道按车道数不同分为单洞双向双车道隧道、单洞双向四车道隧道、双洞双向四车道隧道、双洞双向六车道隧道、双洞双向八车道隧道等。

5. 按照地质地形条件分类

按所处的地质地形条件的不同分为山岭隧道、城市隧道、水底隧道，岩石隧道和软土隧道。

6. 按照施工方法分类

按施工方法的不同分为新奥法隧道、矿山法隧道、盾构隧道、沉管隧道、TBM（隧道掘进机）隧道等。

7. 按照所起的作用分类

按所起的作用不同分为主隧道、竖井或斜井通风隧道和横通道等辅助隧道。

8. 按照断面形式分类

按断面形式划分有圆形隧道、马蹄形隧道、矩形隧道和多圆形隧道。

9. 按照断面大小分类

按照国际隧道协会的划分标准，断面积大于 $100m^2$ 的为特大断面隧道，$50\sim100m^2$ 为大断面隧道，$10\sim50m^2$ 为中断面隧道，$3\sim10m^2$ 为小断面隧道，小于 $3m^2$ 为极小断面隧道。

6.3.3 隧道线形、建筑限界、通风与照明

下面以公路隧道为例介绍隧道线形、建筑限界、通风与照明。

1. 公路隧道线形及建筑限界

公路隧道的平面线形和普通道路一样，根据公路规范要求进行设计。隧道平面线形，一般采用直线、避免曲线，如必须设置曲线时，应尽量采用大半径曲线，并确保视距。公路隧道的纵断面坡度，由隧道通风、排水和施工等因素确定，采用缓坡为宜。隧道的纵坡通常应不小于 0.3%，并不大于 3%。隧道如从两个洞口对头掘进，为便于施工排水，可采用"人"字坡。单向通行时，设置向下的单坡对通风有利。

隧道衬砌的内轮廓线所包围的空间称为隧道净空。隧道净空包括公路的建筑限界、通风及其他需要的断面积。建筑限界是指隧道衬砌等任何建筑物不得侵入的一种限界。公路隧道的建筑限界包括车道、路肩、路缘带、人行道等的宽度，以及车道、人行道的净高。公路隧道的横断面净空，除了包括建筑限界之外，还包括通过管道、照明、防灾、监控、运行管理等附属设备所需要的空间，以及富余量和施工允许误差等。

隧道净空断面的形状，即是衬砌的内轮廓形状。确定的形状应使衬砌受力合理、围岩稳定。衬砌的形状可采用圆拱直墙。圆形断面利于承压和盾构施工。在浅埋、深埋公路隧道采用矩形或近椭圆形断面。

2. 通风方式

汽车排出的废气含有多种有害物质，如一氧化碳（CO）、氮氧化合物（NO_x）、碳氢化合物（HC），亚硫酸气体（S）和烟雾粉尘，造成隧道内空气的污染。一氧化碳浓度很大时，人体产生中毒症状，危及生命安全。烟雾会恶化视野，降低了车辆安全行驶的视

距。公路隧道空气污染造成危害的主要原因是一氧化碳，用通风的方法从洞外引进新鲜空气冲淡一氧化碳的浓度至卫生标准，即可使其他因素处于安全浓度。

隧道通风方式的种类很多，按送风形态、空气流动状态、送风原理等划分为自然通风和机械通风两种方式。机械通风又分为纵向式、半横向式、横向式、混合式。

自然通风方式不设置专门的通风设备，是利用存在于洞口间的自然压力差或汽车行驶时活塞作用产生的交通风力，达到通风目的。但在双向交通的隧道，交通风力有相互抵消的情形，适用的隧道长度受到限制。由于交通风的作用较自然风大，因此单向交通隧道，即使隧道相当长，也有足够的通风能力。

纵向式通风是从一个洞口直接引进新鲜空气，由另一洞口排出污染空气的方式。射流式纵向通风是将射流式风机设置于车道的吊顶部，吸入隧道内的部分空气，并以 30m/s 左右的速度喷射吹出，用以升压，使空气加速，达到通风的目的。射流式通风经济，设备费用少，但噪声较大。

机械通风所需动力与隧道长度的立方成正比，因此在长隧道中，常常设置竖井进行分段通风。竖井用于排气，有烟囱作用，效果良好。对向交通的隧道，因新风是从两侧洞口进入，竖井宜设于中间。单向交通时，由于新风主要自入口一侧进入，竖井应靠近出口侧设置。

横向式通风的特点是风在隧道的横断面方向流动，一般不发生纵向流动，因此有害气体的浓度在隧道轴线方向的分布均匀。该通风方式有利于防止火灾蔓延和处理烟雾。但需设置送风道和排风道，增加建设费用和运营费用。

半横向式通风的特点是新鲜空气经送风道直接吹向汽车的排气孔高度附近，直接稀释排气，污染空气在隧道上部扩散，经过两端洞门排出洞外。半横向式通风，因仅设置排风道，所以较为经济。

根据隧道的具体条件和特殊需要，由竖井与上述各种通风方式组合成为最合理的通风系统。例如，有纵向式和半横向式的组合，以及横向式与半横向式的组合等各种方式。

3. 隧道照明

隧道照明与一般部位的道路照明不同，其显著特点是昼间需要照明。防止司机视觉信息不足引发交通事故。应保证白天习惯于外界明亮宽阔的司机进入隧道后仍能认清行车方向，正常驾驶。隧道照明主要由入口部照明、基本部照明和出口部照明与接续道路照明构成。

入口部照明是指司机从适应野外的高照度到适应隧道内明亮度，所必须保证视觉的照明。它由临界部、变动部和缓和部三个部分的照明组成。

（1）临界部照明。是为消除司机在接近隧道时产生的黑洞效应所采取的照明措施。所谓黑洞效应，是指司机在驶近隧道，从洞外看隧道内时，因周围明亮而隧道像一个黑洞，以致发生辨认困难，难以发现障碍物。

（2）变动部照明。是照度逐渐下降的区间。

（3）缓和部照明。为司机进入隧道到习惯基本照明的亮度，适应亮度逐渐下降的区间。

出口部照明是指汽车从较暗的隧道驶出至明亮的隧道外时，为防止视觉降低而设的照明。应消除"白洞效应",即防止汽车在白天穿过较长隧道后,由于外部亮度极高、引起司机因眩光作用而感到不适。

6.3.4 隧道及地下工程

1. 地铁隧道

地铁是地下工程的一种综合体,其组成包括区间隧道、地铁车站和区间设备段等设施。区间隧道是连接相邻车站之间的建筑物,它在地铁线路的长度与工程量方面均占有较大比重。区间隧道衬砌结构内应具有足够空间,以供车辆通行和铺设轨道、供电线路、通信和信号、电缆和消防、排水与照明装置。

浅埋区间隧道:多采用明挖施工,常用钢筋混凝土矩形框架结构,可分为单跨矩形、双跨矩形、单跨双层和单拱形。

深埋区间隧道:多采取暗挖施工,用圆形盾构开挖和钢筋混凝土管片支护。结构上覆土的深度要求应不小于盾构直径。从技术和经济观点分析,暗挖施工时,建造两个单线隧道比建造将双线放在一个大断面的隧道里的做法合理,因为单线隧道断面利用率高,且便于施工。

莫斯科早期地下铁道适应备战要求采用深埋形式,有的路段深达 40~50m。伦敦地铁有的建在 30m 深左右的黏土层中,利用其不渗水的特点方便施工。

站台型式:站台是地铁车站的最主要部分,是分散上下车人流、供乘客乘降的场地。有岛式和侧式以及两种混合形式。

2. 地下电站

地下水力、核能、火力发电站和压缩空气站,均属于动力类地下厂房。无论在平时或战时,都是国民经济的核心部门。

地下水电站可以充分利用地形、地势,尤其在山谷狭窄地带,在地下建站、布置发电机组,十分经济有效。电站建于地下,可获得更大水力压头,并且在枯水季节,水位较低时也能发电。一般水电站的压力隧道,选建于坚硬、完整的岩石中,可简化衬砌结构。地下水电站,在我国的东北和西南地区建设较多。

地下水电站包括地上和地下一系列建筑物和构筑物,可概括为水坝和电站两大部分。水坝属于大型水工建筑,电站主要包括主厂房、副厂房、变配电间和开关站等。

地下原子能发电站有半地下式原子能发电站和完全地下式原子能发电站两类。

半地下式原子能发电站,关键设备进入地下。地下原子能发电站的优点表现在:不需要宽阔的平坦地,在海岸和山区均可修建,选址容易;岩体对地下放射物质有良好的遮蔽效果;耐震、并具有良好的防护性。

通常,地下原子能发电站,除了需开凿发电大厅以装备发电机和原子炉之外,尚须开发一系列隧道,以作人员通行、物质运输等用。

3. 地下仓库

由于地下环境对于许多物质的储存有突出的优越性,地下环境的热稳定性、密闭性和地下建筑良好的防护性能,为在地下建造各种贮库提供了十分有利的条件。由于人口的增长、集中和都市化,世界各国都面临能源、粮食、水的供应和放射性以及其他废弃物的处理问题。目前各种类型的地下贮藏设施,在地下工程的建造总量中已占据很大的比重。在地下空间开发利用的贮能、节能方面，北欧、美国、英国、法国和日本成效显著。一些能源短缺国家的专家提出了建造地下燃料储藏为主的战略储备主张。日本清水公司连续建造了 6 座用连续墙施工的液化天然气库，其中有一直径 64m、高 40.5m，储存量可供东京使用半个月的储藏。美国有 2000 多口井处理酸碱废料，而且还将钠加工废料捣成浆状，注入深部底层以防污染。随着我国的经济发展也要求建造大量的地下液体燃料储藏库。

地下燃料贮库可分为以下几种类型。

（1）开凿洞室贮库。如岩石中金属罐油库，衬砌密封防水油库，地下水封石洞油库，软土水封油库等。

（2）岩盐溶洞油库。

（3）废旧矿坑油库。

（4）其他油库。包括冻土库、海底油库、爆炸成型油库等。

诸多油库中，目前仍以开挖法形成地下空间进行储藏者为多。可用钢、混凝土、合成树脂等作衬砌，也有不衬砌、利用地下水防止储藏物漏泄的水封油库。采用变动水位法的地下水封油库，洞罐内的油面位置固定，充满洞罐顶部，而底部水垫层的厚度则随储油量的多少而变化。储油时，边打油边排水；发油时，边抽油边进水。罐内无油时，洞罐整个被水充满。这样既可以利用水位的高低调节洞罐内的压力，又可避免油面较低时，洞罐上部空间加大，油品挥发使充满油气的空间存在的爆炸危险。

4. 城市地下综合体

城市地下空间的开发利用，已经成为现代城市规划和建设的重要内容之一。一些大城市从建造地下街、地下商场、地下车库等建筑开始，逐渐发展为将地下商业街、地下停车场和地下铁道，管线设施等结为一体，形成与城市建设有机结合的多功能的地下综合体。

地下街是城市的一种地下通道，不论是联系各个建筑物的，或是独立修建的均可。其存在形式可以是独立实体或附属于某些建筑物。

地下街在国土小、人口多的日本最为发达。东京八重州地下街，是日本最大的地下街之一。其长度约 6km，面积 6.8 万 m²，设有商店 141 个与 51 座大楼连通，每天活动人数超过 300 万人。

地下街在我国的城市建设中起着多方面的积极作用，其具体表现如下：

（1）有效利用地下空间，改善城市交通。近年来，我国地下街均建于大城市的十字交叉口的人流车流繁忙地段，修建地下街实现了人车分流，改善了交通。

（2）地下街与商业开发相结合，活跃市场，繁荣了城市经济。

（3）改善城市环境，丰富了人民物质与文化生活。

商业是现代城市的重要功能之一。我国的地下空间的开发和利用，在经历了一段以民防地下工程建设为主体的历程后，目前正逐步走向与城市的改造、更新相结合的道路。一大批中国式的大中型地下综合体、地下商场在一些城市建成，并发挥了重要的社会作用，取得良好的经济效益。

近年来，我国若干大城市的停车问题已日益尖锐，近几年在长沙、上海、沈阳等城市建造了几座地面多层停车场，但由于规划不当和体制、管理等方面的原因，效果都不理想，综合效益较差。因此，鉴于我国城市用地十分紧张的情况，结合城市再开发和地下空间综合利用的规划设计，直接进入以发展地下公共停车设施为主的阶段，是合理和可行的。

6.3.5 施工方法

1. 新奥法

新奥法（New Austrian Tunnelling Method，NATM）也是通常所说的矿山法，是当代隧道施工设计应用最广泛的方法。其施工思路是在监控量测的基础上，及时更改喷射混凝土的厚度，锚杆、钢支持和钢丝网的参数以及二次衬砌等支护措施，来保持开挖洞室的稳定，从而保证施工的安全。当地面交通和环境不允许时，世界上各国常采用这种施工方法，其优点是对地面的影响小、造价低，适用于坚硬岩土介质、地下水位低，但是进度慢、劳动强度大和风险也大。

新奥法施工对大断面的开挖有侧壁导坑、台阶和 CRD 等。其施工流程为：放线→钻孔、装药和放炮→通风除尘后出渣→打锚杆、钢拱架支撑和挂钢筋网→施作喷射混凝土初期支护→最后修建模筑混凝土二次衬砌。

2. 浅埋暗挖法

中国工程师在新奥法的基础上，结合中国国情，创立了浅埋暗挖法。浅埋暗挖法的特点是沿用新奥法的基本原理，建立量测信息反馈设计和施工程序；采用先柔后刚复合式衬砌新型支护结构体系，考虑初次支护承担全部基本荷载，二次模筑衬砌作为安全储备；该法在施工中采用多种辅助工法，超前支护，改善加固围岩，充分调动围岩的自承能力；采用不同的开挖方法及时支护、封闭成环，使其与围岩共同作用形成联合体系；同时在施工全过程中，针对浅埋隧道的特点采取超前支护、改良地层和注浆加固等辅助施工技术，并应用监控量测与信息反馈技术指导施工。由优化设计等多种综合配套技术所组成。

浅埋暗挖法施工的基本原则可用"管超前，严注浆，短开挖，强支护，快封闭，勤量测"这十八个字来概括，称为"十八字方针"，是浅埋暗挖法的精髓部分，十八字方针的具体内容如下。

（1）管超前。指采用超前导管注浆支护，实际上就是采用超前支护的各种措施，提高掌子面的稳定性，防止围岩松弛和坍塌。

（2）严注浆。在导管超前支护后，立即压注水泥砂浆或其他化学浆液，填充围岩空隙，使隧道周围形成一个具有一定强度的壳体，以增强围岩的自稳能力。

（3）短开挖。1 次注浆，多次开挖，即限制 1 次开挖进尺的长度，减小对围岩的扰动，从而增加围岩的自稳性。

（4）强支护。在浅埋的松软地层中施工，初期支护必须十分牢固，具有较大的刚度，以控制开挖初期的围岩的变形。

（5）快封闭。在台阶法施工中，如上台阶过长时，围岩变形增加较快，为及时控制围岩的变形，必须采用临时仰拱封闭措施，即要实行开挖 1 环（一次进尺），封闭 1 环，提高初期支护的承载能力。

（6）勤量测。对隧道施工过程进行经常性的量测，掌握施工动态，及时反馈，以便采取相应的措施，如增加初期支护的刚度等，来保证施工的安全。

浅埋暗挖法是在软弱围岩浅埋地层中修建山岭隧道洞口段、城区地下铁道及其他用途浅埋结构物的施工方法。主要适用于不宜明挖施工的土质或软弱无胶结的砂、卵石第四纪地层。对于高水位的类似地层，采取堵水或降水、排水等措施后仍能适用。尤其对都市城区在地面建筑物密集、交通运输繁忙、地下管道密布且对地表沉陷要求严格的情况下，修建地下铁道、地下停车场及热力、电力管线等更为适用。浅埋暗挖法自 1987 年产生以来，就以其灵活多变、无须太多专用设备、不干扰地面交通及附近居民生活等优越性，得到了推广应用，取得了很大的社会经济效益，但相对其他方法施工速度较慢、应用范围存在局限性。

3. 明挖法及其变种方法

明挖法是各国地下铁道施工的首选方法，在地面交通和环境允许的地方通常采用明挖法施工，明挖法具有施工作业面多、速度快、工期短、易保证工程质量和工程造价低等优点，但因对城市生活干扰大，应用受到各种因素的限制，尤其是当地面交通和环境不允许时，只能采用盖挖法或新奥法。明挖法适用于浅埋车站、有宽阔的施工场地，可修建的空间比较大，如带有换乘站、地下商场、休息和娱乐场所及停车库等的地下综合体车站，如上海地铁徐家汇站。

明挖法施工主要分为围护结构施工、站内土方开挖、车站主体结构施工和回填土覆土及恢复管线 4 个部分。根据不同的地质条件和车站结构的大小以及基坑深度，明挖法的围护结构可采用地下连续墙、锚杆、钻孔桩加旋喷桩止水，SMW 水泥土加型钢等。采用地下连续墙做围护结构的明挖法的施工流程为：地下连续墙围护结构施工→内井点降水或基坑底土体加固→开挖上层土体设置上层钢支撑→开挖中间层土体→设置中间层钢支撑→最后开挖底层土体→浇筑底板混凝土结构→拆除中间层支撑→浇筑车站混凝土结构→拆除顶层支撑→浇筑车站顶板混凝土结构→回填土体等。

盖挖法是利用围护结构和支撑体系，在较繁忙交通路段利用结构顶板或临时结构设施维持路面交通，在其下进行车站施工工法。按结构施工的顺序分为盖挖逆作法和盖挖顺作法两种。盖挖逆作法一般都是对交通作短暂封锁，一年左右，将结构顶板施工结束，恢复道路交通，利用竖井作出入口进行内部暗挖逆筑。盖挖顺作法一般是利用临时性设施（如钢结构）作辅助措施维持道路通行，在夜间将道路封锁，掀开盖板进行基坑土方开挖或结构施工。

盖挖法也成为修建车站的主要方法，在世界上盖挖法修建车站占有很大比例，采用这种方法，在北京、上海、南京、广州等修建了近 10 余座地铁车站。采用盖挖法的基本施工流程为：施作车站内临时支承桩→施工地下连续墙围护结构→注浆加固地下连续墙墙趾→加固地基与基坑底土体→第一层钢支撑抽槽设置→开挖第一层土体→安装第二层钢支撑→车站顶板立模、绑扎钢筋和浇筑混凝土→顶板覆土、埋管和路面浇筑→暗挖第二层土体→第二层钢支撑下移至第三层安装、第四层钢支撑安装→中楼板立模、扎钢筋和混凝土浇筑→分小段暗挖第三层土体→第四层钢支撑逐根移至→第五层安装→底板混凝土浇筑。

4. 盾构法

盾构法是在地表以下土层或松软岩层中采用盾构机暗挖隧道的一种施工方法。盾构机于 1818 年由法国工程师布鲁诺尔（Brunel）首次发明，经过近 200 年的应用与发展，从气压盾构到泥水加压盾构以及更新型的土压平衡盾构，已使盾构法能适用于任何水文地质条件下的施工，从而使盾构法在公路隧道、地下铁道、水工隧道及小断面市政等方面得到广泛应用。采用盾构法修建的隧道称为盾构隧道，其断面一般为圆形，也可采用矩形、马蹄形、双圆形和多圆形。

盾构机是在地层中暗挖隧道的专用机械设备，通常由刀盘（即开挖装置）、盾壳（支撑周围土体装置）、盾尾（拼装管片衬砌装置）、油缸系统（行进装置）以及其他配套的附属设施组成。

盾构法是采用盾构机在岩层中修建隧道的一种施工方法，即一边采用刀盘和盾壳控制开挖面及围岩不发生坍塌失稳，一边采用刀盘转动进行隧道掘进、用出土器进行出渣、并在盾尾内拼装管片形成衬砌、并实施壁后注浆回填盾尾与管片衬砌间的空隙，从而不影响地面交通而建成隧道的施工方法。盾构法施工的特点有以下 4 个方面。

（1）对城市的正常功能及周围环境的影响很小。

（2）盾构机是根据施工隧道的特点和地基情况进行设计、制造或改造的。

（3）对施工精度的要求高。

（4）盾构法施工是不可后退的。

盾构法施工的不足主要表现为：施工设备费用较高；覆土浅时，地表沉降较难控制；用于施作小曲率半径（$R<20D$）隧道时掘进较困难等。

从盾构机的出现到现在，盾构一共分成四类：敞开型、部分敞开型、封闭型和复合型。其中，敞开型和部分敞开型称为旧式盾构，而封闭型和复合型称为现代盾构。施工新技术包括以下几个方面。

（1）ECL 盾构技术。20 世纪 70 年代中后期由德国开发了挤压素混凝土整体衬砌。日本、法国在此基础上发展了浇筑钢筋混凝土衬砌法，该法的主要特点是施工一体化、进度快、成本低、隧道结构整体性及防水性能好。其缺点是盾构纠偏余地小，衬砌钢筋连接困难。素混凝土结构的施工方法是随着盾构的推进，在盾构尾部进行浇筑混凝土和加压，衬砌的修筑与盾尾的填充同时进行。而钢筋混凝土的施工方法是在盾构内部绑扎钢筋，绕筑混凝土后与掘进一起压注混凝土，使填充盾尾空隙与混凝土加压同时进行。

（2）特殊断面盾构施工技术。特殊断面盾构分为复圆形盾构和非圆形盾构两大类。其中，双圆形盾构可用于一次修建双线地铁隧道、下水道、共同沟等，三圆形盾构则用于修建地铁车站。非圆形盾构有椭圆形、矩形盾构等。根据隧道使用目的可分别加以采用，虽然普通圆形盾构从结构构成上较稳定，但圆截面有较多未利用空间而显得不经济，需开挖较多土方，所以非圆形盾构技术得到了快速发展。

（3）大直径盾构施工技术。随着水底公路隧道的发展，因盾构法在施工中具有良好的防水性能在江、河、湖和海底等水底隧道中得到了大量应用。由于公路隧道车道多的特点，至少为 2 车道，随着公路的发展，应该以 3 车道为主，这样导致盾构隧道的断面大，这对盾构设备的设计与制造以及施工技术水平要求高。因此，为了发展水底公路隧道，特别是单向 3 车道高速公路隧道，必须设计并制造超大断面的盾构机，同时，做好水底超大断面盾构隧道掘进施工技术，包括软硬互层和高水压条件。

（4）长距离盾构隧道掘进技术。目前，盾构隧道的掘进长度是有限的，通常将长隧道在纵向分成若干段，段与段之间为盾构施工用进出竖井，每一段采用一台盾构机进行掘进。由于水底盾构隧道，在将纵向分段时，修建竖井比较困难，故日本提出了地中对接技术。就是从两岸竖井向中部盾构掘进施工，到了地中将两台盾构机连接在一起，就不需要解体再运出隧道外了。这一技术使得在不修竖井的情况下修建水道隧道成为了可能。

5. 隧道掘进机法

隧道掘进机法（Tunnel Boring Machine，TBM），是修建山岭隧道长大隧道的又一工法，通常采用盾构法掘进施工软土隧道，而采用 TBM 法掘进施工硬岩隧道。

TBM 由开挖刀盘（刀盘、主轴和驱动装置）、推进反力支撑装置、推进油压千斤顶和衬砌拼装机械装置等组成。TBM 法的施工流程为：初步勘察（地质构造分析、地表调查、弹性波速度探测、阻抗试验和钻孔试验），地形和地质勘察并决定隧道纵断面，TBM 机械参数拟定（开挖直径、刀具直径和数量、驱动动力和转速以及后续设备如衬砌施作），施工计划（施工循环、辅助工法和临时设计等），经济分析和设施计划等。

1954 年，TBM 投入使用以来，世界上有 700 多项工程采用了 TBM 法施工。从应用上看，TBM 隧道多用在上水道、下水道和水工隧道中，约占 3/4，特别是在日本达到了 80％ 以上。由于水力学问题，作为圆形断面隧道比较适合，所以 TBM 法得到了大量采用。同时在山岭交通隧道中也得到了应用，如铁路和公路隧道，特别是在开挖超前导坑和避难坑道以及大断面双车道和双线铁路隧道等方面。

从施工的断面大小来看，日本等国多采用 TBM 法修建直径 3m 以下的隧道，超过了 50％，最大的是直径为 11.87m 的 Bozbergde 公路隧道。从施工长度来看，日本多用在短隧道中，多为小于 3km 的隧道中，平均施工长度为 1.8km、最大的施工长度为 7km。而在其他国家中，TBM 法多用在长隧道中，超过 3km 的占 60％ 以上。长距离和重复使用 TBM 是降低施工造价的有效途径。

6. 沉管法

沉管法修建隧道的思路为在水底预先挖好沟槽，把事先在陆地上或其他平台上预制好的具有一定长度的管体浮运到沉放现场，依次地沉入沟槽中，并回填土，是修建水底隧道的常用方法。

与其他工法相比，沉管法特点：沉管隧道可使隧道全长最短；矩形沉管隧道容纳车道数多，可合并修建在一起，不必修建多条平行隧道；沉管隧道的主要工序可平行施工，施工速度快、工期短；可将城市其他基础设施合并到沉管隧道中，方便各种市政管道穿越水域，提高了经济效益。

沉管隧道有钢壳和干船坞两种施工方式。钢壳方式在美国用得较多，隧道多采用圆形断面，受力条件好，主要以受压为主，弯矩小，这样有利于沉放在水深的隧道中，经济性比较好。因圆形断面的底面积小，故沉管的基础施工简单一些，回填也方便。可在造船厂的船台上进行钢壳加固，无须重新修建船坞，而且施工质量易于控制。但是，钢壳式施工，在大断面隧道中，经济性比较差，钢壳的现场焊接制作，加工时间长，因钢壳防水差，故要进行防水处理。圆形断面隧道对行车来说，其利用率低，而钢材的用量较大。

干船坞施工方式需要专门修建制造沉管段的船坞，此种方法在欧洲用得较多，适合于修建大断面公路、铁路和地下铁道等。其特点为：沉管段在干船坞上预制，不需要钢壳，钢材用量少，对断面大小无限制，但需要场地修建干坞。同时，要专门设置隧道的防水层，混凝土预制的质量管理复杂，隧道基础底面积大，相对来说，基础及回填施工复杂。

沉管法修建隧道的施工流程为：管段预制→沟槽的开挖、基础与刮平→管段的沉放与回填→竖井及引道施工。

7. 辅助工法

辅助工法常用的有压气工法、降水工法、注浆工法和冻结工法以及换填法，等等。

（1）压气工法。是指对整条隧道或隧道的局部区段施加气压（气压等于或稍大于地下水压），以此稳定开挖面，防止地下水涌入和开挖面土体的坍塌，从而确保施工正常进行的辅助施工方法。压气工法多用于以盾构法为主的地下水位高隧道施工中。由于覆土厚度、土质、地下水等条件的不同，有时压气工法达不到预期的效果。因此，采用压气法工法时，事先必须充分研究防止压气施工法造成特有灾害的问题。压气工法的气压不能过大，以免对作业人员的身体造成伤害。设备规模大、工序复杂、成本高、工作效率低。有时只用压气工法稳定开挖面较为困难，必须辅以其他工法（如注浆、降水等工法）一起使用才能使开挖面稳定。

（2）降水工法。是指为了防止涌水引起开挖面坍塌，将地下水位降低的施工措施。该工法在确保开挖面稳定效果方面较好，特别是砂性地层。降水工法有从地表降水和从隧道内降水两种方法。

1）地表降水法。又分为浅井点和深井点两种方法。当隧道距地表面浅于 6～7m 时，采用从地表面进行的浅井点降水效果比较好。当隧道距地表面 10m 左右时，可采用路下式井点施工方法。当隧道埋深大于 10m 时，采用浅井点降水，其抽水效果不好，应采用深井点降水法。

2）隧道内降水法。受地表条件的限制，有时不可能从地面进行降水作业时，应采用从隧道内施工的井点降水法，或利用水平钻孔、导洞等来降低地下水位。从隧道内部实施井点降水施工时，向隧道下方或斜前方设置井点进行降水。

（3）冻结工法。是在地层中埋设冻结管并通入冷却液在管周围形成冻土，使邻近的冻土柱连接在一起形成加固圈，从而保证施工顺利进行的一种辅助工法。冻结工法有盐水式和低温液化气式两种，从经济方面考虑，采用盐水式的较多。

（4）注浆工法。是指以增加地层的强度或不透水性为目的，将生成的凝胶或固结体浆液压入到地层的间隙里，从而改善地层的物理力学性质，保证施工顺利进行的一种工法。注浆工法在隧道及地下工程中的适用范围广泛，被大量采用。

6.4　道　路　工　程

6.4.1　基本概念及分类

1. 基本概念

路与人的关系是非常密切的，有人走，便会成为路，俗话说："路是人走出来的"，只要有了路，人们便可以彼此往来，社会就会兴盛繁荣。道路的主要功能是作为城市与城市、城市与乡村、乡村与乡村之间的联络通道。中国是文明古国，道路运输的发展先于世界各国。道路的名称源于周朝，为"导路"，后来称为"驰道"、"驿道"、"大道"。清朝时将京师通往各省会的道路称为"官路"，省会之间的道路称为"大路"，市区街道称为"马路"。20 世纪初，汽车出现以后则称为"公路"等。

道路的修筑促进了人类的进步，而人类进步又促进了道路的建设。公元前 3000 年出现了轮车，从而对道路提出了平整、不沉陷的要求。现代道路的修筑始自 18 世纪的法国和英国，那时对道路提出排水良好、地基密实的要求。汽车的出现及车辆速度的不断提高，使路面承重荷载的要求不断提高，对道路提出了更高的要求。

道路是一种带状的三维空间人工构造物，它常常和桥梁、涵洞、隧道等构成统一的工程实体。在现代，人们又常常把公路指为乡村地区的交通道路，是同城市中的街道相对而言的。把道路指为乡村地区使用较少、交通量不大、不太重要的交通道。这里，道路是对所有各种公路或干线的统称。

道路上的通行能力是指一条道路在单位时间内，道路与交通正常条件下，保持一定速度安全行驶时，可通过的车辆数。它是一条道路规划和设计的依据，也是检验一条道路是否充分发挥了作用和是否发生阻塞的理论依据。

一般地，影响通行能力的主要因素有道路、交通条件、汽车性能、气候环境条件等。因此在道路设计时，必须综合上述因素来考虑道路的实际通行能力。

2. 公路分类

当前我国的公路等级按照其使用任务、功能和适应的交通量的不同分为高速公路、一级公路、二级公路、三级公路、四级公路 5 个等级。

高速公路为专供汽车分向、分车道行驶，全部控制出入的干线公路。一般按照需要设计高速公路的车道数，设计年限平均昼夜交通量为 25000～100000 辆。

一级公路为专供汽车分向、分车道行驶的公路，设计年限平均昼夜交通量为 15000～30000 辆。

二级公路一般能适应年限平均昼夜交通量为 3000～7500 辆。

三级公路设计年限平均昼夜交通量为 1000～4000 辆。

四级公路设计年限平均昼夜交通量一般为双车道 1500 辆以下，单车道 200 辆以下。

另外按照公路的位置以及在国民经济中的地位和运输特点的行政管理体制来分类，可以划分为国道、省道、县道、乡（镇）道及专用公路等几种。

国道由国家统一规划，由各所在省、市、自治区负责建设、管理、养护。省道是在国道网的基础上，由省对具有全省意义的干线公路加以规划，并且建设、管理、养护。县道中的主要路段由省统一规划、建设和管理，一般路段由县自定并建设、管理和养护。乡镇路主要为乡村服务，由县统一规划组织建设、管理和养护。专用道为厂区、林区、矿区、港区的道路，由专用部门自行规划、建设、管理和养护。

3. 城市道路分类

城市道路是指可通达城市各个地区，供城市内交通运输及行人使用，便于居民生活、工作及文化娱乐活动，并与城市外道路连接承担对外交通的道路。

城市道路一般比公路宽阔，为适应城市里种类繁多的交通工具，多划分为机动车道、公共交通优先专用道、非机动车道等。道路两侧有高出路面的人行道和房屋建筑。人行道下一般多埋设公共管线。城市道路两侧或中心地带，有时还设置绿化带、雕塑艺术品等，也起到了美化城市的作用。

城市道路一般按照其在道路网中的地位、交通功能以及对沿线建筑物的服务功能来分类。一般分为以下几个方面。

（1）快速路。为流畅地处理城市大量交通而建筑的道路。要有平顺的线形，与一般道路分开，使汽车交通安全、通畅和舒适。如北京的三环路和四环路、上海的外环线等。一般在交叉路口也建有立体交叉，有时还全封闭，中央有隔离带。

（2）主干路。是连接城市各主要部分的交通干路，是城市道路的骨架，其主要功能是运输。主干线形应顺捷，交叉口宜尽量少，以减少干扰，平面交叉应有交通控制措施，目前有些城市以高架式的道路作为城市主干，如上海的内环高架路。

（3）次干路。一般为一个区域内的主要道路，是一般交通道路并兼有服务功能，配合主干路共同组成城市的干路网，起到广泛联系城市各部分与集散交通的作用，一般情况下快慢车混合使用。

（4）支路。是次干路与居民区的联络路，为地区交通服务，道路两侧有时还建有商业性建筑等。

（5）居住区道路。是居住区内部街坊与街坊之间和街坊内部的道路，主要为居民的各种活动服务。居住区道路可以与城市次干道连接，但是尽量不与城市主干路连接。

（6）自行车专用道。是城市里和郊区道路系统中以及通往旅游区的道路中，专门供自行车行驶的道路。这样，快慢车道分离，各行其道，既提高车速又保证安全。

城市道路的设计年限规定为：快速路与主干路为 20 年；次干路为 15 年；支路为 10～15 年。

6.4.2 公路线形

1. 公路的线形组成

公路由于自然条件或地形的限制，在平面上有转折、纵面上有起伏。在转折点两侧相邻直线处，为了满足车辆行驶顺适、安全和速度的要求，必须用圆曲线和缓和曲线连接。

公路选线工作一般包括从线路方案选择、线路布局，到具体定出线位的全过程。线路方案是线路设计中最根本的问题。方案是否合理，不但直接关系公路本身的工程投资和运输效率，更重要的是影响到线路在公路网中是否能起到应有的作用，是否满足国家在政治、经济、国防等方面的要求和长远利益。

在选线设计中必须考虑以下主要因素。

（1）线路在政治、经济、国防上的意义，国家和地方建设对线路使用的任务、性质的要求，国防、支农、综合利用等重要方针的体现。

（2）线路在铁路、公路、航道等交通网系中的作用，与沿线工矿、城镇等规划的关系，以及与沿线农田水利等建设的配合及用地情况。

（3）沿线地形、地质、水文、气象、地震等自然条件的影响，线路长度、筑路材料来源、施工条件以及工程量、主要材料用量、造价、工期、劳动力等情况及其对运营、施工、养护等方面的影响。

（4）其他如沿线历史史迹、历史文物、风景区的联系等。

2. 线路方案设计步骤

线路方案设计的步骤如下。

（1）搜集与线路方案有关的规划、计划、统计资料及各种比例尺的地形图、地质图、水文、地质、气象资料。

（2）根据确定的线路总方向和公路等级，先在小比例尺的地形图上，结合搜集的资料，初步研究各种可能的线路走向。研究重点在地形、地质、地貌、外界干扰多、涉及面大的段落，如可能沿哪些溪沟、工矿，是穿过还是绕过等，以提出多种方案，并进行实地查勘。

（3）按室内初步研究提出的方案进行实地考察，连同野外考察中发现的新方案都必须坚持跑到、看到、调查到。

3. 确定线路的类型

确定线路的类型及其特点，一般有以下几种：

（1）沿河线。即沿着河谷两岸布线。特点是纵面困难较少，平面受限制较多。主要问题是河岸选择、线位高低和跨河桥位的选定等。而路桥配合的关系一般为：线路服从大桥，小桥服从线路。

（2）越岭线。是以纵断面为主导，主要处理好垭口选择、过岭标高选择和垭口两侧线路展线方案三者的关系。垭口是越岭线的主要控制点。

（3）山坡线。也称山腰线。要求是在任何情况下，线路必须设在平缓稳定的山坡上。

（4）山脊线。在合乎线路总方向的条件下，沿分水岭布设的线路。优点是排水性能良好，排水结构物可以少用。缺点是距离居民点远，受自然条件影响大等。

6.4.3　公路结构

公路的结构包括路基、路面和排水系统、特殊结构物以及沿线附属结构物。

1. 公路的路基

公路路基的横断面组成有：路堤、路堑和填挖部分。路基的几何尺寸由高度、宽度和边坡组成。

2. 公路的路面结构

公路路面是用各种坚硬材料分层铺筑而成的路基顶面的结构物，以供汽车安全、迅速和舒适地行驶。因此，路面必须具有足够的力学强度和良好的稳定性，以及表面平整和良好的抗滑性能。路面一般按其力学性质分为柔性路面和刚性路面两大类。路面的常用材料有沥青、水泥、碎石、黏土、砂、石灰及其他工业废料等。

3. 公路排水结构物

为了确保路基稳定，免受地面水和地下水的侵害，公路还应修建专门的排水设施。地面水的排水系统按其排水方向不同，分为纵向排水和横向排水。

4. 公路特殊结构物

公路的特殊结构物有隧道、悬出路台、防石廊、挡土墙和防护工程等。

5. 公路沿线附属结构物

一般在公路上，除了上述各种基本结构以外，为了保证行车安全、迅速、舒适和美观，还需设置交通管理设施、交通安全设施、服务设施和环境美化设施等。

6.4.4 高速公路

汽车是速度高、灵活的独特运输工具。但是一般公路上，各种车辆混合行驶，以及非机动车辆和人流的干扰，严重地影响着汽车的行驶速度和交通安全。为了满足现代交通工具的大流量、高速度、重型化、安全、舒适的要求，高速公路就因此而诞生了。近年来，许多国家已在主要城市和工业中心之间修建了高速公路，形成了全国性的高速公路网。一些国家还将主要高速公路通向其他国家，称为国际交通干线。

改革开放以后，随着我国国民经济的迅猛发展，高速公路也得到迅速的发展。我国已建成的高速公路总里程已达世界第二位，仅次于美国。

高速公路是一种具有四条以上车道，路中央设有中央隔离带，分隔双向车辆行驶，互不干扰，全封闭，全立交，控制出入口，严禁产生横向干扰，为汽车专用，设有自动化监控系统，以及沿线设有必要服务设施的道路。高速公路的造价很高，占地多。路基宽按照 26m 计算，则每公里占用土地约 $0.3km^2$ 以上。但是从其经济效益与成本比较看，高速公路的经济效益还是很显著的。

6.5 铁 道 工 程

6.5.1 铁路

在铁路还没有发明以前，人们都以马车作为代步和载货的工具。但是，当马车长久行驶于一个地方，雨天时地面泥泞，车轮很容易陷入轮沟中。因此，人们就想到在地面上铺上木板，让车轮好行驶。后来又为了使木板道能长久使用，就在木板上铺上铁板，这就是铁轨的开始。现在，铁路运输已是现代化运输体系之一，也是国家的运输命脉之一。铁路运输的最大优点是运输能力大、安全可靠、速度较快、成本较低、对环境的污染较小，基本不受天气的影响，能源消耗远低于航空和公路运输，是现代运输体系中的主干力量。

世界铁路的发展已有 100 多年的历史，第一条完全用于客货运输而且有特定时间行驶列车的铁路，是 1830 年通车的英国利物浦与曼彻斯特铁路，这条铁路全长为 35 英里。此后，铁路主要是依靠牵引动力的发展而发展。牵引机车从最初的蒸汽机车发展成内燃机车、电力机车。运行速度也随着牵引动力的发展而加快。20 世纪 60 年代开始出现了高速铁路，速度从 120km/h 提高到 450km/h 左右，以后又打破了传统的轮轨相互接触的黏着铁路，发展了轮轨相互脱离的磁悬浮铁路。而后者的试验运行速度，已经达到 500km/h 以上。一些发达国家和发展中国家的大城市已经把建设磁悬浮铁路列入计划。

铁路现代化的一个重要标志是大幅度地提高列车的运行速度。高速铁路（High Speed Railway）是发达国家于 20 世纪 60～70 年代逐步发展起来的一种城市与城市之间的运输工具。一般地讲，铁路速度的分档为：时速 100～120km 称为常速；时速 120～160km 称为中速；时速 160～200km 称为准高速或快速；时速 200～400km 称为高速；时速 400km 以上称为特高速。

铁路上部构造包括钢轨、钢轨与钢轨间的扣件、枕木、道床、道岔等。通常用的标准轨长度为 12.5m 和 25m 两种，标准轨间距离为 1.435m，现在采用无缝钢轨，长度从几千米到几十千米不等。钢轨还可以按照每米长度的重量来划分，从特重型、重型、次重型、中型到轻型。枕木分为木枕和钢筋混凝土枕等，目前钢筋混凝土枕用得多。道床分为碎石道床和整体式道床两种，目前我国铁路上碎石道床用得最多。道岔是铁路线路间交叉设备的总称，列车从一条线路到另外一条线路，或者越过与其相交的线路等都必须通过道岔来完成。

铁路选线设计是整个铁路工程设计中一项关系全局的总体性工作。选线设计的主要工作内容有：

（1）根据国家政治、经济和国防的需要，结合线路经过地区的自然条件、资源分布、工农业发展等情况，规划线路的基本走向，选定铁路的主要技术标准。在城市里，则根据地区的商业或工业发展等情况，来规划线路的走向。

（2）根据沿线的地形、地质、水文等自然条件和村镇、交通、农田、水利设施，来设计线路的空间位置。

（3）研究布置线路上的各种建筑物，如车站、桥梁、隧道、涵洞、路基、挡墙等，并确定其类型和大小，使其总体上互相配合，全局上经济合理。

线路空间位置的设计是线路平面与纵断面设计。目的在于保证行车安全和平顺的前提下，适当地考虑工程投资和运营费用关系的平衡。行车安全和平顺是指：行车工程中不脱钩、不断钩、不脱轨、不途停、不运缓与旅客舒适等。

铁路线路平面是指铁路中心线在水平面上的投影，它由直线段和曲线段组成。为了列车平顺地从直线段驶入曲线段，一般在圆曲线的起点和终点处设置缓和曲线。缓和曲线的目的是使车辆的离心力缓慢增加，利于行车平稳，同时使得外轨超高，以增加向心力，使其与离心力的增加相配合。

铁路纵断面是指铁路中心线在立面上的投影，是由坡段及连接相邻坡段的竖曲线组成的。而坡段的特征用坡段长度和坡度值表示。

铁路路基是承受并传递轨道重力及列车动态作用的结构，是轨道的基础，是保证列车运行的重要建筑物。路基是一种土石结构，处于各种地形地貌、地质、水文和气候环境中，有时还遭受各种灾害，如洪水、泥石流、崩塌、地震等。路基设计一般需要考虑如下问题。

（1）垂直于线路中心线的路基，形式有路堤、半路堤、路堑、半路堑、不填不挖等。路基由路基体和附属设施两部分组成。路基面、路肩和路基边坡构成路基体。路基附属设施是为了保证路肩强度和稳定，所设置的排水设施、防护设施与加固设施等。排水设施有排水沟等，防护设施如种草种树等，加固设施有挡土墙、扶壁支挡结构等。

（2）路肩稳定性是指路基受到列车地态作用及各种自然力影响所出现的道砟陷槽、翻浆冒泥和路基剪切滑动与挤起等。需要从以下的影响因素上去考虑：路基的平面位置和形状；轨道类型及其上的动态作用；路基体所处的工程地质条件；各种自然营力的作用等。设计中必须对路基的稳定性进行验算。

6.5.2　高速铁路

1966 年 10 月 1 日，世界上第一条高速铁路——日本的东海道新干线正式投入营运，时速达 210km，突破了保持多年的铁路运行速度的世界纪录，从东京到大阪运行 3h10min（后来又缩短为 2h56min）。由于速度比原来提高一倍，票价比飞机便宜，从而吸引了大量旅客，使得东京至大阪的飞机不得不停运，这是世界上铁路与航空竞争中首次取胜的实例。目前日本高速铁路的营业里程已达 1800 多 km，并计划再修建 5000km 的高速铁路。

英国铁路公司于 1977 年开通的行驶在伦敦、布里斯托尔和南威尔士之间的旅客列车，它用两台 2250 马力的柴油机作动力，时速高达 200km。

法国于 1981 年建成了它的第一条高速铁路（TGV 东南线），列车时速高达 270km。后来又建成 TGV 大西洋线，时速达 300km。1990 年 5 月 13 日试验的最高速度已达 515.3km/h，可使运营速度达到 400km/h。法国的高速铁路后来居上，在一些技术和经济指标上超过日本而居世界领先地位。由于 TGV 列车可以延伸到既有线上运行，因此 TGV 的总通车里程超过 2500km，承担其法国铁路旅客周转量的 50%。

高速铁路的实现为城市之间的快速交通来往和旅客出行提供了极大方便。同时也对铁路选线与设计等提出了更高的要求，如铁路沿线的信号与通信自动化管理，铁路机车和车辆的减震和隔声要求，对线路平、纵断面的改造，加强轨道结构，改善轨道的平顺性和养护技术等。

为使高速列车在常规轨道上高速行驶，为减少轨道磨损，车辆用玻璃纤维强化的塑料及其他重力很轻而耐疲劳的材料制造。另外，如英国的高速列车采用两台柴油机分置于列车的两端的两辆动力车中，司机从驾驶室用电缆控制。动力车牵引七八辆具有空调和隔声设备的组合结构车厢，每辆客车装有制动盘和一套弹簧与气囊弹簧并用的悬置系统，在高速行驶时也感到乘坐舒适。

我国自 20 世纪 90 年代开始在常规铁路上进行列车提速试验以来，并先在华东铁路，京沪铁路上实施，列车时速高达 150～160km。目前修建了多条客运专线，列车行驶速度达 300km/h。

6.5.3 城市地铁与轻轨

世界上第一条载客的地铁是 1863 年首先通车的伦敦地铁。早期的地铁是蒸汽火车，轨道离地面不远。它是在街道下面先挖一条条的深沟，然后在两边砌上墙壁，下面铺上铁路，最后才在上面加顶。第一条使用电动火车而且真正深入地下的铁路直到 1890 年才建成。这种新型且清洁的电动火车改进了以往蒸汽火车的很多不足。

现在全世界建有地下铁道的城市特别多，如法国的巴黎，英国的伦敦，俄罗斯的莫斯科，美国的纽约、芝加哥，加拿大的多伦多，中国的北京、上海、天津、广州等城市。

发达国家的地铁设施非常完善，如法国的巴黎，其地铁在城市地下纵横交错，行驶里程高达几百公里长，遍布城市各个角落的地下车站，给居民带来了非常便利的公共交通服务。英国伦敦的地铁绵延甚广，总共长度约 250 英里，每年乘坐的旅客多达几亿人。英国格拉斯哥的地铁，其 20.8km 长的线路之平面布置宛如一个闭合式的圆环，其行驶路线是在做一个圆周运动。美国纽约的地铁是世界上最繁忙的，每天行驶的班次多达 9000 多次，运输量更是惊人。

俄罗斯莫斯科的地铁，以其车站富丽堂皇而闻名于世。至 20 世纪 90 年代初，地铁长度已达 212.5km，设有 132 个车站，共拥有 8 条辐射线和多条环形线，平面形状宛如蜘蛛网。莫斯科地铁自 1935 年 5 月 15 日运营以来，累计运营乘客已超过 500 亿人次，担负着莫斯科市总客运量的 44％。

城市轻轨是城市客运有轨交通系统的又一种形式，它与原有的有轨电车交通系统不同。它一般有较大比例的专用道，大多采用浅埋隧道或高架桥的方式，车辆和通信信号设备也是专门化的，克服了有轨电车运行速度慢、正点率低、噪声大的缺点。它比公共汽车速度快、效率高、省能源、无空气污染等。

我国上海也已建成我国第一条城市轻轨系统——明珠线。明珠线轻轨交通一期工程全长 24.975km，自上海市西南角的徐汇开始，贯穿长宁、普陀、闸北、虹口，直到东北角的宝山区，沿线共设 19 座车站。全线无缝线路，除了与上海火车站连接的轻轨站以外，其余全部采用高架桥结构形式。

6.5.4 磁悬浮铁路

磁悬浮铁路与传统铁路有着截然不同的区别和特点。磁悬浮铁路上运行的列车，是利用电磁系统产生的吸引力和排斥力将车辆托起，使整个列车悬浮在线路上，利用电磁力进行导向，并利用直流电机将电能直接转换成推进力来推动列车前进。最主要特征就是其超导元件在相当低的温度下所具有的完全导电性和完全抗磁性。

尽管磁悬浮列车技术有上述的许多优点，但仍然存在一些不足。

（1）由于磁悬浮系统是以电磁力完成悬浮、导向和驱动功能的，断电后磁悬浮的安全保障措施，尤其是列车停电后的制动仍然是要解决的问题。其高速稳定性和可靠性还需很长时间的运行考验。

（2）常导磁悬浮技术的悬浮高度较低，因此对线路的平整度、路基下沉量及道岔结构方面的要求较超导技术更高。

（3）超导磁悬浮技术由于涡流效应悬浮能耗较常导技术更大，冷却系统重，强磁场对人体与环境都有影响。

在磁悬浮铁路这项研究中，德国和日本起步最早。德国从 1968 年开始研究磁悬浮列车，1983 年在曼姆斯兰德建设了一条长 32km 的试验线，已完成了载人试验。行驶速度达 412km/h。其他发达国家也都在进行各自的磁悬浮铁路研究。目前，磁悬浮铁路已经逐步从探索性的基础研究进入到实用性开发研究的阶段，经过 30 多年的研究与试验，各国已公认它是一种很有发展前途的交通运输工具。

另外磁悬浮铁路的行车速度和能耗高于传统铁路，但是低于飞机，是弥补传统铁路与飞机之间速度差距的一种有效运输工具，因此发达国家目前正提出建设磁悬浮铁路网的设想。已经开始可行性方案研究的磁悬浮铁路有：美国的洛杉矶—拉斯维加斯（450km）、加拿大的蒙特利尔—渥太华（193km）、欧洲的法兰克福—巴黎（515km）等。

我国对磁悬浮铁路的研究起步较晚，1989 年我国第一台磁悬浮实验铁路与列车，在湖南长沙的国防科技大学建成，试验运行速度为 10m/s。

目前，世界上首条投入商业运行的磁悬浮列车线（上海浦东龙阳路至浦东机场）已投入试运行，全长 31km，总投资约 89 亿元，设计最高时速 430km，运行时间 7min。

复 习 思 考 题

（1）交通土建工程主要包括哪些？试简述其建设现状。

（2）画图解释桥梁工程基本概念，并按照不同的方法对桥梁进行分类。

（3）试简述桥梁的基本形式及其演变过程。

（4）简单介绍各种桥梁的结构构成以及施工过程。

（5）简述桥墩和桥台的分类、特点和适用条件。

（6）简述隧道及地下工程基本概念及不同的分类方法。

（7）地铁区间隧道不同埋深的断面形式有哪些？

（8）隧道及地下工程的施工方法主要有哪些？辅助施工方法有哪些？

（9）从公路和城市道路两个方面简述道路的分类。

（10）公路的线形和结构组成有哪些？

（11）线路的类型有哪些？并简述选线过程。

（12）简述高速铁路和城市地铁与轻轨的发展过程。

（13）铁路工程的结构组成有哪些？

（14）简述目前我国铁路建设的特点。

（15）铁路按照设计时速怎样划分？

第7章 土木工程设计方法

7.1 力学基本概念

1. 力的定义

力是物体间相互的机械作用，这种作用使物体的运动状态发生改变或引起物体变形。

2. 力的三要素

力的大小、方向、作用点是力的三要素。力的三要素表明力是矢量，这个矢量可用一个带箭头的线段来表示，此有向线段的起点或终点表示力的作用点。在力的三要素中，力的大小表示物体相互间机械作用的强弱程度；力的方向表示物体间的机械作用具有方向性；力的作用点表示物体所受机械作用的位置。力的三要素中的任何一个如有改变，则力对物体的作用效果也将改变。

3. 力的单位

力的国际单位是牛顿（N）。

4. 力的作用效应

力对物体的作用要同时产生两种效应：运动效应与变形效应。改变物体运动状态的效应叫运动效应（或外效应），使物体变形的效应叫变形效应（或内效应）。

5. 力系

作用在物体上的一组力称为力系。一个较复杂的力系，总可以用一个和它作用效果相等的简单力系来代替。在不改变作用效果的前提下，用一个简单力系代替复杂力系的过程，称为力系的简化或力系的合成。如果一个物体在两个力系分别作用下其效应相同，则此二力系称为等效力系。若一个力系与一个力等效，则此力称为力系的合力，而力系中的各力称为合力的分力。

6. 平衡

物体相对于地面处于静止或做匀速直线运动的状态称为平衡。平衡既是相对的，又是有条件的。要使物体平衡，作用在它上面的力系必须满足一定的条件，这些条件，称为力系的平衡条件。使物体平衡的力系称为平衡力系。

7.2 土木工程荷载与作用效应

一般我们把外部作用力称为荷载（结构的自重也是一种荷载）；把荷载作用下结构产生的内部的力、变形状态称为作用效应，用内力、位移、应力、应变等来表示。

荷载按随时间的变异分类如下。

（1）永久荷载。在设计基准期内作用值不随时间变化，或其变化与平均值相比可以略去不计的荷载，如结构自重、土压力等。

（2）可变荷载。在设计基准期内作用值随时间变化，或其变化与平均值相比不可略去不计的荷载，如结构施工中的人员和物件的重力、风荷载、雪荷载等。

（3）偶然荷载。在设计基准期内不一定出现，而一旦出现其量值很大且持续时间很短的荷载，如地震、爆炸、撞击、火灾、台风等。

7.3 土木工程设计方法

土木工程设计方法就是研究工程设计中的各种不确定性问题，取得安全可靠与经济合理之间的均衡。结构的安全可靠，指建筑结构达到极限状态时的概率是足够小，或者说结构的安全保证率是足够大的。当整个建筑或结构的一部分超过某一特定状态就不能满足设计规定的某一功能要求时，则此特定状态称为该功能的极限状态。

极限状态可分为两类：承载能力极限状态（结构或构件达到了最大的承载能力时的极限状态）和正常使用状态（结构或构件达到了不能正常使用的极限状态）。经济合理，是指如何用最经济的方法实现安全性和适用性，将建筑物的建造费用降至最少。

结构的安全可靠性、使用期间的适用性和经济性是对立统一的，也是结构设计和研究考虑的主要问题。

土木工程结构的基本功能应具有以下两个方面。

（1）提供良好的人类生活和生产服务以满足人们使用要求、审美要求。

（2）承受和抵御结构服役过程中可能出现的各种作用，包括 4 个方面：①能承受在正常施工和正常使用时可能出现的各种作用；②在正常使用时具有良好的工作性能；③在正常维护下具有足够的耐久性能；④在偶然事件发生时，仍能保持必需的稳定性。

7.3.1 设计方法发展过程

工程结构安全度的处理方法随着实践经验的积累和工程力学、材料试验、设计理论等各种学科的发展而不断地演变，由以经验为主的安全系数阶段而开始进入了以概率理论为基础的定量分析阶段。

早期对工程结构的建造采用直接经验法，不倒不垮就认为安全可靠；后来通过经验累积，进一步按结构构件的尺寸比例规定结构安全度。这阶段主要依靠工匠们代代相传的经验而进行土木工程的修建活动。

由于 17 世纪材料力学的兴起和相继的发展，结构设计进入了弹性的力学分析时期，从而开始采用容许应力设计法，以凭经验判断决定的单一安全系数度量结构的安全度。到 20 世纪 30 年代，由于对结构材料与结构破坏性能的研究逐步深入，在结构设计上考虑结构的破坏阶段工作状况，随之出现了破损阶段设计法，也称极限荷载设计法。实际上仍采用凭经验判断的单一荷载系数度量结构的安全度。

进入 20 世纪 50 年代后，苏联学者提出了极限状态设计法，用多系数（荷载系数、材料匀质系数、工作条件系数）代替单一安全系数度量结构的安全度，并计入国家设计规范。接着，欧洲一些国家也采用了类似的方法，并相互作了改进。60 年代，美国和加拿大钢筋混凝土结构设计规范也采用类似方法处理结构的安全度。由于这些方法仅对荷载和材料强度的特征值分别采用概率取值而未将荷载和抗力进行联合的概率分析，所以也称"半概率法"。其荷载系数和抗力系数本质上仍然是一种以经验确定的安全系数。

早在 20 世纪 40 年代，美国 A. M. 弗罗伊登塔尔将统计数学概念引入可靠度理论的研究。同时，苏联学者也在进行这方面类似的研究。直至 60 年代，美国一些学者对建筑结构可靠度分析，提出了一个比较实用的方法，并为国际结构安全度联合委员会（JCSS）所采用。

中国在 20 世纪 70 年代已将基于概率的设计方法引入了各种设计规范。它们在设计表达式上尽管形式不同，但其基本原则皆为多系数分析单一系数表达的极限状态设计方法。70 年代末，以一次概率法为基础，制定了《建筑结构设计统一标准》，作为各设计规范修订或制定的准则。

我国工程结构设计主要经历了容许应力法和概率极限状态设计法两个阶段。

7.3.2　容许应力法

容许应力设计法（Allowable Stress Design Method）以结构构件的计算应力 σ 不大于有关规范所给定的材料容许应力 $[\sigma]$ 的原则来进行设计的方法。一般的设计表达式为 $\sigma \leqslant [\sigma]$。结构构件的计算应力 σ 按荷载标准值以线性弹性理论计算；容许应力 $[\sigma]$ 由规定的材料弹性极限（或极限强度、流限）除以大于 1 的单一安全系数而得。

容许应力设计法以线性弹性理论为基础，以构件危险截面的某一点或某一局部的计算应力小于或等于材料的容许应力为准则。在应力分布不均匀的情况下，如受弯构件、受扭构件或超静定结构，用这种设计方法比较保守。

容许应力设计法应用简便，是工程结构中的一种传统设计方法，目前在公路、铁路工程设计中仍在应用。它的主要缺点是由于单一安全系数是一个笼统的经验系数，因此给定的容许应力不能保证各种结构具有比较一致的安全水平，也未考虑荷载增大的不同比率或具有异号荷载效应情况对结构安全的影响。

7.3.3　概率极限状态设计方法

在规定的时间和条件下，工程结构完成预定功能的概率，是工程结构可靠性的概率度量。工程结构可靠性，是指在规定时间和条件下，工程结构具有的满足预期的安全性、适用性和耐久性等功能的能力。由于影响可靠性的各种因素存在着不定性，如荷载、材料性能等的变异，计算模型的不完善，制作质量的差异等，而且这些影响因素是随机的，因而工程结构完成预定功能的能力只能用概率度量。结构能够完成预定功能的概率，称为可靠概率；结构不能完成预定功能的概率，称为失效概率。工程结构设计的目的就是力求最佳的经济效益，将失效概率限制在人们实践所能接受的范围内。失效概率越小，可靠度越大，两者是互补的。

工程结构的失效标准和各种结构的安全等级划分，各种作用效应和结构抗力的变异性的分析，概率模式和极限状态设计方法的选择，以及工程结构材料和构件的质量控制与检验方法等，都是工程结构可靠度分析和计算的依据。

当以整个结构或结构的一部分超过某一特定状态就不能满足设计规定的某一功能要求时，则此特定状态称为该功能的极限状态，按此状态进行设计的方法称极限状态设计法

（Limit State Design Method）。它是针对破坏强度设计法的缺点而改进的工程结构设计法，分为半概率极限状态设计法和概率极限状态设计法。

半概率极限状态设计法，将工程结构的极限状态分为承载能力极限状态、变形极限状态和裂缝极限状态三类（也可将后两者归并为一类），并以荷载系数、材料强度系数和工作条件系数代替单一的安全系数。对荷载或荷载效应和材料强度的标准值分别以数理统计方法取值，但不考虑荷载效应和材料抗力的联合概率分布和结构的失效概率。

概率极限状态设计法将工程结构的极限状态分为承载能力极限状态和正常使用极限状态两大类。按照各种结构的特点和使用要求，给出极限状态方程和具体的限值，作为结构设计的依据。用结构的失效概率或可靠指标度量结构可靠度，在结构极限状态方程和结构可靠度之间以概率理论建立关系。这种设计方法即为基于概率的极限状态设计法，简称为概率极限状态设计法。其设计式是用荷载或荷载效应、材料性能和几何参数的标准值附以各种分项系数，再加上结构重要性系数来表达。对承载能力极限状态采用荷载效应的基本组合和偶然组合进行设计，对正常使用极限状态按荷载的短期效应组合和长期效应组合进行设计。

7.3.4 结构设计过程

建筑工程的结构设计过程包括以下 4 个步骤。

1. 结构模型的建立（以框架结构为例）

（1）整体结构的简化。框架结构是空间结构，为简化计算，可取出其中的一榀（房架一个叫一榀）框架，将其简化为平面框架进行计算。

（2）构件的简化。梁和柱的截面尺寸相对于整个框架来说较小，因此，可将其简化为杆件，梁和柱的连接点可简化为刚性连接。

经上述简化后，复杂的框架结构可以用结构力学对其进行受力计算分析。

2. 结构荷载计算

结构模型建立完成后，计算受力必须清楚该结构所受荷载的种类和传力路线。

（1）荷载种类。建筑物上的结构荷载主要有恒载、活载、积灰荷载、雪荷载、风荷载、地震荷载等。

（2）传力路线。在框架结构中，荷载的传递路径：板→次梁→主梁→柱→基础→地基。

（3）荷载计算。按照规范要求，逐一计算所有荷载。

3. 构件内力计算和构件选择

绘制出计算模型和其所受荷载后，可进行内力计算。

（1）先依据经验估计梁柱的截面尺寸，然后即可进行内力和变形计算。

（2）计算出构件的内力后，再依据内力，进行梁柱配筋的计算和梁柱的强度、稳定性、变形的检查，如果不符合要求，重新设计截面尺寸，再重新计算内力，依次循环。

4. 施工图纸的绘制

施工图纸必须规范，因施工人员是按图纸施工的，只有按规范绘制的图纸，施工人员才能识别，也才能按照图纸正确施工。

7.4　计算机在土木工程中的应用

近几年来，随着计算机技术的不断进步，计算机、特别是微型计算机在我国取得了广泛应用。在微机迅速普及的同时，计算机应用水平也得到了很大程度的提高，多媒体、网络等技术遍地开花。特别是网络技术的推广应用，将改变人们传统的工作方式，给土木工程工作者带来很多的便利。

7.4.1　计算机辅助设计 CAD

计算机辅助设计（Computer Aided Design，简称 CAD）是一种利用计算机硬、软件系统辅助人们对产品或工程进行设计的方法和技术，是一门多学科综合应用的新学科。到目前为止，计算机应用已经渗透到了机械、电子、建筑等领域当中，利用计算机，人们可以进行产品的计算机辅助制造（Computer Aided Make，简称 CAM）、计算机辅助工程分析（Computer Aided Engineering，简称 CAE）、计算机辅助工艺规划（Computer Aided Processing Planning，简称 CAPP）、产品数据管理（Product Data Management，简称 PDM）、企业资源计划（Enterprise Resource Planning，简称 ERP），等等。

CAD 系统准确地讲是指计算机辅助设计系统，其内容涵盖产品设计的各个方面。把计算机辅助设计和计算机辅助制造集成在一起，称为 CAD/CAM 系统。习惯上工程界把 CAD/CAM 系统甚至 CAD/CAM/CAE 系统仍然叫做 CAD 系统，这样 CAD 系统的内涵就在无形中被扩大了。

建筑 CAD 的应用过程复杂，处理信息量大，表达形式多种多样，因此要求计算机容量大、计算速度快和显示分辨率高，即对硬件要求很高。随着微机性能的不断提高，特别是引进国外高性能的图形软件后，使国内出现了众多的基于 AutoCAD 平台的建筑及设备专业 CAD 软件，可以进行三维造型，自动生成平、立、剖面施工图，渲染图可以表现光影、质感和纹理，我国自己开发的建筑设计软件有：HOUSE 建筑 CAD 软件包、AUTO-BUILDING（ABD）建筑绘图软件等。国外引进的图形处理软件有 3D Studio、3DMAX、Adobe Photoshop 和 CorelDraw 等。设备专业软件功能强大，三维模型解决了碰撞问题，丰富的零件库为 CAD 设计提供了极大的方便。

随着计算机硬件和软件的飞速发展，计算机推广应用的条件成熟了。CAD 软件的发展和普及，使我国的设计水平缩小了与发达国家的距离。CAD 的应用水平已成为衡量一个设计单位或工程施工单位技术水平的重要标志及对外竞争投标的强有力的手段。建筑工程 CAD 可以解决建筑设计方案、结构布置和分析、施工图到预算等工作。

7.4.2　工程结构计算机仿真分析

计算机仿真技术把现代仿真技术与计算机发展结合起来，通过建立系统的数学模型，以计算机为工具，以数值计算为手段，对存在的或设想中的系统进行实验研究。在我国，自从 20 世纪 50 年代中期以来，系统仿真技术就在航天、航空、军事等尖端领域得到应用，取得了重大的成果。自 20 世纪 80 年代初开始，随着计算机的广泛应用，数字仿真技术在土木工程、自动控制、电气传动、机械制造、造船、化工等工程技术领域也得到了广泛应用。

计算机仿真是利用计算机对自然现象、系统工程、运动规律以至人脑思维等客观世界进行逼真的模拟。这种仿真是数值模拟进一步发展的必然结果。在土木工程中已开始应用计算机仿真技术，解决了工程中的许多疑难问题。

虚拟现实（Virtual Reality，简称 VR）在表示真实世界时，可以突破物理空间和时间约束，做到"超越现实"；在表示虚拟世界时，又能使其中的虚拟物体表现出多维逼真感，以达到"身临其境"的感受。最后形成一种"人能沉浸其中、超越其上、进出自如、交互作用的多维信息空间"。VR 技术为用户提供了一种新型的人机接口，它利用计算机生成的交互式三维环境，不仅使参与者能够感到景物或模型十分逼真地存在，而且能对参与者的运动和操作做出实时准确的响应。虚拟现实中的景物可以是真实物体的模型，如还没施工的房屋、正在设计中的工厂或产品的工程模型。无论怎样，它们都利用了现实世界中存在的数据，将计算机产生的电子信号，通过多种输出设备转换成能够被人类感觉器官所感知的各种物理现象，如光波、声波、力等，使人感受到虚拟境界的存在。这种境界是计算机生成的，又是现实世界的反映，是真真实实的一种表现形式。

有限元分析（Finite Element Analyse，简称 FEA）作为计算机仿真的重要手段在土木工程有着极其广泛的应用，其实质在于用大量离散的单元代表一个给定的域。

1941 年 Hrenikoff 提出了所谓的网格法，它将平面弹性体看做一批杆件和梁；1943 年 Courant 提出了在一个子域上采用逐段连续函数来接近未知函数。Hrenikoff 和 Courant 提出的无疑是有限元方法（Finite Element Method，简称 FEM）的关键特性，但正式的有限元法的文献则应归功于 Argyris、Kelsey、Turner、Clough、Martin 和 Topp，其中 Clough 于 1960 年第一次使用了"有限元"这个名词，其后有限元的研究开始迅速发展，在结构力学、流体力学、电学、热力学、核物理等方面都有着极为重要的应用。

常见的通用有限元分析程序，如 ANSYS、ABAQUS、DIANA、ADINA、IDARC、ALGOR 等，但对国内影响比较大的是 ANSYS 程序。

7.4.3 土木工程专家系统

1. 人工智能

不同科学或学科背景的学者对人工智能有不同的理解，提出不同的观点，人们称这些观点为符号主义（Symbolism）、联结主义（Connectionism）和行为主义（Actionism）等，或者叫做逻辑学派（Logicism）、仿生学派（Bionicsism）和生理学派（Physiologism），此外还有计算机学派、心理学派和语言学派等。但一般来说人们认为人工智能是模仿和执行人脑的某些智能功能，如判断、推理、证明、识别、感知、理解、设计、思考、规划、学习和问题求解等思维活动。

对于人工智能的技术发展也有几种不同的争论，如专用路线、通用路线、硬件路线以及软件路线等，其研究领域包括语言处理、定理证明、数据检索系统、视觉系统、问题求解、人工智能方法、程序语言设计、自动程序设计以及专家系统等。

2. 专家系统

专家系统是指能够运用特定领域的专门知识，通过推理来模拟通常由人类专家才能解决的各种复杂的、具体的问题，达到与专家具有同等解决问题能力的计算机智能程序系统。它能对决策的过程作出解释，并有学习功能，即能自动增长解决问题所需的知识。

专家系统的三个特点：逻辑判断、过程透明和自我学习。专家系统的结构是指专家系统各组成部分的构造方法和组织形式。系统结构选择恰当与否，是与专家系统的适用性和有效性密切相关的。选择什么结构最为恰当，要根据系统的应用环境和所执行任务的特点而定。

人工智能是现代设计方法的核心，是以自动化为手段，以人类思维为途径，高效解决物质世界问题的科学与技术。专家系统是人工智能的一个分支，它模拟专家的智能，储存专家的专门知识，模仿专家的推理过程，最后生成最优化的设计方案，是一个利用知识和推理过程去解决只有人类专家才能解决的复杂问题的计算机智能程序。

专家系统的研究已有近40年的历史，它得到了越来越多的应用，发表的论文专著也相当多。国外已涌现出了一系列成功的专家系统，如楼板设计系统、结构构件设计等。国内也研究出不少专家系统，应用领域也很广，如城市规划的智能辅助决策系统；建筑工程项目成本测算、施工管理专家系统；现有厂房评估对策专家系统，等等。

复 习 思 考 题

(1) 简述荷载与作用效应的基本概念，荷载按随时间的变异分类有哪些？

(2) 我国工程结构设计经历了几个阶段？

(3) 什么叫容许应力法？什么叫概率极限状态法？

(4) 简述容许应力法的特点。

(5) 简述概率极限状态法的特点。

(6) 什么是结构失效？表现在哪些方面？

(7) 计算机辅助设计系统有哪些形式？

(8) 常用的工程结构计算机仿真分析系统有哪些？

第8章 项目管理与法规

8.1 土木工程建设的基本程序

我国工程建设的基本程序共分为6个阶段，每个阶段又包含若干环节。

（1）项目建议书阶段。即建设单位向国家或主管单位提出建设某一项目的建议文件。

（2）可行性研究阶段。即在项目建议书批准后进行的可行性研究。通过多方案比较，提出评价意见，推荐最佳方案，为项目的决策提供依据。

（3）设计阶段。在可行性研究报告批准后，进行初步设计、技术设计和施工图设计。

（4）建设准备阶段。根据已批准的初步设计和施工图设计，组织招投标，确定施工单位。

（5）建设实施阶段。建设项目开工报告经有关部门批准后，可进入施工阶段，即实施阶段。

（6）竣工验收阶段。建设工程完成后，需组织竣工验收。验收合格后，施工单位将建设项目移交给建设单位，标志着建设单位又增加了一项固定资产。

该过程具体介绍如下。

1. 立项、报建

立项和报建是工程项目建设程序的第一步。其主要内容包括说明工程项目目的、必要性和依据；拟建规模、建设条件及可能性的初步分析；投资估算和资金来源；项目的进度安排；经济效益和社会效益估计等。将上述内容写成书面报告，报请上级主管部门批准兴建。

2. 可行性研究

批准立项后，对项目建设建议书所列内容进行可行性研究。需对项目建设的必要性；建设规模、生产工艺、主要设备等相应的技术经济指标；技术上的可能性和先进性；经济上的合理性和有效性，资金来源、成本利润、经济效益和社会效益；对建设地点、限期、环境要求等问题进行具体分析与论证。

3. 建设项目选址

按照建设布局的需要，以及经济合理和节约用地的原则，考虑环境保护的要求，认真调查原料、能源、交通、地质等建设条件，在综合研究和进行多方案比较的基础上，提交选址报告。最后确定的项目建设地点以城市规划部门和上级主管部门的批准文件为准。

4. 勘察设计

在建设项目的可行性报告获得批准后，由建设单位组织编制工程地质勘察任务书和设计任务书。勘察任务书应说明设计阶段、工程概况、勘察目的与内容等。设计任务书的内容包括拟建项目的组成、使用面积、使用要求、质量标准、建设期限等。

土木工程设施是建造在某个具体位置上的，通过地形测量工作，形成建设地点的地形图，以明确拟建场地上的地表现状。接下来需对建设地点所属地基和场地进行地质、水文勘察工作，提出关于拟建工程基础埋置深度、持力层的承载力、地下水位情况，以及不良地基如何处理的建议。

上述工作均完成后，建设单位应用设计任务书通过招投标选择设计单位，由设计单位按要求在规定的时间内交付相关设计文件。对于建筑工程，施工阶段的设计文件主要包括：全套建筑、结构、给排水、供热制冷通风、电气的施工图纸和相应的设计说明、计算书等。

5．工程项目招标和投标

工程项目招投标制度是建设单位与承包单位之间通过招标投标签订承发包工程设计（勘察）合同或施工合同的管理制度。它是商品经济的产物，具有竞争性，对促进承发包双方加强工程管理、缩短建设周期、确保工程质量、控制工程造价、提高投资效益有重要作用。

6．工程施工

将设计的施工图转变为实际的建筑物即工程施工过程。施工由施工准备、各工种施工实施和竣工验收三部分组成。整个施工过程由建设单位通过招投标工作择优选定的中标施工企业完成。

7．竣工验收、交付使用

竣工验收、交付使用是土木工程施工的最后阶段。在此阶段，对工程项目进行全面的检查验收，并绘制竣工图。将有关工程项目合理使用、维护、改建、扩建的参考文件和资料等提交建设单位保存、归档备查、备用。

8.2　招标与投标

8.2.1　工程项目招标投标概述

工程建设项目的招标投标制度是伴随着建筑市场的形成而逐步发展和完善起来的。建设工程招标投标，是指建设单位或个人（即业主或项目法人）通过招标的方式，将工程建设项目的勘察、设计、施工、材料设备供应、监理等业务，一次或分步发包，由具有相应资质的承包单位通过投标竞争的方式承接。整个招标投标过程，包含着招标、投标和定标3个主要阶段。

我国土木工程招标投标制，是在国家宏观指导和调控下，自觉运用价值规律和市场竞争规律，从而提高土木工程产品供求双方的社会效益的一种手段。其竞争目的是满足社会不断增长的需求；其竞争手段，必须为国家法规与社会主义精神文明和职业道德规范所允许。

我国指导招标投标工作的国家法律是《中华人民共和国招标投标法》和以此为依据的相关行政规章和地方法规。《中华人民共和国招标投标法》对招标投标的内容、程序等都作出了明确的规定，集中体现了市场经济要求的"公平、公正、公开"的基本原则。

1. 基本概念

标，是指发标单位标明项目的内容、条件、工程量、质量、工期、标准等的要求，以及不公开的工程价格（标底）。

标底，是建设项目造价的表现形式之一。它是由招标单位自行编制或委托经建设行政主管部门批准具有编制标底资格和能力的中介机构代理编制，并经当地工程造价管理部门核准审定、最终形成的发包价格，是招标者对招标工程所需费用的自我测算和预期，也是判断投标报价合理性的依据。

建设项目投标报价，是指施工单位、设计单位或监理单位根据招标文件及相关计算工程造价的资料，按一定的计算程序计算出的工程造价或服务费用。在此基础上，考虑投标策略及各种影响工程造价的因素，提出投标报价。

招标，是指项目建设单位将建设项目的内容和要求以文件形式标明招引项目承包单位来报价，经比较选择理想承包单位并达成协议的活动。对于业主来说招标就是择优。

投标，是指承包商向招标单位提出承包该工程项目的价格和条件供招标单位选择以获得承包权的活动。对于承包商来说参加投标就如同参加一场比赛。因为它关系到企业的兴衰存亡。

2. 建设工程招标投标的适用范围和分类

（1）建设工程招标投标的适用范围。包括工程项目的前期阶段（可行性研究、项目评估等）及建设阶段的勘测、设计、工程施工、材料设备采购、技术培训、试生产等各阶段的工作。由于这两个阶段的工作性质有很大差异，实际工作往往分别进行招标投标，也有实行全过程招标投标的。

（2）建设工程招标投标的分类。

1）按工程建设程序分类，可分为建设项目可行性研究招标投标；工程勘察、设计招标投标；材料设备采购招标投标；施工招标投标。

2）按行业和专业分类，可分为工程勘察设计招标投标；设备安装招标投标；土建施工招标投标；建筑装饰装修施工招标投标；工程咨询和建设监理招标投标；货物采购招标投标。

3）按建设项目的组成分类，可分为建设项目招标投标；单项工程招标投标；单位工程招标投标。

4）按工程承发包的范围分类，可分为工程总承包招标投标；工程分承包招标投标；工程专项承包招标投标。

5）按工程是否有涉外因素分类，可分为国内工程招标投标和国际工程招标投标。

3. 建设工程招标投标制度的特点

通过竞争机制，实行交易公开。鼓励竞争、防止垄断、优胜劣汰、实现投资效益。通过科学合理的（去掉的）规范化的监管机制和运作程序，可有效地杜绝不正之风，保证交易的公正和公开。

8.2.2 工程项目招标

1. 建设工程招标的条件、程序及方式

（1）建设工程项目招标的条件。为确保招标过程顺利进行，申请招标项目必须具备的条件为：概算已批准；建设用地的征用工作已经完成；满足施工需要的图纸及技术资料已具备；项目资金来源已落实；建设工程施工许可证已核发。

（2）建设工程招标的程序。业主方作为建设项目招标的主体或招标人，在招标投标活动中处于中心的地位。业主方在招标过程中的工作内容和工作程序如下。

1）确定自行组织招标活动或委托中介机构组织招标。具备自行招标资格的招标单位自行办理招标事宜的，应当建立专门的招标工作机构，并向招标投标行政监督机构备案。招标单位不具备自行招标条件的，应委托有资格的招标代理机构组织招标活动。

2）确定招标方式。《中华人民共和国招标投标法实施条例》规定的招标方式有两种：公开招标和邀请招标。

3）决定对潜在投标单位的资格审查方式。对潜在投标单位的资格审查，通常分为资格预审、资格后审两种方式。为减少评标的工作量，目前一般采用资格预审方式审查投标单位的资质。

4）结合拟招标工程的特点，编制招标文件。

5）发布招标公告或发出招标邀请书，接受投标单位投标申请。

6）招标单位审查申请投标单位的资格，并将审查结果同时告知申请投标单位。向审查合格的投标单位分发招标文件。

7）组织投标单位踏勘现场，召集标前答疑会，解答投标单位就招标文件提出的问题。

8）在招标投标行政监督部门的监督下，组织开标、评标和定标。确定中标单位。

9）发出中标和未中标通知书，收回发给未中标单位的图样和技术资料，退还投标保证金或保函。

10）与依法产生的中标人进行合同谈判，并签订建设工程承包合同。

（3）建设工程招标的方式。

1）公开招标。是指招标单位以招标公告的方式邀请不特定的法人或者其他组织投标。招标单位按照法定程序，在公共媒体上发布招标公告，凡符合规定条件的企业都可以平等参加投标竞争，招标单位在众多的投标单位中择优选择中标者的招标方式。现在我国实行公开招标的工程建设项目越来越多，公开招标方式越来越普遍。

2）邀请招标。是由招标单位用投标邀请书的方式邀请自己了解的或他人介绍的特定法人或者其他组织投标。采用邀请投标，招标单位对被邀请的承包商一般较为了解，因此被邀请的单位数目不宜过多，以免浪费投标单位的人力和物力。同时，该方式因其接受邀请的投标单位的数量较少、竞争性降低、局限性较大而被限制采用。

2．我国招标工作机构

我国招标工作机构主要有以下 3 种形式：

（1）由建设单位的基本建设部门或实行建设项目法人责任制的业主单位负责有关招标的全部工作。

（2）由政府主管部门设立"招标领导小组"或"招标办公室"之类的机构，统一处理招标工作。

（3）专业化的招标代理机构受建设单位委托，承办招标的技术性和事务性工作，决策仍由业主单位负责。

8.2.3 工程项目投标

建设工程承包企业通过招标单位发布的招标公告掌握招标信息，对感兴趣的工程项目可申请参加投标，办理资格预审，通过资格预审后，即可领取招标文件，进行投标文件的编制工作，投送标书参与竞标。

1. 投标准备工作

（1）投标组织。是指投标单位在进行工程投标时，要有专门机构和人员对投标的全过程进行组织和管理。建立投标工作机构，集经营管理、专业技术、商务、金融于一体的投标管理组织。它是投标能否获得成功的重要保证。

（2）充分采集招标投标的信息资料。投标单位应广泛收集招标投标的信息，做到投标报价时心中有数，在竞争中把握先机。

（3）决定是否参加投标。一项工程能否进行投标，需要从人力资源能否符合招标工程的要求；机械设备能力是否达到要求；对工程的熟练程度和管理经验是否与招标工程要求相符等各方面的信息进行综合分析，如果条件基本能满足，就可决定进行投标。

2. 施工项目投标的程序

投标单位办理并通过资格预审后，已经具备了投标资格，即可领取招标文件，进行投标文件的编制工作。投标文件的编制工作是整个投标过程中最主要、最根本的步骤，它决定着项目投标的成败。建设工程施工投标主要步骤包括研究招标文件、调查投标环境、确定投标策略、制订施工方案、估算工程成本、确定投标价格，最后编制投标文件并送达投标文件参与竞标。

（1）研究招标文件、调查投标环境。领取招标文件后，整个投标工作进入实质性的准备阶段。首要工作是认真仔细地研究招标文件，充分了解其内容与要求，以便部署和安排投标工作，并发现需提请招标单位予以澄清的疑点。按照招标文件规定的时间、地点，参加招标单位组织的现场踏勘和标前答疑会。投标环境是指招标工程项目施工的自然、经济和社会条件。这些条件是工程施工的制约因素，必然影响工程成本和工期，投标报价时必须考虑，应在报价之前尽可能地了解清楚。

（2）投标策略。在仔细研究招标文件、对投标环境作了深入调查后，投标单位可就是否投标再一次作出决策。建筑企业参加投标竞争，目的在于得到对自己最有利的施工合同，从而获得尽可能多的盈利。为此，作出投标决策后，必须研究投标策略。投标策略的选择，是投标单位在投标书编制过程中最主要、最根本的决策。

最常用的投标策略有：中标策略与不均衡报价策略。

（3）制定施工方案。一个优良的施工方案，需要采用先进的施工方法、合理的工期安排，充分有效地利用现有施工机械设备，均衡地安排劳动力和器材进场，以尽可能减少临时设施和资金的占用。它不仅关系到工程项目的工期，并直接决定了工程成本和投标报价。

（4）报价。报价是投标全过程的核心工作，不仅是能否中标的关键，而且对中标后履行合同能否盈利和盈利多少也在很大程度上起着决定作用。国内工程投标报价的内容是建筑安装工程费的全部内容。凡是报价范围内各项目的报价都应包括组成建筑安装工程费的各个项目，不可重复和遗漏。明确了报价范围和报价的内容后，应进一步熟悉施工方案，验算工程量，依照造价管理部门统一制定的概算预算定额确定分部分项工程单价，为报价奠定坚实基础。

（5）投标文件的汇编和投送。投标文件也称为"标书"，是按照投标须知要求，投标单位必须按规定格式提交给招标单位的全部文件。主要内容包括：投标函、商务部分和技术部分。编制投标文件，必须严格遵守国家的有关标准和规定，符合投标须知规定的各项要求。投标文件在投标截止期之前送达招标单位，避免迟到作废。

（6）开标、评标和中标。投标单位按预定时间参与招标单位组织的公开开标，开标由招标单位主持，邀请所有投标单位参加。招标单位在招标文件中要求的提交投标文件的截止时间前收到的所有投标文件，开标时都应当当众予以拆封、宣读。开标后进入评标阶段。投标单位应招标单位的要求，澄清投标书中的相关内容、技术细节、改正投标书中的明显错误。评标由招标单位依法组建的评标委员会负责，按照招标文件确定的标准与方法，对投标文件进行评审和比较，并对评标结果签字确认。经过评标后，最后择优选择中标单位。中标的投标单位与招标单位进行合同前谈判，并订立与中标通知书内容相一致的建设工程承发包合同。未中标的投标单位对招标投标内容、程序等合法性有异议的，或中标单位对招标单位在合同谈判中的行为有异议的，均可向招标单位提出异议或向招标投标行政监督部门投诉。

8.3　土木工程施工项目管理

8.3.1　施工项目管理概念

1. 施工项目的概念

（1）项目。是指作为管理对象，按限定时间、预算和限定质量标准完成的一次性任务，如土建工程、装饰工程、设备安装工程等均可作为一个项目。项目具有以下 3 个特点。

1）项目的一次性（单件性）。即不可能有与此完全相同的第二个项目，这是项目的最主要特点。

2）项目目标的明确性。包括成果目标和约束目标。

3）项目管理的整体性。

一个项目必须同时具备以上 3 个特点。

（2）建设项目。是指需要一定量的投资，经过决策、设计、施工等一系列程序，在一定约束条件下以形成固定资产为明确目标的一次性事业。它包括基本建设项目和技术改造项目。建设项目是项目中重要的一类。

（3）施工项目。是指施工企业对一个建筑产品的施工过程及成果，即施工企业的生产对象。它可以是一个建设项目的施工，也可以是其中的一个单项工程或单位工程的施工。

2. 施工项目管理的概念

（1）项目管理是为使项目获得成功所进行的决策、计划、组织、控制与协调等活动的总称。其主要内容是"三控制、二管理、一协调"。

（2）施工项目管理。是由施工企业对施工项目所进行的决策、计划、组织、控制与协调等活动的总称。施工项目管理的主体是施工企业，其管理对象是施工项目；管理内容涉及从投标开始到交工为止的全部生产组织与管理及维修；管理范围为承包合同规定的承包范围，即建设项目单项工程或单位工程的施工；管理任务是生产建筑产品，从而获取利润。施工项目管理要求强化组织协调工作。由于施工项目生产活动的特殊性、流动性、工期长、需要资源多，且施工活动涉及复杂的各种关系，因此，必须通过强化组织协调工作才能保证施工活动顺利进行。

3. 施工项目管理在建设程序中的地位

施工项目管理在建设程序中占有十分重要的地位。在管理周期上，从工程投标签订合同阶段开始至竣工验收、售后服务阶段为止，周期横跨了建设程序中的建设准备、实施及竣工验收三个阶段；在管理内容上，包括了工程施工合同中的全部内容；在管理目的上，对加强施工企业内部经济核算，发挥投资效益，使用户满意，都具有重要作用。

4. 施工项目管理的内容

（1）建立施工项目管理组织。

（2）编制施工项目管理规划。

（3）进行施工项目的目标控制。

（4）施工项目的生产要素管理。

（5）施工项目合同管理。

（6）施工项目信息管理。

（7）施工现场管理。

（8）组织协调。

5. 施工项目管理的组织机构

施工项目管理的组织机构是施工企业管理组织机构的重要组成部分。其设置目的是为了进一步发挥项目管理功能，提高项目整体管理水平，以达到项目管理的最终目标。

施工项目管理的组织机构按目的性、精干高效、管理跨度与管理层次统一、业务系统化、弹性和流动性设置。其组织形式主要有工作队式项目组织机构、部门控制式项目组织机构、矩阵式项目组织机构。各形式组织机构各具特点及适用范围。企业应根据自身的素质、任务、条件、基础与施工项目的规模、性质、内容、要求的管理方式等因素综合分析，选择最适宜的项目组织形式。

6. 施工项目经理部的建立与解体

施工项目经理部是由企业授权，并代表企业履行承包合同进行项目管理的组织机构。项目经理部因工程项目的规模、复杂程度和专业特点设置。其人员配置应面向施工项目现场，满足现场的计划与调度、技术与质量、成本与核算、劳务与物资等的需要，不宜设置与施工项目关系较小的非生产性部门。项目经理部是一个弹性的一次性施工生产组织，随工程任务的变化而调整，不是一级固定性组织。项目经理部随项目管理任务完成而解体。

7. 施工项目的主要管理制度

按施工企业承担的施工项目性质不同，施工项目管理制度也不尽相同。归纳起来，主要有两大类：第一类属于统一执行公司的管理制度，如项目经理承包责任制、经济合同管理实施办法、业务系统化管理实施办法等；第二类属于项目经理部制定的管理制度，主要是计划管理制度，施工技术管理制度，质量、安全管理制度，材料、设备管理制度，劳动人事管理制度等。

8.3.2　施工项目合同管理

1. 施工项目承包合同

合同也称契约，是指两个或两个以上当事人为实现一定的目的而依法签订的确定各自权利与义务关系的协议。

施工项目承包合同是指承发包双方为完成建设工程任务依法签订的经济契约，它是保证工程顺利实施的重要手段。投标单位确定后，中标单位应在规定的时限内和招标单位签订工程施工承包合同，明确当事双方的权利、义务和责任。合同一经签订，即具有法律效力，受国家法律保护。

2. 施工项目合同管理概述

施工项目合同管理是对工程项目施工过程中所发生的或所涉及的一切经济、技术合同的签订、履行、变更、索赔、争议解决、终止与评价所进行的管理工作。

施工项目合同管理的任务是根据法律、政策的要求，运用指导、组织、检查、考核、监督等手段，促使当事人依法签订合同，全面、实际地履行合同，及时妥善地处理合同争议和纠纷，不失时机地进行合同索赔，预防发生违约行为，避免造成经济损失，保证合同目标顺利实现，从而提高企业的信誉和竞争能力。

施工项目合同管理的内容如下：

（1）建立健全施工项目合同管理制度。

（2）经常对合同管理人员、项目经理及有关人员进行合同法律知识教育，提高合同业务人员的法律意识和专业素质。

（3）在谈判签约阶段，重点是了解对方的情况，监督双方依照法律程序签订合同，组织、配合有关部门做好施工项目合同的签订、公证工作，并在规定时间内送交合同管理机关等有关部门备案。

（4）合同履约阶段，主要是检查合同的执行情况并作好统计分析。

（5）合同的保管和归档。

3. 建设工程施工合同的内容

我国施工合同使用建设部于 1999 年 12 月颁发的《建设工程施工合同（示范文本）》（GF—1999—0201）。

该合同文本由协议书、通用条款、专用条款三部分组成，并附有承包人承揽工程项目一览表、发包人供应材料设备一览表、工程质量保修书等三个附件。

4. 合同的履行、违约责任与工程索赔

（1）合同的履行。施工合同一旦生效，对发包方、承包方都具有法律约束力。在合同有效期内，每一方都必须全面履行合同规定的义务和责任，并享有相应的权利。合同履行的好坏，不仅会影响一个承包项目的成败盈亏，也会影响企业的信誉和发展前途，应给予足够重视。

（2）违约责任。违约是指在合同履行过程中，发包方或承包方发生不能继续履行合同的任何行为。违约责任，是指违约行为发生后，违约方应承担的责任，这在合同中都应明确规定。合同双方详细了解这些规定，一是为了使自己不发生违约行为，避免违约责任造成的损失；二是对方发生违约行为时，明确知道违约方应承担的责任，以保护自己的合法权益。

（3）工程索赔。索赔的一般概念是指在经济合同实施过程中，合同一方当事人因非自己的原因使合同不能履行或不能全面履行而遭受损失，向对方提出赔偿或补偿的要求。

在工程承包活动中，承包商索赔的范围是指凡不属于承包商自身的原因而造成的工期延长或过程成本增加，一般都可以提出索赔要求。

5. 合同纠纷的调解与仲裁

根据合同法的明确规定，合同双方发生纠纷时，当事人应及时协商解决；协调不成时，任何一方均可向国家批准的合同管理机关申请调解或仲裁，也可向人民法院起诉。

解决合同纠纷的方式有以下三种：

（1）双方自行协商解决。合同履行过程中，由于改变建设方案、变更设计、改变投资规模等方式增减了工程内容，打乱了原施工部署，此时双方应协商签订补充合同。由于合同变更给对方造成经济或工期损失，应本着公正合理的原则协商解决，并及时办理签证手续。当发生争议时，双方应本着实事求是的原则，尽量求得合理解决。

（2）仲裁机关仲裁。工程承包合同仲裁，是指争议双方经协商、调解无效，当事人一方或双方申请由国家批准的仲裁机构进行裁决处理。

（3）司法解决。司法解决合同纠纷，是指争议双方或一方对仲裁不服时，可在收到仲裁裁决书之日起的规定时间内向法院起诉，或直接向人民法院起诉。

8.3.3 施工项目成本管理

1. 施工项目成本管理概述

（1）施工项目成本概念。简单地说，施工项目成本是某施工项目在施工过程中所发生的全部生产费用的总称。按照建设项目施工过程中所发生的费用支出，施工项目的费用由直接费和间接费两部分组成。直接费是指在工程施工中直接用于施工实体上的人工、材料、设备和施工机械使用费等费用的总和，包括人工费、材料费、机械使用费和其他直接费。间接费是指工程施工中组织和管理工程施工所需的各项费用，主要由施工管理费和其他间接费组成。

（2）施工项目成本控制的概念、意义及作用。施工项目成本控制，是指项目经理部在项目成本形成的过程中，为控制人工、机械、材料消耗和费用支出，降低工程成本，达到预期的项目成本目标，所进行的成本预测、计划、实施、核算、分析、考核、整理成本资料与编制成本报告等一系列活动。它已成为建设工程施工项目管理向深层次发展的主要标志和不可缺少的主要内容之一。项目成本控制的意义和作用主要体现在：它是产品市场竞争能力的价格表现，是施工项目实现经济效益的内在要求，是确立施工项目经济责任成本、实现有效控制和监督的重要手段，它也是动态反映施工项目一切活动的最终水准。

（3）施工项目成本控制的原则。施工项目成本控制应遵循全面控制、动态控制、增收与节支相结合的原则。

　　2. 施工项目成本控制的程序

　　施工项目成本控制的程序，是指从费用估算开始，经过编制费用计划，采取降低费用的措施，进行费用控制，直到费用核算与分析为止的一系列成本管理步骤。

　　3. 施工项目成本控制的内容和方法

　　施工项目成本控制的主要内容有：材料费的控制，包括材料用量、材料价格的控制；人工费的控制；机械费的控制和管理费的控制。

　　施工项目成本控制的方法如下。

　　(1) 以施工图预算控制成本支出。

　　(2) 以施工预算控制人力资源和物质资源的消耗。

　　(3) 建立资源消耗台账，实行资源消耗中间控制。

　　(4) 采用成本与进度同步跟踪的方法控制分部分项工程成本。

　　(5) 建立项目成本审核签证制度，控制成本费用支出。

　　(6) 坚持现场管理标准化，堵塞浪费漏洞。

　　(7) 定期开展统计核算、业务核算、会计核算同步检查，防止项目成本盈亏异常。

　　(8) 应用成本控制的财务方法来控制项目成本。

　　4. 降低工程项目成本的途径和措施

　　降低工程项目成本的途径，应该是既开源又节流，或者说既增收又节支。只开源不节流，或者只节流不开源，都不可能达到降低成本的目的。

　　(1) 认真会审图纸，积极提出修改意见。

　　(2) 加强合同预算管理，增加工程预算收入。

　　(3) 制定先进的、经济合理的施工方案。

　　(4) 组织均衡施工，加快施工进度。

　　(5) 减低材料成本。

　　(6) 提高机械利用率。

　　(7) 落实组织与技术措施。

　　(8) 用好用活激励机制，调动职工增产节约的积极性。

　　5. 施工项目成本核算

　　施工项目成本核算对象，是指在计算工程成本中确定归集和分配生产费用的具体对象，即生产费用承担的客体。成本核算的前提和首要任务是执行国家有关成本开支范围、费用开支标准、工程预算定额和企业施工预算、成本计划的有关规定，控制费用，促使项目合理、节约地使用人力、物力和财力。成本核算的中心任务是正确及时地核算施工过程中发生的各项费用，计算施工项目的实际成本。成本核算的根本目的是反映和监督工程项目成本计划的完成情况，为项目成本预测和施工生产、技术、经营决策提供可靠的成本报告和有关资料，促使项目改善经营管理，降低成本，提高经济效益。

　　6. 施工项目成本分析

　　施工项目的成本分析，是根据统计核算、业务核算和会计核算提供的资料，对项目成本的形成过程和影响成本升降的因素进行分析，以寻求进一步降低成本的途径，包括项目成本中的有利偏差的挖掘和不利偏差的纠正。另外，通过成本分析，可通过账簿、报表反映的成本现象分析成本的实质，从而增强项目成本的透明度和可控性，为实现项目成本目标创造条件。

成本分析的内容就是对项目成本的变动因素进行分析，其重点应放在影响工程项目成本升降的内部因素上，即材料、能源利用的效果；机械设备的利用效果；施工质量水平的高低；人工费用水平的合理性等。

成本分析的原则：实事求是、用数据说话、注重时效和为生产经营服务。

成本分析的基本方法有：比较法、因素分析法、差额计算法、比率法等。

8.3.4　施工项目进度管理

1. 施工项目进度管理概述

（1）施工项目进度控制的概念。施工项目进度控制是指在既定的工期内编制出最优的施工进度计划；在执行该计划的过程中，经常检查施工实际进度情况，并将其与计划进度相比较；若出现偏差，分析产生的原因和对工期的影响程度，采取必要的调整措施或修改原计划；如此不断地循环，直至工程竣工验收。施工项目进度控制是项目管理中重点目标的控制，是保证工程项目按期完成、合理安排资源供应、节约工程成本的重要措施。其总的目标是确保施工项目的目标工期。

（2）施工项目进度控制的一般规定。

1）施工项目进度控制的方法。主要是规划、控制和协调。在确定施工项目总进度目标和分进度目标的基础上，实施全过程控制。当出现实际进度与计划进度偏离时，应及时采取措施进行调整，并协调好与施工进度有关的单位、部门和工作队、组之间的关系。

2）项目进度控制的措施。包含组织措施、技术措施、经济措施和合同管理措施。通过落实进度控制人员的岗位责任，建立进度控制组织系统及控制工作制度，采用科学的控制方法，及时收集、分析施工实际进度资料，定期向建设单位提供比较报告。

3）项目进度控制的任务。是编制施工总进度计划并控制其执行，按期完成整个施工项目。

4）项目进度控制的程序。根据施工合同确定的开工日期、总工期和竣工日期确定施工进度目标、明确计划开工日期、计划总工期和计划竣工日期；编制施工进度计划；向监理工程师提出开工申请，按监理工程师开工令确定的日期开工；实施施工进度计划；全部任务完成后，进行进度控制总结并提交进度控制报告。

2. 施工项目进度计划的实施

施工项目进度计划的实施就是施工活动的开展，即用施工项目进度计划指导施工活动，落实和完成计划。

（1）施工项目进度计划的审核。项目经理应进行施工项目进度计划的审核，其主要内容包括：

1）进度安排是否符合施工合同确定的建设项目总目标和分目标的要求，是否符合其开工、竣工日期的规定。

2）施工进度计划中的内容是否有遗漏，分期施工是否满足分批交工的需要和配套交工的要求。

3）施工顺序安排是否符合施工程序的要求。

4）资源供应计划是否能保证施工进度计划的实现，供应是否均衡，分包人的资源是否满足进度要求。

5）施工图设计的进展是否满足施工进度计划要求。

6）总分包之间的进度计划是否相协调，专业分工与计划的衔接是否明确、合理。

7）对实施进度计划的风险是否分析清楚，是否有相应的对策。

8）各项保证进度计划实现的措施是否周到、可行、有效。

（2）施工项目进度计划的贯彻。

1）检查各层次的计划，形成严密的计划保证系统。

2）利用施工任务书层层明确责任。

3）进行计划的交底，促进计划的全面、彻底实施。

（3）施工项目进度计划的实施。

1）编制月（旬或周）作业计划。

2）签发施工任务书。

3）做好施工进度记录，填好施工进度统计表。

4）做好施工中的调度工作。

3. 施工项目进度的检查

在施工项目的实施过程中，进度控制人员应经常地、定期地跟踪检查施工实际进度情况，主要是收集施工项目进度材料，进行统计整理和对比分析，确定实际进度与计划进度之间的偏差。其主要工作包括：

（1）跟踪检查工程实际进度。

1）检查期内实际完成和累计完成工程量。

2）实际投入施工的劳动力、机械数量和工作效率。

3）窝工人数、窝工机械台班数及其原因分析。

4）进度管理情况。

5）进度偏差情况。

6）影响进度的原因分析。

（2）对比实际进度与计划进度。将收集的资料整理和统计成具有与计划进度可比的数据后，用施工项目实际进度与计划进度进行比较。通过比较，得出实际进度与计划进度一致、超前、拖后三种情况。通常采用的比较方法有：横道图法、列表比较法、S 形曲线比较法、"香蕉"形曲线比较法、前锋线比较法等。

（3）施工项目进度检查结果的处理。将施工项目进度检查的结果形成进度控制报告，并向有关主管人员和部门汇报。进度控制报告是把检查比较的结果、有关施工进度现状和发展趋势提供给项目经理及其他负责人的最简单的书面形式。

通过检查，向企业提供月度进度报告的内容主要包括：

1）项目实施概况、管理概况、进度概要（改为况）的总说明。

2）施工项目计划进度、形象进度及简要说明。

3）施工图纸提供进度；材料、物资、构配件供应进度；人力资源情况；日历计划。

4）对建设单位、业主和施工者的工程变更指令、价格调整、索赔及工程款收支情况。

5）进度偏差的状况和导致偏差的原因分析；解决问题的措施；计划调整意见等。

4. 施工项目进度计划的调整与控制

（1）施工项目进度偏差的原因分析。影响施工项目进度的因素主要有：

1）工期及相关计划的失误。

2）工程条件的变化。

3）管理过程中的失误。

4）其他原因。

（2）分析进度偏差的影响。通过进度分析比较，如果判断出现进度偏差时，应当分析偏差对后续工作和对总工期的影响。以便采取调整措施，获得符合实际进度情况和计划目标的新进度计划。

（3）施工项目进度计划的调整方法。

1）增加资源投入。

2）改变某些工作间的逻辑关系。

3）资源供应的调整。

4）增减工作范围。

5）提高劳动生产率。

6）将部分任务转移。

7）将一些工作合并。

8.3.5 施工项目质量管理

1. 施工项目质量管理概述

施工项目质量管理的概念。质量有广义与狭义之分。狭义的质量是指产品质量；广义的质量不仅包含产品质量，还包括形成产品全过程的工序质量和工作质量。

（1）产品质量。是具有满足相应设计和使用的各项要求的属性。

（2）工序质量。是人、机器、材料、方法和环境在对产品质量综合起作用的过程中所体现的产品质量。

（3）工作质量。是指为获得产品所必须进行的组织管理、技术运用、思想政治工作、后勤服务等保证产品质量的属性。

质量管理，是指企业为保证和提高产品质量，为用户提供满意的产品而进行的一系列管理活动。施工企业质量管理的发展，一般认为经历了质量检验、统计质量管理和全面质量管理三个阶段。

2. 施工生产要素质量控制

（1）人的控制。人是从事物质生产活动的主体，其总体素质和个体能力，将决定一切质量活动的成果。因此，人作为控制的对象，要避免产生失误；人作为控制的原动力，要充分调动积极性，发挥人的主导作用。

（2）材料的控制。材料主要包括原材料、成品、半成品、构配件等。材料作为工程施工的物质条件，是保证工程施工质量的必要条件之一。对材料的控制主要通过严格检查验收；正确、合理使用；强化收、发、储、运的技术管理、杜绝使用不合格材料等环节来进行控制。

（3）设备的控制。设备包括施工项目使用的机械设备、工具等。对设备的控制主要通过设备采购、运输、检查、安装和调试、正确使用、保养等环节控制。

（4）施工方法的控制。施工方法集中反映在承包商在工程施工过程中所采用的技术方案、工艺流程、控制手段、施工程序等。

（5）环境的控制。创造良好的施工环境，对于保证工程质量和施工安全，实现文明施工，树立企业形象，都有很重要的作用。

3．施工工序质量控制

工序是指一个（或一组）工人在一个工作地对一个（或若干个）劳动对象连续完成的各项生产活动的总和。项目就是由一系列工序所组成。要控制项目质量，首先要控制工序质量。工序质量包括两方面，一是工序活动条件的质量，二是工序活动效果的质量。就质量控制而言，两者是互为关联的。要确保工程项目施工质量，就必须对每道工序的质量进行控制，这是施工过程中质量控制的重点。

4．质量控制方法及步骤

项目质量控制步骤可归纳为 4 个阶段：计划（Plan）、实施（Do）、检查（Check）和处理（Action）。在项目施工质量控制中，这 4 个阶段循环往复，形成 PDCA 循环。

（1）计划。计划阶段的主要工作任务是确定质量目标、活动计划和管理项目的具体实施措施。

（2）实施。实施阶段的主要工作任务是贯彻执行计划阶段制定的措施。

（3）检查。检查阶段的主要工作任务是检查实际执行情况，并将实施效果与预期目标对比，找出存在的问题。

（4）处理。处理阶段的主要工作任务是对检查的结果进行总结和采取有效措施纠偏。

PDCA 循环是不断进行的，每循环一次，就实现一定的质量目标，解决一定的问题，使质量水平有所提高。

5．工程质量问题的分析

工程质量问题的表现形式千差万别，类型多种多样，但究其原因归纳起来主要有以下几个方面：违背建设程序和法规；工程地质勘察失误或地基处理失误；设计计算问题；建筑材料及制品不合格；施工与管理失控；自然条件的影响；建筑结构或设施使用不当等。

6．建筑工程施工质量验收

建筑工程施工质量应按下列要求进行验收。

（1）建筑工程施工质量应符合有关标准和相关专业验收规范的规定。

（2）建筑工程施工质量应符合工程勘察、设计文件的要求。

（3）参加建筑工程施工质量验收的各方面人员应具备规定的资格。

（4）建筑工程施工质量验收均应在施工单位自行检查评定的基础上进行。

（5）隐蔽工程在隐蔽前应由施工单位通知有关单位进行验收，并形成验收文件（如隐蔽工程竣工图等）。

（6）涉及结构安全的试块、试件（如混凝土试块、钢筋试件、钢筋焊接接头等）以及有关材料，应按规定进行见证取样检测。

（7）检验批的质量应按主控项目和一般项目验收。

（8）对涉及结构安全和使用功能的重要分部工程应进行抽样检测。

（9）承担见证取样检测及有关结构安全检测的单位应具有相应资质。

（10）工程的观感质量应由验收人员通过现场检查，并应共同确认。

单位工程完工后，施工单位应自行组织有关人员进行检查评定，并向建设单位提交工程验收报告。建设单位（项目）负责人组织施工（含分包单位）、设计、监理等单位（项目）负责人进行单位（子单位）工程验收。质量验收合格后，建设单位应在规定时间内将工程竣工验收报告和有关文件报建设行政管理部门备案。

8.4 我国建设法规

8.4.1 建设法规概述

1. 建设法规的基本概念

建设法规是指由国家制定的规范建设活动文件的总称，包括建设法律规范和建设工程标准两大类。它是我国法律体系的重要组成部分。

建设法规指的是由国家制定或认可、由国家强制力保证其实施的行为规则。它包括国家立法机关或其授权的行政机关制定的，旨在规范国家及其有关机构、企事业单位、公民之间在建设活动中发生的各种社会关系的法律、法规、规章的统称。

2. 建设法规的类型

目前，我国建设法规体系由以下5个层次组成。

（1）建设法律。指由全国人民代表大会及其常委会制定颁布的属于国务院建设行政主管部门业务范围的各项法律。它们是建设法规体系的核心和基础。

（2）建设行政法规。指由国务院制定颁布的属于建设行政主管部门业务范围的各项法规。

（3）建设部门规章。指由国务院建设行政主管部门或其与国务院其他相关部门联合制定颁布的规章。

（4）地方性建设法规。指由省、自治区、直辖市人民代表大会及其常委会制定颁布的或经其批准的由下级人大或常委会制定的建设方面的法规。

（5）地方建设规章。指由省、自治区、直辖市人民政府制定颁布的或经其批准的由其所辖城市人民政府制定的建设方面的规章。

3. 建设法规调整的对象

任何法律都以一定的社会关系为其调整对象。建设法规调整的对象主要是城市建设、村镇建设、工程建设和建筑业、房地产业、市政公用事业活动中所产生的各种社会关系。

建设法规的调整对象又具体涉及调整各种建设活动中所发生的社会关系。建设关系主要包括建设活动中的行政管理关系、经济协作关系、民事关系等。

8.4.2　我国建设法规体系

建设法规体系是将已经颁布和需要制定的法律、法规、规章等科学地衔接起来，形成一个紧密联系、相互补充、协调配套的完整统一体系，用以指导和规范工程建设活动。我国建设法规体系是由城市规划法、市政公用事业法、村镇建设法、风景名胜区法、工程勘察法、建筑法、城市房地产管理法、住宅法共 8 部关于专项建设的法律组成，构成我国建设法规体系的顶层，并由城市规划法实施条例等 38 部行政法规对上述法律加以细化和补充。建设行政主管部门和各省、自治区、直辖市等地方人民代表大会和人民政府还可制定相应的建设规章，从而形成一个完整的建设法规体系。

（1）《中华人民共和国城市规划法》，调整人们在制定和实施城市规划及在城市规划区内进行各项建设活动中发生的社会关系。其立法目的在于确定城市的规模和发展方向，实现城市的经济和社会发展目标，合理地制定城市规划和进行城市建设。

（2）《中华人民共和国城市房地产管理法》，调整城市房地产业和各项房地产经营活动及其社会关系。其立法目的是保障城市房地产所有人、经营人、使用人的合法权益，促进房地产业的发展，适应社会主义现代化建设和人民生活的需要。

（3）《中华人民共和国建筑法》，调整在土木建设工程、线路管道和设备安装工程的新建、扩建、改建活动及建设装饰装修活动中发生的建设管理关系，以及与建设管理关系密切联系的建设协作关系。土木建设工程，包括矿山、铁路、公路、道路、隧道、桥梁、堤坝、电站、码头、飞机场、运动场、房屋等工程。线路管道和设备安装工程，包括电力、通信线路、石油、燃气、给水、排水、供热等管道系统和各类机械设备、装置的安装工程。

（4）《中华人民共和国市政公用事业法》，调整城市市政设施公用事业、市容环境卫生、园林绿化等建设管理活动及其社会关系。其立法目的是加强市政公用事业的统一管理，保证城市建设和管理工作的顺利进行，发挥城市多功能的作用。

（5）《中华人民共和国工程设计法》，调整工程设计的资质管理、质量管理、技术管理，以及制定设计文件全过程活动及其社会关系。其立法目的在于加强工程设计的管理，提高工程设计水平。

（6）《中华人民共和国住宅法》，调整城乡住宅的所有权、建设、资金与融通、优惠、买卖与租赁、管理与维修等活动及其社会关系。其立法目的是保障公民享有住房的权利，保证住宅所有者和使用者的合法权益，促进住宅建设发展，不断改善公民的住房条件和提高居住水平。

（7）《中华人民共和国风景名胜区法》，调整人们在保护、利用、开发和管理风景名胜资源各项活动中产生的各种社会关系。其立法目的是加强风景名胜区的管理、保护、利用和开发。

（8）《中华人民共和国村镇建设法》，调整村庄、集镇在规划、综合开发、设计、施工、公用基础设施、住宅和环境管理等各项活动中形成的社会关系。其立法目的是加强村镇建设管理，不断改善村镇的环境，促进城乡经济、社会协调发展，推动社会主义新村镇的建设。

复 习 思 考 题

（1）简述我国大中型项目的基本建设程序。

（2）简述工程项目招标和投标的程序。

（3）简述工程项目管理的基本概念及施工项目管理的主要内容。

（4）简述我国的建设法规体系。

第9章 土木工程环境

9.1 土木工程环境问题概述

土木工程建设活动是人类对自然资源、环境资源影响最大的活动之一，它伴随着人类社会的进步而发展，成为人类社会发展的重要标志之一。随着国家对于基础设施建设力度的加大，工业与民用建筑、矿山建设、公路建设、铁路建设、桥梁建设、隧道建设、机场建设、地下工程建设、港口码头建设以及环境治理工程等得到迅猛发展，土木工程建设已和广大人民的生活密切相关，在国民经济中起到非常重要的作用。但是，任何土木工程建设都要占据一定的自然空间，并直接或间接地消耗大量的物质资源，最终造成的对环境的影响越来越受到社会的关注。土木工程环境问题突出表现在难以摆脱粗放型增长方式，整个行业高投入、高消耗、高污染，对资源能源的依赖性较强，消耗性过高，对资源环境的保护不够。为了解决可持续发展理论中最基本的"资源有限"问题，土木工程在价值观念、理论基础、技术手段和方法原理等方面都需要进行一系列的变革，以便最大限度地提高自然资源的利用率。总之，如何在土木工程建设的同时，保护生态环境，节约土地，并处理好同社会、经济的关系，进而实现可持续发展，怎样把我国建成一个社会主义和谐社会是一个值得我们仔细研究的课题。

土木工程中可能引起很多环境问题，主要包括固体废物污染、土地资源和能源的浪费、大气污染、水污染、噪声污染以及室内空气污染等。

1. 建筑垃圾污染

在土木工程活动中，可能产生大量的固态、半固态和高浓度的废物，如果将这些固体废物直接投放到自然中去，将严重破坏和污染自然生态环境，我们称这些固态物质为建筑垃圾。建筑垃圾是在建（构）筑物的建设、维修、拆除过程中产生的，主要为固体废弃物，包括废混凝土块、沥青混凝土块、施工过程中散落的砂浆和混凝土、碎砖渣、金属、竹木材、装饰装修产生的废料、各种包装材料和其他废弃物等。建筑垃圾主要包括：旧城改造过程中拆除旧建筑产生的建筑垃圾；建筑物在施工过程中产生的建筑垃圾。建筑施工垃圾的成分有：土、渣土、废钢筋、废铁丝和各种废钢配件、金属管线废料、废竹木、木屑、刨花、各种装饰材料的包装箱、包装袋、散落的砂浆和混凝土、碎砖和碎混凝土块、搬运过程中散落的黄砂、石子和块石等。这些材料约占建筑施工垃圾总量的80%。对不同结构形式的建筑工地，垃圾组成比例略有不同。而垃圾数量因施工管理情况不同在各工地差异很大。

长期以来，我国的建筑垃圾再利用没有引起很大重视，通常是未经任何处理就被运到郊外或农村，采用露天堆放或填埋的方式进行处理。随着我国城镇建设的蓬勃发展，建筑垃圾的产生量也与日俱增。目前，我国每年的建筑垃圾数量已在城市垃圾总量中占有很大比例，成为废物管理中的难题。图 9.1 和图 9.2 为某市某区域建筑垃圾的随意堆放。

图 9.1　某建筑垃圾随意堆放　　　　　图 9.2　郊区建筑垃圾随意堆放

2. 土地资源和能源的浪费

我国土地资源绝对数量大，人均数量少，对发展农业是一种不利因素，我们应想方设法提高土地利用率；我国山地的比重大，山地一般不利于农耕，利用不当容易引起水土流失，交通运输也比较困难，但林、矿资源丰富；如何合理开发山地，保护耕地，增加林地，是我国土地资源开发利用面临的问题之一；而土地类型多种多样，又为农、林、牧、副、渔的全面发展提供了有利条件。近年来，由于人为和自然原因，造成我国土地资源的严重荒漠化和土地资源的严重浪费，使我国面临土地资源短缺的不利状况。土木工程施工中产生的污泥也是污染土壤，间接占用土体资源的一个重要方面。在土木工程施工过程中，产生的大量污泥主要来源于钻桩过程和浇筑混凝土过程中产生的多余外溢水泥浆，它们会使土壤盐碱化，并阻止氧气进入土壤，从而造成土地资源的间接浪费。

人类社会文明的发展无不是依靠能源作为基础。人们在日常生活中的衣食住行更是离不开能源，生活水平的不断提高加剧了我们对能源的依赖，越来越多的家用电器，越来越多的汽车，无不以能源的消耗作为支撑。现实中，我国能源资源有限，常规能源资源仅占世界总量的 10.7%，人均能源资源占有量远低于世界水平：2000 年我国人均石油可采储量只有 4.7t，人均天然气可采储量 1262m³，人均煤炭可采储量 140t，分别为世界平均值的 20.1%、5.1%、86.2%。我国已成为世界能源生产和消费大国。图 9.3 为我国能源和世界能源结构的比较图，可见我国能源在世界主要能源上是比较匮乏的。2004 年，中国超过俄罗斯成为世界第二大能源生产国，同时也是世界第二大能源消费国。由于近代的土木工程施工都动用大型的机械设备，需要消耗大量的石油资源并产生大量的废气。可见，土木工程施工过程中不但消耗大量的能源而且会产生大量的环境污染废气。

3. 大气污染

扬尘污染是城市大气污染的主因，而建筑施工扬尘又是我国扬尘污染的主因。可吸入颗粒物是影响人类大气质量的主要污染物，过量的可吸入颗粒物将会给人们的身体健康带来严重危害，而这些可吸入颗粒物大量来自于建设工地的施工扬尘和滚滚车流间的道路扬尘。扬尘污染的主要原因如下。

（1）建筑施工运输车辆"裸奔"上路及运输车辆未经保洁车轮带土上路后造成大面积

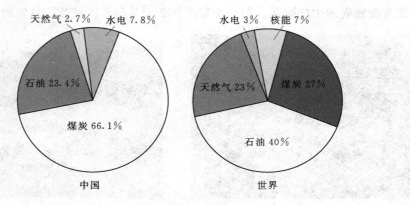

图 9.3 中国能源结构和世界能源结构比较图

马路污染。

（2）在敞开式条件下进行堆场物料的搅拌、粉碎、筛分等作业，造成在建工程及周边地区扬尘飞散。

（3）风力 4 级以上进行开挖土方、房屋拆迁等作业，造成在建工程"飞沙走石"。

（4）建设工地施工现场内的道路没有硬化。

图 9.4 水泥厂污染

此外，建材行业中使用的煤、油、燃气等燃料排出的 CO_2、SO_2 等气体也是大气污染的主要污染源（图 9.4）；水泥、石棉、白灰、粉煤灰、沙子、黄土、玻璃纤维、珍珠岩等建筑材料在生产和运输过程中形成的粉尘污染是影响空气质量的另一因素；化学建材中塑料的添加剂、助剂的挥发，以及涂料中溶剂的挥发，黏结剂中有毒物质的挥发等，都将对大气产生各种污染。

4. 水污染

在施工过程中，需要消耗大量的水，主要用于混凝土搅拌，由此造成的水污染主要表现在以下几个方面。

（1）混凝土搅拌一般都用自来水，pH 值要求大于 4，但建筑工地混凝土搅拌废水碱性偏高，pH 值为 12～13，还夹杂有可溶性有害的混凝土外加剂。

（2）水泥厂及有关化学建材生产企业超标废水大量排放，对环境造成恶劣影响。

（3）窑灰和废渣乱堆或倒入江河湖海，造成地表水体污染。

（4）部分装修垃圾含有废油漆、废涂料、胶黏剂等有毒有害成分，随雨水向地下渗透，污染地下水，见图 9.5。

5. 噪声污染

建筑工地由于各种施工机械的存在以及施工工艺的要求会产生各种各样的噪声，如土

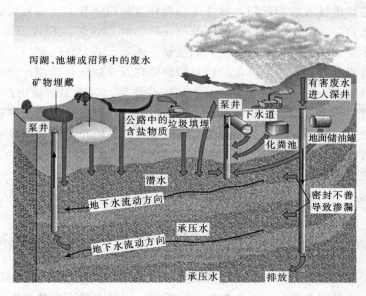

图 9.5　建筑垃圾对地下水污染

方开挖时拉土车发动机产生的轰鸣，打桩机在打桩过程中产生的噪声，以及加工钢筋、切削木材时都会产生噪声，这些噪声大小不一、形式各种各样，是一种客观存在而又无法避免的危害。低强度的噪声对人不会构成伤害，长期接触高强度的噪声对人的生理以及心理都会产生严重的损害，科学研究表明：如果人长期在 95dB 的噪声环境里工作，大约有 29％ 的会丧失听力；即使噪声只有 85dB，也有 10％的人会发生耳聋；120～130dB 的噪声，能使人感到耳内疼痛；更强的噪声会使听觉器官受到损害，在神经系统方面，强噪声会使人出现头痛、头晕、倦怠、失眠、情绪不安、记忆力减退等症状，脑电图慢波增加，植物性神经系统功能紊乱等。因此，职业性耳聋是国家规定的施工现场常见的职业病之一，其危害可见一斑。土木工程施工造成的噪声会影响周边居民正常生活，尤其是夜间施工，对居民的生活造成严重的困扰。

9.2　环境问题的处理

　　土木工程施工阶段可对环境造成严重的污染，因此，在设计和施工阶段应严格按照污染控制原则实施，并采取污染防治的措施。

9.2.1　固体废弃物处理

　　固体废弃物的再利用问题，应尽量减少土木工程自身产生的工程废弃物，包括在工程中应尽量减少建设浪费和尽可能在后期工程中利用前期工程的废料；尽量可能利用工业废料再生建筑材料，减少工业废料对自然生态环境的污染和破坏。我国目前对余泥渣土的管理，各个城市有所不同，管理部门也有所不同，基本上采用二级管理体制。二级管理体制主要运用于大城市以及较发达地区，如北京、上海、广州等。通常是在行政市里设立建筑垃圾排放管理部门，以市政管理委员会为行政主管机关，是独立的法人核算单位。下属各区再设立建筑垃圾的排放管理部门，属各区市容环卫部门领导。运输方面由经过批准的车辆或运输公司负责，执法由城市综合执法部门派队员到建筑垃圾排放管理部门合署办公。统一管理体制主要用于面积较小的地区，如盐城、南通、石家庄、厦门、济南等。成立全市的建筑垃圾管理部门，实行一体化的建筑垃圾管理及执法运作机制，受城市管理部门法律委托，具体负责渣土管理及执法工作。一是行政许可。对施工活动中产生的建筑垃圾、工程渣土的处置进行审批发证，规范清运过程的时间、线路，指定或经审查后确认处置地点。二是行政处罚。依据国家、省、市法规或规章，对影响市容、污染环境、不服从管理等违章行为进行处罚，确保审批工作的权威性。

固体废弃物的处理主要有以下几项措施。

（1）对可能产生二次污染的物品要对放置的容器加盖，防止因雨、风、热等原因引起的再次污染。

（2）放置危险废弃物的容器（如废胶水罐、清洁剂罐），要有特别的标志，以防止该废弃物的泄漏、蒸发以及该废弃物和其他废弃物相混淆。

（3）土木工程施工产生的废弃物应按废弃物类别投入指定垃圾箱（桶）或堆放场地，禁止乱投乱放。放置属非危险废弃物的指定收集箱，严禁危险废弃物放置。

（4）一般废弃物由专人负责外运处置。

（5）危险废弃物由分包队设置专门场地保管，定期让有资质的部门处置。处置危险废弃物的承包方必须出示行政主管部门核发的处置废弃物的许可证营业执照，必须和承包方签订协议/合同，在协议/合同中要明确双方责任和义务，以确保该承包方按规定处置废弃物。

（6）建设施工中的废弃物及建筑垃圾处置管理，应在施工协议中明确处置的责任方和处置方式。

（7）要对废弃物处置承包方进行定期的资格确认，确认承包方的合法性。

案例一：废弃物处理

1990 年 7 月，上海市第二建筑工程公司在市中心的"华亭"和"霍兰"两项工程的七幢高层建筑施工过程中，将结构施工阶段产生的建筑垃圾，经分拣、别除并将有用的废渣碎块粉碎后，与标准沙按 1∶1 的比例拌和作为细骨料，用于抹灰砂浆和砌筑砂浆。共计回收利用建筑废渣 480t，节约沙子材料费 1.44 万元和垃圾清运费 3360 元，扣除粉碎设备等购置费，净收益 1.24 余万元。1992 年 6 月，北京城建集团一公司先后在 9 万 m² 不同结构类型的多层和高层建筑的施工过程中，回收利用各种建筑废渣 840 多 t，用于砌筑砂浆、内墙和顶棚抹灰、细石混凝土楼地面和混凝土垫层，使用面积达 3 万多 m²，节约资金 3.5 万余元。

9.2.2　废水处理

土木工程既消耗大量的水资源，又可能污染水质，破坏水生态平衡。因此，在土木工程的规划、设计、施工以及运营阶段，都应该符合当地经济发展规划、水资源开发利用和保护规划、水资源防治规划等要求，并在工程项目的费用—效益分析中考虑水资源的全部价值。只有这样才能实现水资源在土木工程中的可持续利用。

废水污染的防治措施主要有以下几点。

（1）施工过程中禁止将有毒有害废弃物用作土方回填，以防止通过渗流污染地下水。

（2）在建筑区排水设施采用雨水、污水分流制，可以有效地对污水进行处理和净化利用。

（3）在混凝土搅拌机场地上建立储水池、集水井，及时回收废弃水，经沉淀处理后进行二次利用。

（4）施工生产作业产生的污水必须设计沉淀池，经处理达标后，用密封管道排入市政污水管道。

（5）施工现场要设置专用的油漆和油料库，油库地面和墙面要做防渗透处理，使用和保管要有专人负责。

9.2.3 噪声污染控制

建筑施工噪声具有普遍性、突发性、非永久性的特点，还具有强度大且持续时间集中、技术强制性强、噪声控制难度大等特点。上述特点决定了建筑施工噪声控制具有较大难度。噪声污染防治的主要措施有以下几点。

（1）施工现场应遵守《建筑施工场界噪声限值》规定的降噪限值。

（2）提倡文明施工，建立健全控制人为噪声的管理制度，尽量减少大声喧哗，增强全体施工人员防噪声扰民的自觉意识。

（3）凡在居民稠密区进行噪声作业的，必须严格控制作业的时间，晚 10 时至早 6 时不得作业，工地应设群众来访接待站，特殊情况需连续作业，应按规定办理夜间施工证。

（4）对人为活动噪声应有管理制度，特别要杜绝人为敲打、叫嚷、野蛮装卸等现象，最大限度地减少噪声扰民。

（5）在施工过程中应尽量选用低噪声或备有消声降噪的施工机械。施工现场的强噪声机械（如搅拌机、电锯、电刨、砂轮机等）要设置封闭的机械棚，以减少强噪声的扩散。

（6）加强施工现场环境噪声的长期监测，采取专人管理的措施。

9.3 环境保护管理措施

1. 科学论证，组织总体规划

建筑物尽量布置在向阳和避风的地方，污染项目置于水源下游及主导风向的下风侧，且与居住区有足够的卫生防护距离并采取绿化隔离；优化规划布局减少外部交通噪声、汽车尾气对建筑环境的影响。应在建筑规划期积极推进环境与发展综合决策，以可持续发展战略为指导。

2. 严格实施环保责任制

应做到环境保护及污染防治设施与土建主体工程同时设计、同时施工、同时使用。

3. 强化环境管理和执法，有效控制环境污染

严格执行环境影响评价机制，对不符合环境保护要求的项目坚决实施环境保护"一票否决"制度。

4. 加大环境宣传制度

全部环保系统要提高对做好新形势下环保宣传工作重要性的认识，增强责任感和紧迫感，牢固树立"人人都是环保形象，人人都是环保宣传员"的思想，真正把环保宣传作为推动工作的有力保证，坚持宣传与本职工作同时部署、同步推进、同等检查。加强土木工程中的环境保护的新闻报道、环境警示教育和环境普法教育，倡导符合绿色文明施工习惯，提高环保素质，营造保护环境的浓烈氛围，促进环境保护的健康发展。

案例二：杭州市某道路施工项目部施工环境保护措施

1. 防止大气污染措施

（1）清理施工垃圾时使用容器吊运，严禁随意凌空抛洒造成扬尘。施工垃圾及时清运，清运时，适量洒水，减少扬尘。

（2）施工道路采用硬化，并随时清扫洒水，减少道路扬尘。

（3）工地上使用的各类柴油、汽油机械执行相关污染物排放标准，不使用气体排放超标的机械。

（4）易飞扬的细颗粒散体材料尽量库内存放，如果露天存放时采用严密苫盖。运输和卸运时防止遗洒飞扬。

（5）搅拌站各设封闭的搅拌棚，在搅拌机上设置喷淋装置。

（6）在施工区禁止焚烧有毒、有恶臭的物体。

2. 防止水污染措施

（1）办公区、施工区、生活区合理放置排水明沟、排水管，道路及场地适当放坡，做到污水不外流，场内无积水。

（2）在搅拌机前台及运输车清洗处设置沉淀池。排放的废水先排入沉淀地，经二次沉淀后，方可排入城市排水管网或回收用于洒水降尘。

（3）未经处理的泥浆水，严禁直接排入城市排水设施和河流。所有排水均要求达到国家排放标准。

（4）临时食堂附近设置简易有效的隔油池，产生的污水先经过隔油池，平时加强管理，定期掏油，防止污染。

（5）在厕所附近设置砖砌化粪池，污水均排入化粪池，当化粪池满后，及时通知环卫处，由环卫处运走化粪池内污物。

（6）禁止将有毒有害废弃物用作土方回填，以免污染地下水和环境。

3. 防止施工噪声污染措施

（1）作业时尽量控制噪声影响，对噪声过大的设备尽可能不用或少用。在施工中采取防护等措施，把噪声降低到最低限度。

（2）对强噪声机械（如搅拌机、电锯、电刨、砂轮机等）设置封闭的操作棚，以减少噪声的扩散。

（3）在施工现场倡导文明施工，尽量减少人为的大声喧哗，不使用高音喇叭或怪音喇叭，增强全体施工人员防噪声扰民的自觉意识。

（4）尽量避免夜间施工，确有必要时及时向环保部门办理夜间施工许可证，并向周边居民告示。

4. 建筑物室内环境污染控制措施

为了预防和控制建筑工程中建筑材料和装修材料产生的室内环境污染，保障公众健康，我公司非常重视建筑物室内环境污染的控制。

（1）对所有进场材料严格按国家标准进行检查，确保无放射性指标超标的材料进入工程使用。

（2）对室内用人造木板及饰面人造木板，须有游离甲醛或游离甲醛释放量检测合格报告。并选用 E1 类人造木板及饰面人造木板。

（3）采用的水性涂料、水性胶黏剂、水性处理剂须有总挥发性有机化合物（TVOC）和游离甲醛含量检测合格报告，溶剂型涂料、溶剂型胶黏剂确保有总挥发性有机化合物（TVOC）、苯、游离甲苯二异氰酸酯（TD1）（聚氨酯类）含量检测合格报告。

（4）室内装修中使用的木地板及其他木质材料，禁止使用沥青类防腐、防潮层处理剂。

（5）室内装修采用的稀释剂和溶剂，不使用苯、工业苯、石油苯、重质苯及混苯。

（6）不在室内使用有机溶剂洗涤施工用具。

（7）涂料、胶黏剂、水性处理剂、稀释剂和溶剂等使用后，及时封闭存放，废料及时清出室内。

5. 其他污染防治措施

（1）施工现场环境卫生落实分工包干。制定卫生管理制度，设专职现场自治员两名，建筑垃圾做到集中堆放，生活垃圾设专门垃圾箱，并加盖，每日清运。确保生活区、作业区环境整洁。

（2）合理修建临时厕所，不准随地大小便，厕所内设冲水设施，制定保洁制度。

（3）在现场大门内两侧、办公、生活、作业区空余地方，合理布置绿化设施，做到美化环境。

（4）沙石料等散装物品车辆全封闭运输，不超载运输。在施工现场设置冲洗水枪，车辆做到净车出场，避免在场内外道路上"抛、洒、滴、漏"。

（5）保护好施工周围的树木、绿化，防止损坏。

（6）如果在挖土等施工中发现文物等，立即停止施工。保护好现场，并及时报告文物局等有关单位。

（7）多余土方在规定时间、规定路线、规定地点弃土，严禁乱倒乱堆。

要实现土木工程建设与环境保护的统一和谐，就要做到"生态和经济的可持续发展"，要从战略的角度认识土地资源、土木工程建设和经济发展三者之间如何协调发展的辩证关系，做到建设项目环保措施与主体工程同时设计、同时施工、同时验收。在合理利用资源的同时，运用现代环境科学的理论和方法，深入认识和掌握污染和破坏环境的根源及危害，有计划地保护环境，防止环境质量的恶化，控制和治理环境污染，对土木工程中产生的各种垃圾进行回收利用，促进人类与环境的协调发展，以较低的资源和环境代价换取较高的土木建设发展速度。

<h1 style="text-align:center">复 习 思 考 题</h1>

（1）土木工程中可能带来的环境问题主要有哪些？

（2）土木工程环境保护的管理措施主要有哪些？

（3）土木工程施工阶段对环境污染的主要防止措施有哪些？

第 10 章　土木工程灾害及防治

10.1　土木工程灾害概述

凡是危害人类生命财产和生存条件的事件通称为灾害。灾害包括天灾和人祸。"天灾"是指自然灾害，如地震灾害、风灾害、洪水灾害、泥石流灾害、虫灾（我国南方有些地区白蚁成灾，对木结构房屋、桥梁损害极大）等都属于自然灾害。"人祸"是指人为灾害，又称社会灾难，主要有火灾、燃气爆炸、地陷（人为地大量抽地下水所造成）以及工程质量低劣造成工程事故的灾难等。

虽然各种自然灾害古已有之，但是灾害对现代社会的影响却是一个新课题。随着世界经济一体化和社会城市化的发展，灾害影响的辐射范围越来越广，过去的局部灾害，通过工程网络和社会系统现在能够对一个地区造成巨大的破坏。联合国公布了 20 世纪全球 10 项最具危害性的战争外灾难，它们分别是地震灾害、风灾、水灾、火灾、火山喷发、海洋灾难、生物灾难、地质灾难、交通灾难、环境污染。图 10.1～图 10.4 列举了近年来全球发生的部分灾害。鉴于灾害对现代文明的巨大破坏作用和越来越长久的后遗症，20 世纪的最后 10 年联合国将其命名为"国际减灾十年"，旨在唤起全世界对灾害问题的关注。

图 10.1　地震造成的铁轨扭曲

图 10.2　地震造成的房屋倒塌

图 10.3　洪水淹没的村庄

图 10.4　中央电视台新址配楼火灾

灾害，特别是工程灾害，每年给世界人民带来巨大的生命财产损失。因此如何防灾，已是土木工程界关注和研究的课题。土木工程是地震、风灾等自然灾害的主要作用体。最常发生的工程灾害有：地震、风灾、火灾和地质灾害（泥石流、滑坡等）。下面对不同种类的工程灾害分别进行阐述。

10.2　地震灾害及防治

10.2.1　地震的基本名称和术语

1. 震源

地壳某些部位应力集中，当这种应力大到岩层已无法保持原有的形状而发生破裂、变形、移动，因而产生巨大的冲击力、弹性波。这种冲击力、弹性波向四面八方传播，这就是地震。发生地震的地方就称震源。

2. 震中

震源在地表的投影称为震中。

3. 震源深度

震源至震中地表的距离 h 称为震源深度。深度在 0～60km 的地震称为浅源地震；深度在 60～300km 的地震称为中源地震；深度大于 300km 的地震称为深源地震。深源地震的极限大约是 900km。

4. 发震时刻

地震发生的时刻称为发震时刻，用 O 或 T 表示。我国使用北京时间，国际上使用国际时间，即格林尼治时间，北京时间比国际时间早 8h。

5. 震级

震级是地震强弱的级别，它以震源处释放的能量的大小确定。地震所造成的破坏与地震时释放的能量有关，地震能量通常指地震时释放出来的弹性波能量，用 E 代表。但计算地震波能量比较费事，也难以算得精确，所以平常采用比较简单的地震震级 M 代替弹性波能量 E。

发震时刻、震级、震中统称为"地震三要素"。

6. 地震烈度

地震烈度是指按一定的宏观标准表示地震对地面的影响和破坏程度的一种量度，通常用 I 表示。我国把地震烈度划分为12度，地面上各等烈度点构成等震线，根据等震线可大致确定震中和震源深度。

一次地震只有一个震级，却有很多个烈度区。这就像炸弹爆炸后不同距离处有不同破坏程度一样。烈度与震级、震源深度、震中距、地质条件、房屋类别有关。不同烈度的地震，其影响和破坏大体如下：小于3度时人无感觉，只有仪器才能记录到；3度在夜深人静时人有感觉；4～5度时睡觉的人会惊醒，吊灯摇晃；6度时器皿倾倒，房屋轻微损坏；7～8度时房屋受到破坏，地面出现裂缝；9～10度时房屋倒塌，地面破坏严重；11～12度时为毁灭性的破坏。例如，1976年唐山地震，震级为7.8级，震中烈度为11度；受唐山地震的影响，天津市地震烈度为 8 度，北京市烈度为 6 度，再远到石家庄、太原等就只有 4～5 度了。

10.2.2 世界主要地震带

地震的震中集中分布的地区，且呈有规律的带状，叫做地震带。从世界范围看，地震活动带和火山活动带大体一致，主要集中分布在三大地震带上，即环太平洋地震带、欧亚地震带和海岭地震带。环太平洋地震带是地球上最主要的地震带，它像一个巨大的环，沿北美洲太平洋东岸的美国阿拉斯加向南，经加拿大本部、美国加利福尼亚和墨西哥西部地区，到达南美洲的哥伦比亚、秘鲁和智利，然后从智利转向西，穿过太平洋抵达大洋洲东边界附近，在新西兰东部海域折向北，再经斐济、印度尼西亚、菲律宾、中国台湾省、琉球群岛、日本列岛、阿留申群岛，回到美国的阿拉斯加，环绕太平洋一周，也把大陆和海洋分隔开来，地球上约有 80% 的地震都发生在这里。欧亚地震带又名"横贯亚欧大陆南部、非洲西北部地震带"、"地中海—喜马拉雅山地震带"，主要分布于欧亚大陆，从印度尼西亚开始，经中南半岛西部和我国的云南、贵州、四川、青海、西藏地区，以及印度、巴基斯坦、尼泊尔、阿富汗、伊朗、土耳其到地中海北岸，一直延伸到大西洋的亚速尔群岛，发生在这里的地震占全球地震的 15% 左右。海岭地震带是从西伯利亚北岸靠近勒拿河口开始，穿过北极经斯匹次卑尔根群岛和冰岛，再经过大西洋中部海岭到印度洋的一些狭长的海岭地带或海底隆起地带，并有一分支穿入红海和著名的东非裂谷区。

我国位于世界两大地震带——环太平洋地震带与欧亚地震带之间，受太平洋板块、印度板块和菲律宾海板块的挤压，地震断裂带十分发育。中国的地震活动主要分布在以下 5 个地区的 23 条地震带上。

（1）台湾地区及其附近海域。

（2）西南地区，主要是西藏、四川西部和云南中西部。

（3）西北地区，主要在甘肃河西走廊、青海、宁夏、天山南北麓。

（4）华北地区，主要在太行山两侧、汾渭河谷、阴山—燕山一带、山东中部和渤海湾。

（5）东南沿海的广东、福建等地。

20 世纪以来，中国共发生 6 级以上地震近 800 余次，遍布除贵州、浙江两省和香港特别行政区以外所有的省、自治区、直辖市。中国地震活动频度高、强度大、震源浅、分布广，是一个震灾严重的国家。

10.2.3 地震次生灾害

地震灾害包括直接灾害、次生灾害和三次灾害等。地震时造成的建筑物工程设施的破坏称直接灾害；因建筑物工程设施倒塌而引起的火灾、水灾、煤气和有毒气体泄漏、细菌和放射物扩散等对生命财产的威胁称次生灾害。由次生灾害引起的或因抗震防灾体制不健全，人们防灾意识淡薄、指挥系统失灵而造成社会恐慌动乱，使震灾加重称三次灾害。

地震次生灾害一般是指强烈地震发生后，以震动的破坏后果为导因而引起的一系列其他灾害（地震灾害链见图 10.5）。主要有：火灾，水灾（海啸、水库垮坝等），传染性疾病（如瘟疫），毒气泄漏与扩散（含放射性物质），其他自然灾害（滑坡、泥石流），停产

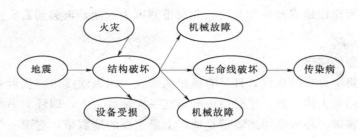

图 10.5　地震灾害链

（含文化、教育事业），生命线工程被破坏（通信、交通、供水、供电等），社会动乱（大规模逃亡、抢劫等）。例如，火灾常由地震震动造成炉具倒塌、漏电、漏气及易燃易爆物品等引起。1923 年 9 月 1 日日本关东大地震，横滨市有 208 处同时起火，因消防设备和水管被震坏，火灾无法扑灭，几乎全市被烧光。

10.2.4　地震对土木工程的危害

地震对土木工程设施所起的破坏作用是复杂的。地震的地面运动使工程结构受到多次反复的地震荷载，其结果就好像在高低不平的路上行驶的汽车，在行驶过程中和紧急刹车时都会使乘客水平晃动一样。如果房屋、桥梁、铁路经受不住这种地震荷载，轻者会震裂，重者会倒塌（如房屋或桥梁）或扭曲（如铁路）。

地震给土木工程设施造成灾害的一般现象描述如下（图 10.6）。

（1）房屋的轮廓、体型、结构体系往往是它遭受震害的主要因素，其中：

1）一幢房屋的长轴与地震荷载作用方向相垂直时，更易遭受震害。

2）一幢房屋两个不同部分连在一起时，可能在连接处断裂。

3）一幢房屋高低悬殊部分连接的部位，可能断裂。

4）一幢房屋的底部支承"软"时，易受震害。

5）一幢房屋的自振周期与地震时地面运动的周期相近时，会使房屋发生很大晃动而破坏。

6）两幢房屋靠得太近时会在地震时互撞而破坏。

图 10.6　房屋轮廓、体型、结构体系的震害

（2）多层砌体结构房屋因地震造成的破坏主要表现在房屋不同部位出现不同形式、不同程度的裂缝，严重时甚至出现整体或局部倒塌。如表现为墙体内形成斜裂缝、交叉裂缝、水平裂缝或竖向裂缝，外纵墙的外闪脱落，顶层墙角的局部塌落，砖柱的断折，甚至

局部房屋倒塌或整个房屋倒塌（图10.7）。

图 10.7　多层砖房结构的震害

（3）钢筋混凝土框架结构因地震造成的破坏主要表现为填充墙四周开裂或出现墙体的交叉裂缝，框架柱的剪切破坏［图10.8（b）］和压弯破坏，框架梁的破坏，梁柱节点破坏［图10.8（a）］等。在这些破坏中，框架梁的破坏后果没有框架柱的严重，它属于局部破坏，一般不会引起结构的整体倒塌。

（a）梁柱节点破坏　　　　　　　　　　（b）框架柱的剪切破坏

图 10.8　钢筋混凝土框架结构的震害

（4）地基液化失效的震害。地震时饱和沙土地基会发生液化现象，造成建筑物的地基失效，往往引起建筑物下沉、开裂、倾斜甚或倒塌等现象（图10.9）。

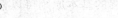

（a）　　　　　　　　　　　　　　　（b）

图 10.9　地基液化失效的震害

157

（5）桥梁结构的震害往往表现为桥墩、桥台毁损，主梁坠落，拱圈开裂及拱上结构塌落等（图 10.10）。

（6）烟囱、水塔的震害虽因所用材料有异而不同，但一般都表现为水平、交叉裂缝，顶部脱落或筒身扭转（图 10.11）。

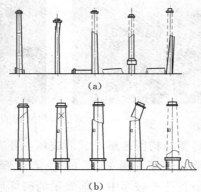

(a)

(b)

图 10.10　地震引起的桥墩破坏　　　　图 10.11　地震引起的烟囱、水塔破坏

10.2.5　土木工程抗震设防的指导思想和抗震设计的总体原则

土木工程抗震设防的基本目的是在一定的经济条件下，最大限度地限制和减轻地震带来的破坏，保障人民生命财产的安全。为了实现这一目的我国以"小震不坏、中震可修、大震不倒"作为建筑抗震设计的基本准则。世界上许多国家的抗震设计规范都趋向这个准则。对应于前述设计准则，我国《建筑抗震设计规范》（GB 50011—2001）明确提出了三个水准的抗震设防要求。

第一水准：当遭受低于本地区设防烈度的多遇地震影响时，建筑物一般不受损坏或不需修理仍可继续使用。

第二水准：当遭受相当于本地区设防烈度的地震影响时，建筑物可能损坏，但经一般修理即可恢复正常使用。

第三水准：当遭受高于本地区设防烈度的罕遇地震影响时，建筑物不致倒塌或发生危及生命安全的严重破坏。

我国《建筑抗震设计规范》（GB 50011—2001）对我国主要城镇中心地区的抗震设防烈度、设计地震加速度值给出了具体规定。我国采取 6 度起设防的方针，根据这一方针，我国地震设防区面积约占国土面积的 60%。

一般说来，建筑抗震设计包括三个层次的内容与要求：概念设计、抗震计算与构造措施。概念设计在总体上把握抗震设计的基本原则；抗震计算为建筑抗震设计提供定量手段；构造措施则可以在保证结构整体性、加强局部薄弱环节等意义上保证抗震计算结果的有效性。抗震设计上述三个层次的内容是一个不可分割的整体，忽略任何一部分，都可能造成抗震设计的失败。

土木工程抗震设计在总体上要求把握的基本原则可以概括为：注意场地选择，把握建筑体型，利用结构延性，设置多道防线，重视非结构因素。

10.2.6 土木工程防震、抗震

地震是可怕的，但满足抗震设防要求所设计和施工的土木工程又应该是可靠的，至少是可以"裂而不倒"，不会引起生命伤亡的。土木工程防震、抗震的方针是"预防为主"。预防地震灾害的主要措施包括两大方面：加强地震的观测和强震预报工作；对土木工程进行抗震设防。

土木工程进行抗震设防的内容主要包括以下几个方面。

（1）确定每个国家的地震烈度区划图，规定各地区的基本烈度（即可能遭遇超越概率为 10%的设防烈度），作为工程设计和各项建设工作的依据。

（2）国家建设主管部门颁布工程抗震设防标准，各建设项目主管部门应在建设的过程（包括地址选择、可行性研究、编制计划任务书等）中遵照执行。

（3）国家建设主管部门颁布抗震设计规范。

（4）设计单位在对抗震设防区的土木工程设施进行设计时，应严格遵守抗震设计规范，并尽可能地采取隔震、消能等地震减灾措施。

（5）施工单位和质量监督部门应严格保证建设项目的抗震施工质量。

（6）位于抗震设防区内的未按抗震要求设计的土木工程项目，要按抗震设防标准的要求补充进行抗震加固。

10.2.7 中外地震实例

中国 11 次大地震：

1.1920 年海原地震

1920 年 12 月 16 日 20 时 5 分 53 秒，中国宁夏海原县发生震级为 8.5 级的强烈地震。这次地震，震中烈度 12 度，震源深度 17km，死亡 24 万人，毁城四座，数十座县城遭受破坏。宁夏、青海、甘肃、陕西、山西、内蒙古、河南、河北、北京、天津、山东、四川、湖北、安徽、江苏、上海、福建等 17 地有感，有感面积达 251 万 km²。海原地震还造成了中国历史上最大的地震滑坡。

2.1927 年古浪地震

1927 年 5 月 23 日 6 时 32 分 47 秒，中国甘肃古浪发生震级为 8 级的强烈地震。这次地震，震中烈度 11 度，震源深度 12km，死亡 4 万余人。地震发生时，土地开裂，冒出发绿的黑水，硫磺毒气横溢，熏死饥民无数。古浪县城夷为平地。

3.1932 年昌马地震

1932 年 12 月 25 日 10 时 4 分 27 秒，中国甘肃昌马堡发生震级为 7.6 级的大地震。此次地震，震中烈度 10 度，死亡 7 万人。

4.1933 年叠溪地震

1933 年 8 月 25 日 15 时 50 分 30 秒，中国四川茂县叠溪镇发生震级为 7.5 级的大地震。此次地震，震中烈度 10 度，叠溪镇被摧毁。叠溪地震和地震引发的水灾，共使 2 万多人死亡。

5.1950 年察隅地震

1950 年 8 月 15 日 22 时 9 分 34 秒，中国西藏察隅县发生震级为 8.5 级的强烈地震。

此次地震，震中烈度 12 度，死亡近 4000 人。

6. 1966 年邢台地震

邢台地震由两个大地震组成：1966 年 3 月 8 日 5 时 29 分 14 秒，河北省邢台专区隆尧县发生震级为 6.8 级的大地震，震中烈度 9 度；1966 年 3 月 22 日 16 时 19 分 46 秒，河北省邢台专区宁晋县发生震级为 7.2 级的大地震，震中烈度 10 度。两次地震共死亡 8064 人，伤 38000 人，经济损失 10 亿元。

7. 1970 年通海地震

1970 年 1 月 5 日 1 时 0 分 34 秒，中国云南省通海县发生震级为 7.7 级的大地震。此次地震，震中烈度为 10 度，震源深度为 10km，死亡 15621 人，伤残 32431 人。

8. 1975 年海城地震

1975 年 2 月 4 日 19 时 36 分 6 秒，中国辽宁省海城县发生震级为 7.3 级的大地震。此次地震，震中烈度 9 度，死亡 1328 人，重伤 4292 人。经济损失 8.1 亿元。由于此次地震被成功预测预报预防，使更为巨大和惨重的损失得以避免，它因此被称为 20 世纪地球科学史和世界科技史上的奇迹。

9. 1976 年唐山地震

1976 年 7 月 28 日 3 时 42 分 53.8 秒，中国河北省唐山市发生震级为 7.8 级的大地震。此次地震，震中烈度 11 度，震源深度 11km，死亡 24.2 万人，重伤 16 万人，一座重工业城市毁于一旦，直接经济损失 100 亿元以上，为 20 世纪世界上人员伤亡最大的地震。

10. 1988 年澜沧、耿马地震

1988 年 11 月 6 日 21 时 3 分、21 时 16 分，中国云南省澜沧、耿马发生震级为 7.6 级（澜沧）、7.2 级（耿马）的两次大地震。相距 120km 的两次地震，时间仅相隔 13min，两座县城被夷为平地，伤 4105 人，死亡 743 人，经济损失 25.11 亿元。

11. 2008 年四川汶川地震

2008 年 5 月 12 日 14 时 28 分我国四川汶川发生 8.0 级特大地震，震中烈度 11 度，震源深度为 14km，已造成 69142 人死亡，17551 人失踪，直接经济损失达 8451 亿元。汶川、北川、青川、都江堰等地区大量房屋被摧毁，重灾区面积达 10 万 km²，它是中国历史上一次波及范围最广的地震，中国除黑龙江、吉林、新疆外均有不同程度的震感，其中以陕甘川三省震情最为严重，甚至泰国首都曼谷，越南首都河内，菲律宾、日本等地均有震感。

国外 10 次大地震：

1. 1906 年美国旧金山大地震

1906 年 4 月 18 日，美国西海岸加利福尼亚州中部的旧金山发生 8.3 级地震，震中烈度为 11 度、40s 地壳强烈震动，无数房屋被震倒，水管、煤气管道被毁。地震后不久发生大火，整整燃烧了 3 天，烧毁了 520 个街区的近 3 万栋楼房，6 万人丧生。

2. 1908 年意大利墨西拿大地震

1908 年 12 月 28 日，意大利南部西西里岛的墨西拿海峡海底发生 7.5 级地震。引发特大海啸，啸波几乎完全摧毁了海峡两岸的墨西拿和雷焦卡拉布里亚市，导致 8.3 万人死亡。

3. 1923 年日本关东大地震

1923 年 9 月 1 日上午 11 时 58 分，日本横滨、东京一带发生 7.9 级地震。两座城市如同米箩做上下和水平的筛动，建筑物纷纷倒塌。时值正午，市民们家中尚未熄火的炉灶在刹那间被掀翻，无数木结构的房屋被引燃，一场无法控制的火灾在地震后发生。与此同时，海啸扑向海岸地区，扫荡船只、房屋。这次灾害造成 14.3 万人死亡，当时的经济损失为 28 亿美元，日本全国财富的 5％化为灰烬。

4. 1939 年土耳其埃尔津詹大地震

1939 年 12 月 27 日凌晨 2 时到 5 时，8 级地震猛烈震撼土耳其，特别是埃尔津詹、锡瓦斯和萨姆松三省。埃尔津詹市除一座监狱外，所有的建筑物尽成废墟。地震造成 5 万人死亡，几十个城镇和 80 多个村庄被彻底毁灭。地震后，暴风雪又袭击灾区，加剧了灾难。

5. 1960 年智利大地震

1960 年 5 月 21 日下午 3 时，智利发生 8.3 级地震，一直到 5 月 30 日，该国连续遭受数次地震袭击，地震期间，6 座死火山重新喷发，3 座新火山出现。5 月 21 日的 8.5 级大地震造成了 20 世纪最大的一次海啸，平均高达 10m、最高 25m 的巨浪猛烈冲击智利沿岸，摧毁港口、码头、船舶、公路、仓库、住房。时速 707km 的海啸波横贯太平洋，地震发生后 14h 到达夏威夷时，波高仍达 9m；22h 后到达 17000km 外的日本列岛，波高 8.1m，把日本的大渔轮都掀到了城镇大街上。这次地震，智利有 1 万人死亡或失踪，100 多万人口的家园被摧毁，全国 20％的工业企业遭到破坏，直接经济损失 5.5 亿美元。

6. 1970 年秘鲁钦博特大地震

1970 年 5 月 31 日，秘鲁最大的渔港钦博特市发生 7.6 级地震。在地震中有 6 万多人死亡，10 多万人受伤，100 万人无家可归。钦博特遭受地震和海啸的双重袭击，损失惨重。该市以东的容加依市，被地震引发的冰川泥石流埋没，全城 2.3 万人被活埋。

7. 1985 年墨西哥大地震

1985 年 9 月 19 日晨 7 时 19 分，墨西哥西南太平洋海底发生 8.1 级地震，远离震中 400km 的墨西哥首都墨西哥城遭到严重破坏，700 多幢楼房倒塌，8000 多幢楼房受损，200 多所学校夷为平地，繁华的华雷斯大街多处变为废墟。墨西哥城 40％的地区断电，60％的地区停水达两周，与国内外的电信全部中断。这次地震，共有 3.5 万人死亡，4 万人受伤，万人无家可归。远离震中却遭受如此惨重损失的原因，是该市主要部分建筑在一个涸湖上，地基松软，再加上过量采用地下水，使地层逐年沉陷，建筑物更加不稳。

8. 1988 年亚美尼亚大地震

1988 年 12 月 7 日上午 11 时 41 分，当时的苏联亚美尼亚共和国发生 6.9 级地震，震中在亚美尼亚第二大城市列宁纳坎附近，烈度为 10 度，该市 80％的建筑物被摧毁。地震造成 2.4 万人死亡，1.9 万人伤残，直接经济损失 100 亿卢布，超过切尔诺贝利核电站事故的损失。这次地震的特点是震级不高，但损失惨重。

9. 1990 年伊朗西北部大地震

1990 年 6 月 21 日 0 时 30 分，伊朗西北部的里海沿岸地区发生 7.3 级地震，震中在首都德黑兰西北 200km 的吉兰省罗乌德巴尔镇，该镇在地震中完全毁灭。地震使 5 万人丧生，6 万人受伤，50 万人流离失所，9 万幢房屋和 4000 幢商业大楼夷为平地，全部经济损失为 80 亿美元。

10.1995 年日本阪神大地震

1995 年 1 月 17 日晨 5 时 46 分，日本神户市发生 7.2 级直下型地震，大阪市也受到严重影响。这次地震造成 5400 多人丧生，3.4 万多人受伤，19 万多幢房屋倒塌和损坏，直接经济损失达 1000 亿美元。

10.3　其他灾害及防治

10.3.1　火灾

火灾，是指在时间和空间上失去控制的燃烧所造成的灾害。在各种灾害中，火灾是最经常、最普遍地威胁公众安全和社会发展的主要灾害之一。世界多种灾害中发生最频繁、影响面最广的首属火灾。表 10.1 列出了 1992～2001 年 10 年间我国的火灾状况。10 年间共发生火灾 705123 起，平均每年的火灾直接经济损失超过 12.5 亿元，死亡 2470 余人。

按等级标准火灾分为特别重大火灾、重大火灾、较大火灾和一般火灾 4 个等级。

（1）特别重大火灾。指造成 30 人以上死亡，或者 100 人以上重伤，或者 1 亿元以上直接财产损失的火灾。

（2）重大火灾。指造成 10 人以上 30 人以下死亡，或者 50 人以上 100 人以下重伤，或者 5000 万元以上 1 亿元以下直接财产损失的火灾。

（3）较大火灾。指造成 3 人以上 10 人以下死亡，或者 10 人以上 50 人以下重伤，或者 1000 万元以上 5000 万元以下直接财产损失的火灾。

（4）一般火灾。指造成 3 人以下死亡，或者 10 人以下重伤，或者 1000 万元以下直接财产损失的火灾。

表 10.1　　　　　　　　　我国 1992～2001 年火灾状况统计

年度	火灾起数	火灾直接经济损失（万元）	死亡人数
1992	3939	169025.7	1937
1993	38073	111658.3	2378
1994	39337	124391.0	2765
1995	37915	110315.5	2278
1996	36856	102908.5	2225
1997	85389	154140.6	2722
1998	84040	144257.3	2389
1999	97638	143394.0	2744
2000	12220	2152217.3	3021
2001	12428	2140326.1	2334
合计	705123	5352634.3	24793

火灾分为建筑火灾、石油化工火灾、交通工具火灾、矿山火灾、森林草原火灾等。其

中，建筑火灾发生的起数和造成的损失、危害居于首位。建筑物是人类进行生活、生产和政治、经济、文化等活动的场所，建筑物都存在可燃物和着火源，稍有不慎，就可能引起火灾。建筑又是财产和人员极为集中的地方，因而建筑发生火灾往往会造成十分严重的损失。随着城市日益扩大，各种建筑越来越多，建筑布局及功能日益复杂，用火、用电、用气和化学物品的应用日益广泛，建筑火灾的危险性和危害性大大增加。近年来，我国的建筑火灾形势依然严峻，其发生频率和造成的损失在总火灾中所占比例居高不下。自 1997 年以来，我国火灾直接经济损失均在 14 亿元以上，其中建筑火灾的损失占 80% 以上；建筑火灾发生的次数占总火灾次数的 75% 以上。

火灾对土木工程的影响主要是对所用工程材料和工程结构承载能力的影响。世界各国的摩天大楼，基本上都采用钢结构或钢—钢筋混凝土组合结构。钢结构的致命缺点是怕火，虽然钢材本身并不燃烧，一旦建筑物发生火灾，钢材在 540℃ 时约损失 30% 的强度，760℃ 时则已丧失 80% 的强度，而这些温度在大火下约 5min 便能达到。所以钢结构安装后，会在表面涂上一层厚厚的防火涂料，一般涂料的耐火时限为 2～3h，以供建筑内部的人员逃生。钢筋以 5 公分厚的混凝土包覆后，大概可以提供 4h 的火灾安全保护。世界上最典型的事故是"9·11"事件，世贸大厦经飞机撞击后，油箱爆炸引起了火灾，高温导致钢结构变形，承受不了上面的重量，而引起了整个楼的倒塌。

从近年来发生的火灾情况看，火灾原因主要有人为火灾、自然火灾和爆炸火灾。

（1）人为火灾。主要包括电气事故、违反操作规程、生活和生产用火不慎、纵火等。

（2）自然火灾。主要包括雷电、静电、地震、自燃等引起的火灾。

（3）爆炸火灾。主要包括燃气爆炸、化学爆炸、核爆炸等引起的火灾。

火灾是一个燃烧过程，要经过"发生、蔓延和充分燃烧"几个阶段。火灾的严重程度主要取决于持续时间和温度。这两者又受到工程材料、燃烧空间、灭火能力等多因素的影响（图 10.12）。

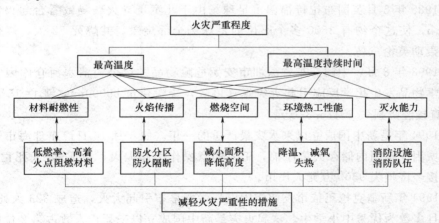

图 10.12 火灾的严重程度的多因素影响

防火是防止火灾发生和蔓延所采取的措施，其主要内容包括组织措施、预防性防火和防御性防火（图 10.13）。

下面举几个发生火灾的例子。

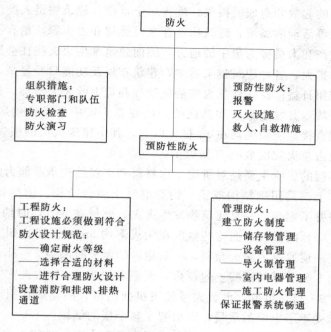

图 10.13 防火的主要内容

（1）1980 年 11 月美国内华达州拉斯维加斯市米高梅大旅馆发生重大火灾，起因于餐厅南墙电气线路短路。时正值深夜，旅馆内住有 5000 余顾客，其中死亡 84 人，伤 679 人，许多贵重陈设物被烧毁。该旅馆有 2076 套客房，4600 m^2 的大赌场，1200 个座位的剧场，可容纳 11000 人同时就餐的 8 个餐厅，以及百货商场、体育娱乐场等。起火后出动 500 多名消防警员奋力灭火抢救。

（2）1985 年 5 月英国布拉特福德市足球场由于儿童玩弄火柴导致看台起火，大火持续 7 个多 h，使这个约有 3500 多个座位的足球场全部烧毁。共烧死 52 人，烧伤 200 多人，火灾轰动英伦三岛。

（3）1993 年 8 月，中国广东省深圳市安贸危险物品贮运公司清水河仓库因 4 号库存混存的化学物品发生化学反应引起火灾爆炸事故，烧毁建筑 39000 m^2，死亡 15 人，受伤 873 人，直接经济损失 25476.3 万元。

（4）1994 年是新中国成立以来火灾最严重的一年。如 6 月 16 日广东珠海市合资企业前山纺织城因在车间内储存大量原棉，工人违章操作引起大火，造成 93 人死亡，156 人伤残，直接经济损失 9500 万元人民币。

（5）1994 年新疆克拉玛依市友谊馆因电气烤燃幕布引起大火，造成 323 人死亡，130 人伤残，且多数为优秀中小学生。这起火灾是新中国成立以来死亡人数占第 2 位的恶性大火，轰动全国。

（6）2001 年 9 月 11 日，美国纽约世界贸易中心大楼遭遇恐怖分子劫持客机撞击倒塌。在 “9·11” 恐怖事件造成 5451 人死亡或失踪，2100 人受伤，损失约 2000 亿美元，相当于美国国民生产总值的 2%。

（7）2009年2月9日20时左右，中央电视台新大楼北配楼因燃放烟花而发生火灾，大火燃烧了近6h，火灾导致1人死亡，8人受伤，火灾损失保守估计要6亿～7亿元。

（8）2010年11月15日14时20分左右，上海市静安区余姚路胶州路728弄1号的一栋28层教师公寓大楼由于电焊工违章操作引起火灾，火灾造成58人死亡，70余人受伤，火灾损失保守估计要2亿元。

10.3.2 风灾

风灾就是瞬时风力达8级以上，风速达17.0m/s的具有破坏力的大风。大风会造成人员伤亡、失踪，还会破坏房屋、车辆、船舶、树木、农作物以及通信、电力设施，等等。风灾灾害等级一般分为一般大风（相当6～8级大风）、较强大风（相当9～11级大风）和特强大风（相当12级以上大风）。常见的风灾有台风、龙卷风和暴风。

台风为急速旋转的暖湿气团，直径在300～1000km不等（图10.14）。靠近台风中心的风速常超过180km/h，由中心到台风边缘风速逐渐减弱。袭击我国的台风常发生在5～10月，以7～9月最为频繁。2008年第1号台风"浣熊"于4月18日22时30分在海南省文昌市龙楼镇登陆，海南省普降大暴雨，海口、三亚、文昌、琼海、万宁等五市受灾，其中文昌市受灾较为严重。此次台风共造成海南省131.38万人受灾，紧急转移安置21.33万人；农作物受灾面积36420hm²，其中绝收面积10.3km²（其中荔枝、西瓜等经济作物受灾严重）；损坏房屋550间；直接经济损失3.37亿元，其中农业经济损失2.52亿元。2005年8月25日卡

图10.14 台风

特里娜飓风在美国佛罗里达州登陆，8月29日破晓时分，再次以每小时233km的速度在美国墨西哥湾沿岸新奥尔良外海岸登陆。此次飓风破坏力极大，死亡人数为198人，失踪人数超过2万。损失金额在250亿～1000亿美元，将成为美国有史以来经济损失最大的一次自然灾害。

龙卷风是一种强烈的、小范围的空气涡旋，是在极不稳定天气下由空气强烈对流运动而产生的，由雷暴云底伸展至地面的漏斗状云（龙卷）产生的强烈的旋风（图10.15），其风力可达12级以上，风速最大可达100m/s以上，一般伴有雷雨，有时也伴有冰雹。龙卷风中心附近风速可达100～200m/s，最大300m/s，比台风近中心最大风速大好几倍。中心气压很低，一般可低至400hPa，最低可达200hPa。它具有很大的吸吮作用，可把海（湖）水吸离海（湖）面，形成水柱，然后同云相接，俗称"龙取水"。龙卷风的生命史短暂，一般维持十几分钟到一两个小时，但其破坏力惊人，能把大树连根拔起，建筑物吹倒，或把部分地面物卷至空中，危害十分严重（图10.16）。龙卷风常发生于夏季的雷雨天气时，尤以下午至傍晚最为多见。美国每年因龙卷风导致的损失超过1亿美元。

在台风和龙卷风发生的同时一般会引发风暴潮、巨浪和强暴雨等次生灾害。在植被保护不好的坡地和山区，暴风雨又会造成滑坡和泥石流等地质灾害。台风—洪水—地质灾害一旦形成灾害链对受灾区内的建筑和生命线工程系统会造成毁灭性破坏。

图 10.15　龙卷风

图 10.16　龙卷风过后

在非沿海地区发生的暴风虽然强度比台风弱很多，破坏范围也较小，但是对工程结构和生命线工程系统的破坏非常普遍。20 世纪 90 年代，浙江南通和镇江等地多次发生输电塔的风毁事件，造成华东地区大面积停电。工程领域中最著名的风灾破坏当属美国 Tacoma 悬索桥的风毁事件（图 10.17），由于风振频率与 Tacoma 悬索桥的自振频率一致，形成了结构共振，桥梁在风中的振幅越来越大，最终整个桥梁坍塌。对于高层建筑、大跨结构、柔性大跨桥梁、输电塔和渡槽等受风面积大的柔性结构，抗风设计与抗震设计具有同等重要的意义。

图 10.17　Tacoma 桥面板在风中倒塌

要将土木工程设计成能直接抵御台风和龙卷风是不可能的，但将可能发生区的房屋屋面板、屋盖、幕墙等加以特殊锚固，则是必要的，尤其对重要设施（如核能设施）更应加强重点防范。为了减少台风、龙卷风的破坏，可以提高监测、加强抗风能力和完善水利工程。目前卫星、雷达等先进监测设备的使用提高了我们对台风、龙卷风的预报能力，使人们能够及时躲避风灾带来的可能伤害。在设计中，对海洋平台、跨海大桥、码头等结构，台风及台风造成的风暴潮是必须重点考虑的工况。完善水利工程能够避免台风引发的次生灾害和衍生灾害，中断台风灾害链对降低台风损失效果非常明显。

10.3.3　地质灾害

地质灾害是指在自然或者人为因素的作用下形成的，对人类生命财产、环境造成破坏和损失的地质现象。地质灾害主要包括滑坡、泥石流、砂土液化等。滑坡和泥石流一般由暴雨或地震诱发（图 10.18）；砂土液化通常由地震引起（图 10.19）。

（1）滑坡。是指斜坡上的岩体由于某种原因在重力的作用下沿着一定的软弱面或软弱带整体向下滑动的现象。

（2）泥石流。是山区特有的一种自然现象。它是由于降水而形成的一种带大量泥沙、石块等固体物质条件的特殊洪流。

图 10.18　山体滑坡　　　　　　　　　　图 10.19　砂土液化

（3）砂土液化。饱水的疏松粉、细砂土在振动作用下突然破坏而呈现液态的现象。

滑坡和泥石流的形成原因是山体的整体性和稳定性差，同时山体浅层中含黏土等细粒颗粒较丰富，在暴雨侵蚀下黏土层抗剪强度降低，在上部土体的重力作用下形成滑动层。滑坡的防治有三种方法：锚杆加固法、建立护坡或挡土墙、降低坡度法，多数时候这三种方法要同时采用。1999 年 12 月委内瑞拉沿加勒比海岸的 8 个州在暴雨侵袭下山体大面积滑坡、几十条山谷同时爆发泥石流，造成数万人死亡，经济损失超过 100 万美元。此次灾难造成许多小镇被摧毁，沿岸城市的供水、供电、交通，包括隧道严重破坏，连玻利瓦尔国际机场也被迫关闭，严重阻碍了救灾行动的开展。

砂土液化是指在遭受地震时发生的一种土壤喷沙冒水现象。其发生原理是在地震作用下土壤中的孔隙水达到了饱和水压力、土壤抗剪强度降为零。土壤液化对建筑基础和埋地管线等地下建筑的破坏很严重。由于液化土壤抗剪强度为零，会造成基础发生不均匀沉降，上部结构则会出现裂缝、倾斜甚至倒塌。土壤液化还会引起埋地管线发生不可恢复的大变形，甚至将管线接头拔出或造成管线断裂。土壤液化是造成 1995 年日本神户地震中埋地管线破坏的主要原因。

砂土液化的防治主要从预防砂土液化的发生和防止或减轻建筑物不均匀沉陷两方面入手。防治方法主要包括合理选择场地；采取振冲、夯实、爆炸、挤密桩等措施，提高砂土密度；排水降低砂土孔隙水压力；换土置换，板桩围封，以及采用整体性较好的筏基、深桩基等方法。

10.3.4　建筑工程事故灾难

工程事故灾难是由于勘察、设计、施工和使用过程中存在重大失误造成工程倒塌（或失效）引起的人为灾害。它往往带来人员的伤亡和经济上的巨大损失。表 10.2 为我国建设部规定建筑工程中的工程事故级别。

总的来说，建筑事故基本上可分为两类：建筑工程质量事故和施工安全事故。建筑工程质量事故是由于"产品"——房屋本身的质量不过关，从而导致在施工过程中或后期使用上出现意想不到的事故，此类事故的发生一般要经过一段相对较长的时间，如哈尔滨阳台坠落事故和戴高乐机场顶棚倒塌事故；施工安全事故则是在"产品"制造过程中由于施工人员的安全措施不到位，或缺乏安全意识等而造成的严重后果，如湖南加油站的伤亡事故和洛阳高空坠落事故。

表 10.2　　　　　　　　　　　　建 筑 工 程 事 故 级 别

重大事故级别	伤亡人数	直接经济损失人民币（万元）
一级	死亡 30 人以上	或 300 以上
二级	死亡 10～29 人	或 100 以上 300 以下
三级	死亡 3～9 人，重伤 20 人以上	或 30 以上 100 以下
四级	死亡 2 人以下，重伤 20 人以上	或 10 以上 30 以下
一般质量事故	重伤 2 人以下	或 10 以上 30 以下

　　由于建筑产品本身的特殊性和复杂性，涉及的单位和人员众多，因此，对于质量事故的发生，首先要进行责任划分。通过对国内外大量建筑工程事故的综合分析，造成工程事故灾难的原因有以下两大方面。

　　（1）从技术方面来看，大体有：

　　1）地质资料的勘察严重失误，或根本没有进行勘察。

　　2）地基过于软弱，同时基础设计又严重失误。

　　3）结构方案、结构计算或结构施工图有重大错误，或凭"经验"、"想象"设计。

　　4）材料和半成品的质量严重低劣，甚至采用假冒伪劣的产品和半成品。

　　5）施工和安装过程中偷工减料，粗制滥造。

　　6）施工的技术方案和措施中有重大失误。

　　7）使用中盲目增加使用荷载，随意变更使用环境和使用状态。

　　8）任意对已建成工程打洞、拆墙、移柱、改扩建、加层等。

　　（2）从管理方面来看，大体有：

　　1）由非相应资质的设计、施工单位进行设计施工。

　　2）建筑市场混乱无序，出现"六无"工程项目。

　　3）"层层分包"现象普遍，使设计、施工的管理处于严重失控状态。

　　4）企业经营思想不正，片面追求利润、产值，没有建立可靠的质量保证制度。

　　5）无固定技工队伍，技术工人和管理人员素质太低。

10.3.5　工程结构抗灾与改造加固

　　土木工程抗灾最终要落实在工程结构抗灾和工程结构在受灾以后的检测与加固等。工程结构受到地震、风、火、水、冰冻、腐蚀和施工不当引起的灾害，涉及灾害材料学、灾害检测学、灾害修复加固等领域。

　　1. 材料在灾害环境下的性能

　　工程结构的抗灾研究中，首要关注的是材料受灾后的性能变化，即灾害对材料物理力学性能的影响，也即材料在灾害作用下的损伤等。材料灾害的研究在大型工程（如大型基础、大坝和海洋平台）的建设中尤为重要。这些大型工程体量大、造价高、建筑环境复杂、监测困难，一旦投入使用，材料灾害就成为隐患。即使在使用中发现问题，往往也很难补救。这要求在建设之初就要预见材料可能出现的灾害，如在海洋平台中要考虑海水对材料的侵蚀和材料冻融破坏及材料在火灾中的性能变化等。

2. 结构灾害检测

检测，在受灾的土木工程结构鉴定和加固中有非常重要的地位。检测的程序为：检测任务委托，收集原设计图纸及竣工图，外观检测，材料检测，构件变形及现有强度评估，有无可修性（若无可修性，则降级处理；若有可修性，则进行内力分析与演算，检验是否满足规范要求），寿命估计、是否要加固，施工等。

混凝土和砌体结构的检测除了现场观察结构是否出现真实结构裂缝外，通常需要先根据图纸数据，进行理想结构的受力分析，找出关键结构，如关键的梁、柱和墙，然后在建筑现场对关键结构的关键部位采用回弹法确定混凝土碳化深度和弹性模量；对砌体结构用回弹仪分别测量砂浆和砌块，可以直接得到砂浆和砌块的实际强度和弹性模量。对部分关键混凝土构件采用钻孔取芯得到真实的混凝土块，在实验室里测得真实的混凝土强度。将实测材料强度和弹性模量代入结构计算模型进行受力分析，分析结果可以评估结构是否安全（否则指出不安全的构件），这是结构加固的依据。

结构检测报告一般包括：现状调查，图纸核对，材料强度鉴定，承载能力验算等。

3. 工程结构改造与加固

工程结构改造通过改变结构形式或结构构件的位置，拓展结构的使用范围；结构加固后能够使失去部分抗力的结构重新获得或超过原来设计抗力。

常见的结构改造方案有结构加层、结构减柱或植柱等。结构加层通常是为了适应结构用途的改变或新的功能要求。结构减柱常用在结构大厅改造，通过减少大厅柱子的数量，使大厅的建筑效果或使用功能更完美。由于柱子是最重要的结构承载构件，减柱的同时通常需要加固部分保留柱，改造梁的布置，从而改变荷载传递路线。植柱通常用在使用荷载加大的情况，如某普通建筑改造成图书馆的情况。

结构加固比结构改造更为常见。结构加固的原因往往有以下几种。

（1）使用荷载增加。

（2）抗震加固。

（3）灾害后的结构或纠正设计和施工失误。

（4）保护性的历史建筑。

结构加固通常限于局部结构的加固，如地基加固、梁柱加固、楼板和屋面板的加固等。如果一个结构需要全面加固往往意味着结构加固方案比结构重建方案在造价上丧失了优势。上部为软土地基，当基础设计不当时很容易发生结构不均匀沉降，导致上部结构开裂，当上部结构增加时，有时也需要地基加固。

复 习 思 考 题

（1）什么是灾害？土木工程防灾的意义是什么？

（2）地震对土木工程的危害有哪些？

（3）土木工程抗震设防的指导思想和抗震的总体原则是什么？

（4）请结合实例，说明火灾对土木工程的影响。

第 11 章 土木工程认识实习

11.1 认识实习的目的和要求

认识实习是土木工程专业实践教学的重要环节，是土木工程专业实习教学的有机组成部分。通过现场参观和听取一些大型工程介绍，建立一定感性认识，引导学生进入专业领域，初步了解专业现状。

11.1.1 实习目的

（1）通过参观，对土木工程有一个概括的了解。初步了解一般建筑工程、建筑装饰工程、道路与桥梁工程、铁路工程、隧道工程的设计、施工过程等。

（2）了解土木工程种类、结构类型、结构构件的布置及荷载传递路线、建筑物的总平面布置等。

（3）了解建筑、结构、施工之间的关系。

（4）了解建筑物的一般施工程序及方法。

（5）了解建筑结构、建筑材料领域的新动态和发展方向。

（6）丰富学生对土木工程建筑的感性认识，培养专业兴趣，明确学习目的。

（7）培养参观学习、调查研究的能力和实习报告的写作能力。

（8）培养劳动观点、团队合作观念和艰苦奋斗精神，学习工人阶级的高贵品质。在实习过程中向工人、技术人员和生产实际学习，初步培养学生吃苦耐劳的精神及严谨的工作作风。了解国情及土木工程专业，增强对专业的热爱。

11.1.2 实习要求

（1）学生在实习期间应高度重视实习安全。

（2）学生每天应根据实习内容填写实习日记。

（3）学生应收集实习素材，并根据实习内容和实习体会编写、提交实习报告。

（4）实习时间为一周，具体安排根据各学校实际情况确定。

11.2 认识实习的内容

土木工程认识实习以现场参观为主，辅以声像教学、专题讲座等形式，帮助学生建立起对土木工程的感性认识，增强学生对专业的了解和热爱，为后续课程的学习打下基础。学生必须认真对待认识实习，在实习过程中应端正态度，无特殊情况不得缺勤。同时，学生应学会查找和收集与认识实习相关的资料与素材，为顺利完成实习打下坚实的基础。

1. 实习地点及日程安排

《土木工程概论》课程认识实习以现场参观为主，以声像教学为辅。

选择若干具有代表性的已建房屋、道路、桥梁、码头、机场等建筑物，组织学生参观。从建筑构造、结构、建筑材料、施工、设计等方面获得一定的感性认识，初步了解施工现场生产过程和常用的建筑材料、建筑机械设备等。

实习地点及日程安排，由各学校根据自身实际情况确定。

2. 实习内容

重点参观几个已建、在建的土木工程，要求了解以下内容。

（1）建筑工程。

1）工程概况。工程名称、用途、建筑面积、功能分区、各区用途、层数、总高、伸缩缝、沉降缝、抗震缝等构造缝的划分、建筑特点（改为色或风格）等。

2）地基与基础。地基工程地质特征、基础材料与构造形式、基础埋深、地基承载力、持力层、地下水情况等。

3）上部结构。结构形式、结构体系、主要结构构件的尺寸（跨度、截面尺寸）等。

4）对主要建筑构件的认识。

板：板的类型、各种板的厚度、跨度等。

梁：梁的类型、截面形式等。

柱：柱的类型、截面尺寸、材料种类等。

墙：墙的类型、截面尺寸、材料种类等。

5）节点及连接。板与梁、梁与柱、墙与墙、构造柱、圈梁、各种缝的构造做法等。

6）施工与施工管理。施工现场布置、组织管理机构、先进的施工技术与施工方法、安全设施等。

7）施工机械设备。挖掘机、推土机、自卸汽车、塔吊、搅拌机等。

（2）公路与桥梁工程。了解公路、城市道路、桥梁的类型、断面形式、技术等级、基本构成、设计与施工过程、材料特性、发展趋势等。

（3）铁路工程。了解我国铁路发展概况、铁路基本建设程序、铁路选线设计的基本内容、铁路路基及其断面形式；了解轨枕、钢轨、道床、道岔等线路上部建筑；初步了解高速铁路、城市轻轨与地下铁路、磁悬浮铁路的基本要求与发展趋势等。

（4）隧道工程。了解隧道线形、洞型（断面形式）、结构材料、施工方法、净空、通风方式、照明方式、发展趋势等。

11.3 认识实习的注意事项

为了保证土木工程概论课程认识实习的顺利进行，安全、圆满完成实习任务，达到实习目的，实习指导教师应向学生做实习前动员工作，进行安全教育。

1. 实习动员

（1）严格遵守国家法令，遵守学校及实习单位的各项规章制度和纪律。

（2）实习学生要服从现场实习指导教师的指导，虚心学习，有疑问及时向指导教师或工地施工技术人员、工人师傅请教。

（3）学生在实习期间一般不得请假，因特殊原因需要外出，应事先请假并得到批准。

（4）学生必须按规定时间到达实习地点，实习结束后立即返校，不得擅自去它处游玩。不准以探亲或办事为由延误实习时间，违犯者以旷课论，严重者取消实习资格。

（5）学生应逐日编写实习日记，指导教师应不定期检查。

（6）实习结束时按规定时间上交实习报告，供指导教师评定实习成绩之用，不得拖延。

2. 安全教育

安全教育是一项十分细致、十分重要的实习准备工作，确保实习安全是保障实习顺利进行的首要工作。因此，学校和实习单位必须本着对实习学生高度负责的精神，认真做好安全教育，提高学生的自我防护能力，使实习学生在工地上做到"三不伤害"（不伤害别人、不伤害自己、自己不被别人伤害），以确保学生的人身安全和实习的正常进行。

（1）全体学生必须牢固树立"安全第一、预防为主"的观念，千万不能麻痹大意。每位学生都有安全防范、发现安全隐患后及时汇报和协助处理安全事故的义务和责任。

（2）每次到施工现场前，务必事先了解施工现场的放炮时间、地点和工作面的安全情况；进入工地后，要特别留心在建工程预留洞口、电梯井口、通道口、楼梯口及楼面临边、屋面临边、阳台临边、升降口临边、基坑临边的安全，严禁在这些地方打闹和逗留。

（3）进入工地或工厂，不得穿短裤、裙子、短袖衣服、拖鞋、凉鞋、高跟鞋、硬底易滑的鞋子，必须佩戴并系好安全帽。若实习工地或工厂要求穿劳保服装，则必须穿劳保服装。

（4）在工地或工厂，严禁吸烟，严禁嬉戏打闹，不得独自前往没有照明的、情况不明的工作面。必须到场时，应结伴同行。

（5）学生到现场之后，特别是在危险地段巡视和操作时，必须事先观察自己所处的位置，选择好万一发生意外时的避让地点，按照"一看、二防、三让、四报告、五处理"的程序防范和处理安全事故。

（6）在工地或工厂，需要攀爬脚手架或梯子时，必须事先检查脚手架和梯子的稳定性和是否带电。

（7）凡有心脏病、癫症、易发生突然晕厥的疾病或不适应高空操作的学生，应提前告知指导教师，严禁攀爬脚手架和梯子。

（8）严禁在安全事故未处理完毕的地方和存在安全隐患的地点进行巡视和操作。

（9）应注意饮食和饮水卫生，生病要及时治疗，雨天和冬天还要注意防滑，同学间要互相关照。若有意外，要及时报告指导教师或拨打急救电话120。

（10）要妥善保管好自己的物品，注意防盗。若有意外，要及时报告指导教师或拨打报警电话110。

（11）无论在工地或工厂，都要注意用电安全和防火。若有意外，要及时报告指导教师或拨打火警电话119。

（12）严禁聚众打架、斗殴、赌博；严禁酗酒；严禁下河游泳；严禁驾驶车辆；严禁操作塔吊、挖掘机、搅拌机、电梯、钢筋切割机等施工机械；严禁到网吧、歌舞厅娱乐。

（13）休息时间，尽量多与工地、工厂技术人员交流，严禁单独外出和不假外出。

（14）学生在实习日记中，应如实记录当天的安全生产情况。最终实习报告中，应有安全生产方面的体会和总结。

11.4 认识实习报告的书写要求

实习日记和实习报告是评定实习成绩的重要依据。实习日记是积累实习素材的一种重要方式。学生在实习期间必须根据实习要求，逐日认真写好实习日记。根据自己的实习内容，用文字、图表等简明记述实习中的所见所闻和心得体会，如新材料种类、新施工方法及其技术经济指标、劳动力组织及工作安排、施工进度计划和施工平面图布置、项目经理部的组织机构及职能等，也可通过现场测绘草图按比例表达实物形象，如结构布置、新结构特点等。参观已建工程、工厂，参加工作例会，听取专题报告、现场教学，参与施工操作，安全隐患与防范措施，还有实习工程的形象进度、技术调查及实习收获与体会等，也应及时写入实习日记中，为实习报告的编写积累素材。

实习结束时，学生应按实习要求，根据实习日记所积累的资料，进行全面的分析，总结为期一周的认识实习，包含对本专业现状与前景的认识、对学校实习的建议及需要改进的地方等，及时写出实习报告。实习报告要能反映学生对实习内容的理解和实习收获，也要能反映学生分析问题、归纳问题的能力。一般来说，实习报告总字数不宜少于 5000 字。实习报告内容因实习内容而异，就《土木工程概论》而言，其具体内容见本章第二节所述。

复 习 思 考 题

（1）如何编写合格的认识实习报告？

（2）认识实习过程中应注意哪些安全问题？

（3）如何理解实习的重要性？如何圆满完成实习任务？

（4）你在本次认识实习中最大的收获或得到的最大启发是什么？对你将来参加类似实习有何帮助？对学校的实习安排有何建议？为什么？

附　录　1

模 拟 试 题 A 卷

（满分 100 分，考试 120 分钟）

一、单项选择题（共 20 分，每小题 2 分）

1. 钢筋按抗拉强度可分为（　　）个等级。

A. 4　　　　　　　　　B. 5　　　　　　　　　C. 6　　　　　　　　　D. 7

2. 板按受力形式可分（　　）。

A. 水平板和斜向板　　　　　　　　　　B. 单向板和双向板

C. 简支板和固支板　　　　　　　　　　D. 单层板和多层板

3. 一端铰支座另一端滚动支座的梁称为（　　）。

A. 简支梁　　　　　　　　　　　　　　B. 悬臂梁

C. 固支梁　　　　　　　　　　　　　　D. 一端简支一端固支梁

4. 用于门窗等洞口上部用以承受洞口上部荷载的梁是（　　）。

A. 次梁　　　　　　　B. 连梁　　　　　　　C. 圈梁　　　　　　　D. 过梁

5. 可用于增强结构抗震性能的梁是（　　）。

A. 次梁　　　　　　　B. 连梁　　　　　　　C. 圈梁　　　　　　　D. 过梁

6. 可同时承受压力和弯矩的基本构件是（　　）。

A. 板　　　　　　　　B. 梁　　　　　　　　C. 柱　　　　　　　　D. 桩

7. 道路根据其所处的位置、交通性能、使用特点等主要分为（　　）。

A. 高速公路、普通公路　　　　　　　　B. 干道、支道

C. 公路、城市道路　　　　　　　　　　D. 高速公路、城市道路

8. 下列选项中（　　）属于公路等级划分的标准。

A. 使用年限　　　　B. 车道数　　　　C. 交通量　　　　D. 所处地理位置

9. （　　）是连接城市各主要部分的交通干道，是城市道路的骨架。

A. 快速道　　　　　B. 主干道　　　　C. 次干道　　　　D. 支道

10. 高速公路行车带的每一个方向至少有（　　）车道。

A. 一个　　　　　　B. 两个　　　　　　C. 三个　　　　　　D. 四个

二、填空题（共 40 分，每空 1 分）

1. 常用的土木工程材料有：_____、_____、_____、_____、_____、_____、_____。

2. 混凝土材料的组成：_____、_____、_____、_____、_____。

3. 对于一个土木工程结构来讲，其承受的力分为：_____、_____、_____。

4. 房屋建筑工程的典型结构包括：_____、_____、_____、_____等。

5. 梁桥的基本组成：_____、_____、_____、_____、_____。

6. 隧道工程按照施工方法划分有：_____、_____、_____、_____。

7. 城市道路按照在路网中的地位和交通功能可分为：_____、_____、_____、_____、_____。

8. 桩基础按照材料来划分包括：_____、_____、_____、_____、_____。

三、简述题（共 30 分，每小题 6 分）

1. 简述自然灾害的主要类型及其对土木工程的影响分析。

2. 简述地铁隧道的组成及其用途。

3. 简述土木工程的发展趋势。

4. 以材料的发展过程为主线，论述土木工程的发展过程。

5. 计算机在土木工程中的应用有哪三个方面？并简述其内容。

四、论述题（共 10 分）

结合自身的理解，以某种工程（桥梁/隧道/建筑结构……）为例，论述其建设和运营管理的基本程序。

模 拟 试 题 B 卷

（满分 100 分，考试 120 分钟）

一、单项选择题（共 20 分，每小题 1 分）

1. 1825 年，法国的纳维建立的土木工程结构设计方法是（　　）。

A. 容许应力法　　　　　　　　　　　B. 极限应力法

C. 最大强度设计法　　　　　　　　　D. 基于概率的极限状态设计法

2. 中国的北京故宫属于（　　）。

A. 钢结构　　　　　　　　　　　　　B. 砖石结构

C. 木结构　　　　　　　　　　　　　D. 钢筋混凝土结构

3. 目前世界最高的大厦在（　　）。

A. 美国　　　　　　B. 英国　　　　　　C. 中国　　　　　　D. 马来西亚

4. 美国金门大桥是世界上第一座单跨超过千米的大桥，它属于（　　）。

A. 立交桥　　　　　B. 石拱桥　　　　　C. 斜拉桥　　　　　D. 悬索桥

5. 世界上跨度最大的悬索桥是（　　）。

A. 日本明石海峡大桥　　　　　　　　B. 美国金门大桥

C. 丹麦达贝尔特东桥　　　　　　　　D. 英国恒伯尔桥

6. 上海杨浦大桥属于（　　）。

A. 悬索桥　　　　　B. 钢拱桥　　　　　C. 斜拉桥　　　　　D. 石拱桥

7. 目前世界上最长的隧道是（　　）。

A. 挪威的山岭隧道　　　　　　　　　B. 瑞士的圣哥隧道

C. 日本的青函海底隧道　　　　　　　D. 中国的大瑶山隧道

8. 上海东方明珠电视塔属于（　　）。

A. 高层建筑　　　　　　　　　　　　B. 大跨建筑

C. 水利工程建筑　　　　　　　　　　D. 高耸结构建筑

9. 部分城市建筑物中已禁止使用的砖是（　　）。

A. 黏土砖　　　　　B. 页岩砖　　　　　C. 粉煤灰砖　　　　D. 炉渣砖

10. 工程中应用最广的水泥是（　　）。

A. 硅酸盐水泥　　　B. 铝酸盐水泥　　　C. 硫酸盐水泥　　　D. 磷酸盐水泥

11. 可形成地下连续墙的地基处理方法（　　）。

A. 振冲法　　　　　　　　　　　　　B. 换填法

C. 深层搅拌法　　　　　　　　　　　D. 高压喷射注浆法

12. 板按受力形式可分（　　）。

A. 水平板和斜向板　　　　　　　　　B. 单向板和双向板

C. 简支板和固支板　　　　　　　　　D. 单层板和多层板

13. 一端铰支座另一端滚动支座的梁称为（　　）。

A. 简支梁   B. 悬臂梁

C. 固支梁   D. 一端简支一端固支梁

14. 用于门窗等洞口上部用以承受洞口上部荷载的梁是（　　）。

A. 次梁   B. 连梁   C. 圈梁   D. 过梁

15. 可用于增强结构抗震性能的梁是（　　）。

A. 次梁   B. 连梁   C. 圈梁   D. 过梁

16. 可同时承受压力和弯矩的基本构件是（　　）。

A. 板   B. 梁   C. 柱   D. 桩

17. 道路根据其所处的位置、交通性能、使用特点等主要分为（　　）。

A. 高速公路、普通公路   B. 干道、支道

C. 公路、城市道路   D. 高速公路、城市道路

18. 下列选项中（　　）属于公路等级划分的标准。

A. 使用年限   B. 车道数   C. 交通量   D. 所处地理位置

19. （　　）是连接城市各主要部分的交通干道，是城市道路的骨架。

A. 快速道   B. 主干道   C. 次干道   D. 支道

20. 高速公路行车带的每一个方向至少有（　　）车道。

A. 一个   B. 两个   C. 三个   D. 四个

二、不定项选择题（共 10 分，每小题 2 分）

1. 下列选项中属于特殊土地基的有（　　）。

A. 黏土地基   B. 湿陷性土地基   C. 膨胀土地基   D. 冻土地基

2. 桩按施工方法可分为（　　）。

A. 端承桩   B. 摩擦桩   C. 预制桩   D. 浇注桩

3. 隧道工程地质勘察的详细勘察阶段的主要工作有（　　）。

A. 核对初勘地质资料   B. 勘察初勘未查明的地质问题

C. 确定隧道最佳路线   D. 对初勘提出的重大地质问题做细致调查

4. 下列选项属于深基础的是（　　）。

A. 桩基础   B. 沉井基础   C. 单独基础   D. 地下连续墙

5. 结构设计的基本目标包括（　　）。

A. 经济性   B. 可靠性   C. 适用性   D. 观赏性

三、简答题（共 20 分，每小题 4 分）

1. 钢筋混凝土的优点和缺点有哪些？

2. 按照在城市交通中起的作用的不同，城市道路可分为哪些类型？

3. 桥梁总体规划、初步设计阶段和施工图设计阶段的基本内容有哪些？

4. 隧道及地下工程的施工方法有哪些？

5. 按照施工方法的不同，桩基础的类型有哪些？

四、简述题（共 35 分，每小题 7 分）

1. 简述土木工程的课程体系，即大学 4 年土木工程专业应学的课程类型。

2. 简述土木工程灾害的主要类型及减灾的主要措施。

3. 公路的结构组成方面有哪些，并简述线路方案的选择过程。

4. 简述水底隧道的合理埋深需要考虑的因素及其防水措施。

5. 简述拱桥的施工方法，并介绍其施工过程。

五、论述题（共 15 分）

谈一下你对土木工程专业范围及应用的理解及其对本课程上课的建议。土木工程专业学生毕业后可以做什么？毕业后你打算做什么？

附 录 2

认识实习报告范例

××大学

××学院认识实习报告

班 级＿＿＿＿＿＿＿＿

姓 名＿＿＿＿＿＿＿＿

学 号＿＿＿＿＿＿＿＿

指导教师＿＿＿＿＿＿＿＿

日 期＿＿＿＿＿＿＿＿

一、实习情况

一周的认识实习结束了。在这短暂的一周里，我们在老师的带领下参观了学校本部建工实验室、学校综合楼工地和校外的世纪园商住楼小区、景泰住宅小区施工工地、城市道路路面改造（加上施工工地）、城市道路隧道工程施工工地、市篮球馆（加上施工）工地。通过参观，我们学到了许多在课堂上无法学到的专业知识，开阔了眼界。

（一）学校本部建工实验室

我们参观了主校区的建工实验室。该建工实验室由建筑材料实验室、土力学实验室两部分组成。

建筑材料实验室主要承担各种建筑材料力学性能的测试工作。现阶段主要面向学生开设的建筑材料试验有：

1. 建筑材料的基本性质试验。包括材料密度测定；表观密度测定；吸水率试验。主要仪器设备有李氏瓶、各种孔径筛子、烘箱、干燥器、天平、游标卡尺、各种规格玻璃（或金属）盆等。

2. 水泥试验。包括水泥细度检验；水泥标准稠度用水量、凝结时间、安定性测定；水泥胶砂强度检验。主要仪器设备有试验筛、负压筛析仪、水筛架和喷头、天平水泥净浆搅拌机、水泥净浆标准稠度与凝结时间测定仪、沸煮箱、雷氏夹、量水器、搅拌机、试模、振实台、抗折强度试验机、抗压强度试验机等。

3. 混凝土骨料试验。包括细骨料试验；粗骨料试验。主要仪器设备有试验筛、天平、摇筛机、烘箱、浅盘、毛刷、容器等。

4. 普通混凝土拌和物性能试验。包括坍落度试验；混凝土拌和物表观密度试验。主要仪器设备有搅拌机、磅秤、天平、量筒、拌铲、拌板、坍落度筒、捣棒、维勃稠度仪、振动台等。

5. 普通混凝土力学性能试验。包括混凝土立方体抗压强度试验；混凝土劈裂抗拉强度试验。主要试验设备有试件制作用设备、万能试验机、垫条等。

6. 砂浆试验。包括稠度试验；分层度试验。主要试验设备有砂浆稠度仪、捣棒、秒表、砂浆分层度筒等。

以上介绍的试验和试验设备，在《土木工程概论》课程的土木工程材料章节有所涉及。但要真正亲自来操作这些仪器设备完成试验，要到学习《土木工程材料》课程以后。参观了建筑材料性能试验室，见识了许多从来都没有见到过的仪器设备，使我对后续课程《土木工程材料》有了进一步的认识。

土力学试验室主要承担《土力学地基基础》课程试验。试验主要有：土的基本物理性质指标，即土的密度和土的重度、土粒比重、土的含水率测定；反映土的疏密程度的指标，即土的孔隙比、土的孔隙度的测定；反映土中含水程度的指标，即含水率、土的饱和度的测定；土的物理状态指标如无黏性土的密实度、黏性土的物理状态指标液限、塑限、缩限的测定。

（二）学校综合楼工地

学校综合楼由市建工集团有限公司第五项目部负责承建。本建筑是一座集教学、科

180

研、办公于一体的多层综合性建筑。整个建筑为六层，地上局部五层、地下局部两层，建筑主体高为273m，总建筑面积为18900m²，结构形式为框架结构，建筑耐火等级为地下一级、地上二级，建筑抗震设防烈度为七度。

我们参观的当天，工地上主要的施工工序是三楼楼面的钢筋绑扎工程。指导老师和工地施工技术人员主要就钢筋工程给我们作了详细介绍。钢筋的分类方法很多，按生产工艺分类：建筑工程中常用的钢筋按轧制外形分为光面钢筋和螺纹钢筋；按化学成分分类：钢筋可分为碳素钢钢筋和普通低合金钢钢筋；按结构构件的类型不同可分为普通钢筋和预应力钢筋。普通钢筋按强度分为HPB235、HRB335、HRB400、RRB400等4种。钢筋的性能包括钢筋的化学成分和力学性能。钢筋进入施工场地应有出厂质量证明书或实验报告单，并按照品种、批号及直径分批验收，验收内容包括钢筋标牌和外观检查，并按照有关规定取样，进行力学性能试验。光面钢筋一般以盘条的形式运至施工现场，主要作为现浇板受力钢筋、箍筋、分布钢筋。光面钢筋需经过钢筋的冷加工过程由盘条形式变成直钢筋形式方能使用。钢筋加工的形式包括冷拉、冷拔、调直、切断、弯曲成形、焊接、机械连接、绑扎钢筋网和钢筋骨架等。其中，冷拉和冷拔是钢筋常用的冷加工方法，该方法可以提高钢筋的强度设计值，达到节约钢材和满足预应力钢筋需要的目的。钢筋一般在钢筋棚加工，然后运至现场安装或绑扎。钢筋配料是根据混凝土结构构件的配筋图，计算各类钢筋的直线下料长度、根数和数量，填写钢筋配料单，作为钢筋备料加工的依据。该过程主要涉及钢筋下料长度的计算和钢筋弯钩增加长度和弯折量度差值的计算。钢筋配料直接决定了钢筋工程的质量和经济效益，下料长度应尽量在偏差允许范围内，以免造成浪费。施工中如遇到供应的钢筋品种或规格与设计图纸要求不符的情况时，可进行钢筋代换，在代换时应首先征得设计单位的同意。主要的代换方法有等强度代换和等面积代换。加工好的钢筋运至现场后的施工工序是钢筋的绑扎和安装。在绑扎和安装前，必须熟悉图纸，仔细核对加工完成的钢筋与配料单和料牌是否相符，研究钢筋的安装及相关工种的配合，确定施工方法。钢筋安装完毕后，应根据图纸检查钢筋的钢号、直径、形状、尺寸、根数、间距和锚固长度等是否正确。特别注意检查负筋的位置、搭接长度及混凝土保护层是否符合要求，钢筋绑扎是否牢靠，钢筋表面是否被污染等。

通过对学校综合楼工地的参观，使我对现浇框架结构施工过程中的钢筋工程的施工步骤有了感性的认识。

（三）世纪园商住楼小区

世纪园商住楼小区是已经完工的成熟小区。参观该小区的主要目的是了解住宅小区的规划、园林设计和住宅设计的一些基本知识。

世纪园商住楼小区坐落于市郊。相较于城市中心地带的住宅小区，其在整个小区的规划上拥有的最大优势是：建筑场地大便于进行合理规划。城市中心地带的小区往往因为地势所限而给人见缝插针的感觉。只要条件允许，现在的房地产开发商都很注重住宅小区的园林景观设计。这不仅可以为小区的业主创造优美宁静的生活环境，也成为房地产开发公司争取利润最大化的手段，不失为双赢的举措。世纪园小区就是这样一个环境优美的小区。小区规划设计者在满足国家关于住宅设计相关规定，如建筑容积率、建筑密度、绿化率等指标的前提下，利用小区整体地势北高南低的特征，设计了一条宽窄深浅不一的人工河道，整个小区的园林设计就围绕河道展开，栋栋住宅楼掩映在河道旁的绿树丛中。离河道最近的是小规模的连排别墅区，远一些是五至六层楼高的洋房区，整个小区的外围是小高层和高层住宅楼。

小区的住宅建筑均采用坐北朝南的平面布置方式，使得住户拥有最好的房间朝向。开发商为了满足不同层次人群的住房需求，小区内住宅的建筑面积有 $60\sim300\mathrm{m}^2$ 多种户型，为不同类型的购房者提供了多种选择。

通过老师的介绍还学到以下专业术语：

（1）建筑容积率。是指项目规划建设用地范围内全部建筑面积与规划建设用地面积之比，附属建筑物也计算在内，不计算面积的附属建筑物除外（但应注明）。

（2）建筑密度。即建筑覆盖率，指项目用地范围内所有基底面积之和与规划建设用地之比。

（3）绿化率。是指规划建设用地范围内的绿地面积与规划建设用地面积之比。

以上所提到的规划建设用地面积是指项目用地红线范围内的土地面积，一般包括建设区内的道路面积、绿地面积、建筑物或构筑物所占面积、运动场地，等等。对于发展商来说，容积率和建筑密度决定地价成本在房屋中占的比例。而对于住户来说，容积率和建筑密度直接涉及居住的舒适度。容积率越低，居住密度越小，居民的舒适度越高，反之则舒适度越低。

另外，最值得一提的是，据指导老师介绍，该小区是节能建筑示范小区。所谓节能建筑，又称为适应气候条件的建筑，是指采取相应的措施，利用当地有利的气象条件，避免不利的气象条件而设计的低能耗的建筑。当今世界能源短缺日益严重，全世界有很多国家和地区都在从事建筑的节能技术研究，利用再生能源设计和建造节能建筑。我国节能建筑实现节能的主要途径有：从建筑围护结构、采暖系统以及运行管理上采取有效措施节约能源；加强围护结构的保温隔热（加上性能）和气密性；提高采暖系统的效率；设计节能型建筑、设计优化的结构。具体做法有：选择建筑表面积小的住宅外形；选择合适的窗面积以及布置方位；调整受日照方向；防止缝隙进风；使用绝热材料等。对墙体实施复合保温是目前外墙节能的主要措施。

（四）景泰住宅小区施工工地

该工地刚开工不久，正在进行小区 A 栋小高层住宅楼的基础工程施工。基础作为建筑物的根基，是很重要的。若地基基础不稳固，将危及整个建筑物的安全。建筑物上部结构以及使用过程中产生的所有荷载都要通过基础向地基传递，只有可靠的基础才能使建筑物稳固地立于地基之上。

建筑物的基础有很多种形式。根据基础埋置的深浅分为浅基础和深基础。一般低层和多层工业与民用建筑物应尽量采用浅基础，因为浅基础技术简单、造价低、工期短。常用的浅基础类型包括：柱下独立基础、条形基础、十字交叉基础、筏板基础等。常用的深基础类型包括：桩基础、大直径桩墩基础、沉井基础、地下连续墙等。其中，以桩基础应用最为广泛。

地基基础的设计不能孤立地进行，需要与建筑物上部结构所采用的结构形式相匹配，综合下部建筑场地条件，全面考虑。地基基础的工程量、造价和施工工期，在整个建筑工程中占相当大的比重，尤其是高层建筑或软弱地基。有的工程地基基础的造价超过主体工程造价的 1/4～1/3。而且建筑物的基础是地下隐蔽工程，工程竣工验收时已经埋于地下，难以检验。地基基础事故的预兆不易察觉，一旦出事，难以补救。因此，在地基勘测和基础设计、施工过程中都应充分认识地基基础的重要性。

小区 A 栋住宅楼采用桩基础。一般情况，桩基础又分为摩擦桩和端承桩。摩擦桩是指桩顶荷载由桩侧阻力承担的桩，而端承桩的桩顶荷载由桩端的阻力承担。A 栋住宅上部结构一层、二层为框架结构的商用建筑，三层至顶层为住宅建筑。因建筑场地处于岩溶地区，经水文地质勘探发现场地局部有石牙、大体积孤石等喀斯特地形地貌特征。结合上部结构形式采用框架柱下独立桩基础的基础形式是比较理想的。柱下独立桩基础施工时，因桩孔径多在 1～2m，桩身长短则由地基土下持力层深浅决定。所以，工地上通常采用人工挖孔桩的施工方法。在施工过程中，要做好孔桩内壁的护壁工作，做到边挖边支护，以确保施工人员的安全。同时，当挖到一定深度时，做好桩孔内的通风工作。当挖到基础设计深度时，施工技术人员必须亲自下到孔桩底部进行验槽工作，以校核孔桩开挖标高是否符合勘察、设计要求，以及检验桩底持力层土质与勘察报告是否相符。据工地技术人员介绍，因不重视验槽工作而造成的基础施工质量事故比比皆是，一定要引起技术人员的足够重视，做到亲力亲为。

（五）城市道路路面改造

实习期间，市内多条道路正在进行大规模"白改黑"工程。所谓的"白改黑"，就是将城市道路的混凝土路面改成沥青混凝土路面。在老师的带领下我们参观了施工现场。

在我的印象中，每逢夏天，柏油路在太阳长时间照射下，高温会使柏油软化并释放出难闻的有毒气体。据工地施工人员介绍，我才知道目前道路建设中已经淘汰煤沥青，取而代之的是石油沥青。现在的"沥青混凝土路面"与过去的"柏油路面"根本就是两回事。柏油是早期沥青的俗名，多为煤沥青，即焦油蒸馏后残留在蒸馏釜内的黑色物质，含有较多有害成分，对人体有较大危害。而石油沥青是原油蒸馏后的残渣，具有较小的温度敏感性和较好的大气稳定性。温度敏感性是指石油沥青的黏性和塑性随温度的升降而变化的性能，温度敏感性越小，变化程度越小。大气稳定性是指石油沥青在热、阳光、氧气和潮湿等因素的长期综合作用下抵抗老化的性能。石油沥青在高温天气下，不会软化变形，也不会释放有毒气体。虽然沥青混凝土路面的造价比混凝土路面高，但是从长远效益以及后期的维护、保养上来看，沥青混凝土路面有着不可比拟的优势。其优势具体表现为：沥青混凝土路面美观、行车舒适、噪声小，对车胎面磨损小，同时有利于提高车轮的抓地力；沥青混凝土路面还具有较强的耐热、耐寒性，在高温情况下会吸收热量，降低城市温度；沥青混凝土具有较强的防滑性；沥青混凝土路面具有较好的韧性，抗压性，拉伸性能好；路面后期维护简易，可以进行部分重建，维护成本低；虽然沥青混凝土路面在铺设过程中会造成一定环境污染，但是沥青材料只要不发生化学上的反应，是可以反复利用的，有效地提高了资源的利用率。

沥青混凝土路面面层沥青混凝土配合比是根据《公路沥青路面施工技术规范》（JTJ 032—1994）进行设计的。沥青混凝土路面必须具有足够的强度、足够的稳定性（包括干稳定性、水稳定性、温度稳定性）、足够的平整度、足够的抗滑性和尽可能低的扬尘性。

城市道路"白改黑"主要施工工序为原路面打毛、清扫、铺网、摊铺沥青混合料、碾压。其中，原混凝土路面打毛、清扫是为了铺设的沥青混凝土与原混凝土路面有牢固可靠的粘接。清理基层表面污染、杂物时，可进行水冲洗。在水冲洗的时间安排上要尽量提前，确保沥青混凝土摊铺时基层干燥。沥青混合料的出厂温度一般控制在190℃以下。正常施工情况下，摊铺温度不低于130～140℃，不超过165℃；在10℃气温时施工不低于140℃，不超过175℃。在雨天或表面存有积水、施工气温低于10℃时，都不得摊铺混合料。摊铺前要对每车沥青混合料进行检验，发现超温料、花白料、不合格材料应拒绝摊铺，退回做废料。参观的当天，施工路面上主要的工序是沥青混凝土摊铺，由大型道路施工机械摊铺机进行铺筑。在连续摊铺过程中，运料车在摊铺机前10～30cm处停住，停车时不能撞击摊铺机。施工人员事先在需铺设路面上按设计标高通过测量、放线，确定需铺设沥青混凝土厚度，调整好摊铺机铺设厚度后，摊铺机即可按要求厚度铺筑。在摊铺速度的选定上一般不得小于1.5m/min，以保证碾压温度不致降至低于完成碾压充分的时间。但是，如摊铺速度过快，则混合料疏度不均、预压密度不一、表面出现拉沟，导致预压效果不佳。摊铺机一定要保持摊铺的连续性，有专人指挥，一车卸完后，下一车要立即跟上，应以均匀速度行驶，以保证混合料均匀、不间断地摊铺。摊铺机前应保持至少3辆运料车，摊铺过程中不得随意变换速度，避免中途停顿，影响施工质量。最后一道工序是碾压，常用的压实机械有静压、轮胎、振动三种。碾压则分三种，分别为初压、复压和终压。初压要求整平、稳定；复压要求密实、稳定、成型；终压则要求消除轮迹。碾压要掌握好碾压时间，碾压有效时间是从开始摊铺到温度下降到80℃之间的时间。混合料开始摊铺后，温度下降最快，大约每分钟4～5℃，所以在摊铺开始后要紧跟摊铺机作业，争取有足够的压实时间。在碾压期间，压路机不得中途停留、转向或制动。压路机不得停留在温度高于70℃、已经压实过的路面上。同时，应采取有效措施，防止油料或其他有机杂质在压路机操作或停放期间撒落在路面上。摊铺和碾压过程中，要组织专人进行质量检测控制和缺陷修复。压实度检查要及时进行。发现不够时，在规定之温度内及时补压。已经完成碾压的路面，不得修补表面。

（六）城市道路隧道工程施工工地

随着城市人口的不断增长和发展的不断加速，我市老城区日渐拥挤，发展空间严重不足。为解决该问题，市政府提出了建设开发新城区的计划。在一系列的基础设施建设规划中，首当其冲的项目是连接新老城区的高等级公路的建设。该项目已于年初开工。在指导教师的带领下，我们参观了该公路建设的控制性工程"南山隧道"工程施工现场。

隧道是交通运输线路穿越天然障碍，包括山岭、丘陵、土层、水域等的有效方法。它具有造价高，施工作业面窄，对工业化、机械化施工要求高，施工场地地质条件复杂多变、施工过程中意外情况多，施工方法需随时作相应调整等特点。道路隧道按所处的位置不同，分为山岭道路隧道、水底道路隧道和城市道路隧道。在公路选线中，采用隧道可为选线提供最佳方案，因为隧道能克服高程障碍、缩短线路长度、减小道路坡度和曲率，从而提高线路技术标准。对于利用隧道缩短线路长度这一点在本工程中体现尤为明显，"南山隧道"通车后，将使新老城区之间行车时间由原来的30min左右缩短为10min左右。

据施工人员介绍，"南山隧道"设计为分离式双向四车道，设计时速为100km/h，隧道净宽 10m，长度为 950m，上下行线均不设应急停车带及人行、车行横洞，单洞开挖断面较大，达到 110m²。隧道质量取决于工艺质量，工艺质量又取决于开挖、初期支护、防排水质量及二次衬砌质量等。隧道施工难度大、周期长、地质条件复杂，开挖时必须遵守"短进尺、弱爆破、强支护、早闭合"的原则。根据隧道进出口地形条件及施工场地的实际情况，隧道开挖可以从两端同时施工，在隧道中间贯通，也可以从隧道一端开挖，在另一端贯通，本隧道施工采用第二种方法。无论采用哪种方法，均宜采用光面爆破技术尽量减少对围岩的扰动。支护要紧跟开挖面，初期支护要遵循"短进尺，早封闭"的原则，必须一炮一支，防止围岩暴露太长而引起的坍方，特别是正洞下部开挖。本工程采用柔性支护体系的复合式衬砌，即以钢拱架、锚杆、喷射混凝土等为初期支护，模注混凝土为二次衬砌，并在两次衬砌之间敷设 EVA 防水板加土工布。施工人员带领我们参观了工地上正在进行的隧道二次衬砌工序，二次衬砌是隧道工程永久性承力结构的一部分，对提高隧道使用寿命和外观质量具有重要的作用。衬砌分为两个部分，一个是拱部的二次衬砌，一个是隧道底部的仰拱衬砌。混凝土二次衬砌施工时间根据现场监控测量结果来确定，在初期支护基本稳定，整体收敛值在规定规范内，围岩及初期支护变形率趋于减缓或稳定时再进行隧道二次衬砌，并将衬砌工作面与开挖工作面拉开 50～100m 的距离，以减少两工作面间的互相干扰，同时避免爆破震动效应对二次衬砌的影响，二次衬砌混凝土灌注采用洞外集中拌和、混凝土输送罐车运输、轨道自动行走液压整体模板衬砌台车、混凝土输送泵车灌注的方法进行。

（七）市篮球馆工地

市篮球馆由省建集团有限公司第十项目部负责承建。本建筑是隶属于市奥林匹克体育中心的一座现代化多功能综合性体育馆。体育馆位于整个奥林匹克体育中心的西南侧，是今年开工建设的重点市政项目之一。

体育馆的建筑面积为 18000m²。比赛场长 50m、宽 32m、高 13m，四周看台有 6000 个座位。为增加使用功能，提高场地使用率，6000 个座位中有三分之一是活动的。场地中心除比赛篮球、手球、羽毛球、乒乓球和体操外，平时还可划分为三个篮球训练场。可活动座位区域可以腾出场地作为柔道、射箭、举重等项目的训练场地。除了主赛场以外，馆内设有豪华典雅的贵宾接待室、会议室及标准的运动员休息室、更衣室、淋浴室，有完善的消防报警系统、配电系统、中央空调系统、计时计分显示系统，有适合国际体育比赛的照明系统和音响系统。具备举办国内外体育比赛、大型文艺活动的良好条件。

从外观来说，体育馆接近正方形，大型屋盖属于大跨空间网架结构。该结构具有可实现的跨度大、经济、安全可靠、抗震性能好、适应性强等优点。另外，网架的网格形式也可为屋面铺设和内部装饰提供方便的条件，通风用管道、灯光、维修的栈道都可以安置在内。其缺点是，网架节点耗钢量大，屋面材料的选用受到某些条件的限制，制造、施工费用较高。

项目部技术人员主要为我们介绍了项目部的组成和运行情况。项目部对本工程制定的质量目标为：百年大计、质量第一的目标，实现系统化、制度化、机械化，确保工程质量目标的实现。其保证质量的具体措施有：

1. 加大施工过程的质量控制，使一切质量管理工作有章可循，使所有施工人员均受到质量管理制度的约束。

2. 实行项目法人及项目经理对所承担的施工项目终身负责制。

3. 严格工程质量监理。要求施工单位主动配合监理工程师做到未经监理人员审批的方案不得用于施工；任何工序未经监理验收合格，不得进行下道工序的施工；未经监理人员审批的材料，不得用于工程施工。

4. 严格执行原材料审批制度，使用符合设计要求的材料。

5. 严格执行工程质量监督制度。充分发挥工程质量监督作用，逐级落实质量责任制。重要部位和施工薄弱环节作为关键控制点，实行专人管理。

6. 选择优秀的施工方案进行施工。

7. 坚持质量奖惩制度。

8. 依靠科技进步，推广应用新技术。

有了好的制度，还要有好的技术人员具体落实，需要各个部门的相互配合与理解才能建立一个完善的施工体系，才能成就一座百年建筑。

二、实习总结

怀着对土木工程的蒙眬认识，第一次来到住宅小区、道路、体育馆等施工现场参观，心里不免有些兴奋，特别是当我们每个同学都戴着一顶和工地施工人员一样的安全帽的时候。第一次这么近距离地参观工地的施工情况，让我充满了期待，期待着某一天成为宏大工程的设计者、施工者或者监理者，那将是多么激动人心的事！

兴奋之余，在指导老师和施工现场技术人员的讲解和介绍下，我才发现自己对土木工程的认识非常的浅薄，还有很多地方需要认真学习。在参观过程中，许多专业名词都是第一次听到，很多甚至是似懂非懂，所以今后一定要更加努力地学习专业知识。作为大学生的我们，实习是一门重要的必修课，它为我们搭建了将理论与实践联系起来的桥梁。为期一个星期的认识实习，使我对所谓"纸上得来终觉浅、绝知此事要躬行"有了更加深刻的理解。实习，顾名思义，在实践中学习。在课堂学习之后，我们需要了解，自己的所学应当如何应用到实践之中。因为任何知识都来源于实践，归结于实践。所以，要将所学付诸实践来检验，并在实践中得到进一步的提升。

土木工程概论的认识实习，不仅让我更好地掌握了课堂知识，开阔了眼界，而且让我对自己所学的专业充满了好奇和兴趣，增加了我对本专业的热爱。我想，有了这样一种热情，在今后的学习中我会加倍地努力，将自己培养成合格的大学生，为顺利走上工作岗位做好充分准备。

附 录 3

中英文名词对照

1. 土木工程概述

土木工程 civil engineering

科学 science

技术 technology

工程师 engineer

建筑材料 construction material

基础工程 foundation engineering

房屋工程 building engineering

桥梁工程 bridge engineering

隧道工程 tunnel engineering

地下工程 underground engineering

公路 highway

铁路 railroad

地铁 metro

设计方法 design method

项目管理 project management

法规 code

环境 environment

灾害 disaster

2. 土木工程发展简史及发展方向

金字塔 pyramid

苏伊士运河 Suez Canal

巴黎圣母院 Notre Dame

卢浮宫 Louvre Palais

埃菲尔铁塔 La Tour Eiffel

凯旋门 Arc de Triomphe

电视塔 tower

3. 土木工程材料

建筑材料 construction material

钢材 steel

钢筋 reinforcement

水泥 cement

混凝土 concrete

骨料 aggregate

粗骨料 coarse aggregate

细骨料 fine aggregate

添加剂 admixture

和易性 workability

水泥浆 slurry

钢筋混凝土 reinforced concrete

预应力混凝土 prestressed concrete

砂浆 mortar

木材 timber

砖 brick

瓦 watt

建筑塑料 construction plastics

沥青 asphalt

有机材料 organic material

无机材料 inorganic material

复合材料 complex material

胶凝材料 gelatinization material

玻璃制品 glass wares

低碳钢 mild steel

合金钢 alloyed steel

冷弯 cold bend

冷拉 cold drawn

冷拔 cold drawing

冷轧 cold reduced

焊接 welding

钢板 steel plate

热轧型钢 hot-rolled steel section

热处理钢筋 heat-treated reinforcement

钢丝 wire-steel

不锈钢 stainless steel

硅酸盐水泥 Portland cement

矿渣硅酸盐水泥 slag cement

火山灰质硅酸盐水泥 pozzolana

粉煤灰硅酸盐水泥 pulverized fuel ash cement

低热水泥 low heat of hydration cement

砌筑水泥 masonry cement

块硬水泥 high early strength cement

细度 degree of fineness

凝结时间 time of setting

安定性 stability

强度 intensity

水化热 heat of hydration

水灰比 water/cement ratio

4. 基础工程

基础工程 foundation engineering

地基 groundwork

刚性基础 rigid foundation

柔性基础 flexible foundation

浅基础 shallow foundation

深基础 deep foundation

5. 建筑工程

建筑工程 building engineering

民用建筑 civil building

工业建筑 industrial building

基本构件 basic member

梁 beam

板 slab

柱 column

拱 arc

木结构 timber

砌体结构 masonry structure

钢筋混凝土结构 reinforced concrete structure

钢结构 steel structure

组合结构 composite structure

索膜结构 pneumatic structure

6. 交通土建工程

桥梁 bridge

涵洞 culvert

上部结构 superstructure

下部结构 substructure

桥台 abutment

桥墩 pier

桥梁基础 foundation

梁桥 girder

拱桥 arch bridge

刚构桥 rigid frame bridge

斜拉桥 cable-stayed bridge

悬索桥 suspension bridge

隧道 tunnel

地下空间 underground space

岩石 rock

衬砌 lining

水底隧道 subaqueous tunnel

地下铁道 underground railway

铁路隧道 railway tunnel

公路隧道 highway tunnel

地铁车站 subway station

新奥法 NATM

隧道掘进机法 TBM

道路 road

城市道路 urban highway

线路 road line

道路交叉口 road intersection

路基 road bed

路堤 embankment

路堑 cutting

路面 pavment

挡土墙 retaining wall

排水系统 drainage system

高速公路 motorway

铁路路基 railroad bed

轨道 rail

轨枕 sleeper

道床 ballast

道岔 turnout

高速铁路 high speed railroad

磁悬浮铁路 magnetic suspension railroad

轻轨 light rail tansport

7. 土木工程设计方法

设计方法 design method

力 force

弯矩 moment
拉力 tension
压力 compression
剪力 shear
扭矩 tortion
荷载 load
作用效应 action effect
容许应力法 allowed stress method
极限状态法 limited state method
计算机辅助设计 computer aided design

8. 项目管理与法规

项目 item
项目管理 project management
法规 code
招标 call for tenders
投标 bid
开标 opening of bids
建设程序 process of construction
可行性研究 feasibility study
建设项目 project
勘察设计 survey and design
竣工 final completion
投标策略 policy of bid
公开招标 open bidding
邀请招标 invitation bidding
施工项目 construction item
合同 contract
成本 final cost
进度 progress

质量 quality
监督 supervise

9. 环境工程概述

环境工程 environment engineering
固体废物处理 solid waste treatment
废水处理 waste water treatment
噪声污染 noise pollution

10. 土木工程灾害及防治

灾害 disaster
地震 earthquake
抗震 anti-seismic
火灾 fire
台风 typhoon
加固措施 reinforce measures

11. 土木工程认识实习

认识实习 recognizing practice
实践 experience
工程概况 general situation of project
住宅小区 residential district
实验室 laboratory
施工工地 construction site
地基 foundation
基础 base
桁架 truss
钢结构 steel structure
摩擦桩 friction pile
端承桩 end-bearing pile

参 考 文 献

[1] 江见鲸，叶志明．土木工程概论 ［M］．北京：高等教育出版社，2001.

[2] 丁大钧，蒋永生．土木工程概论 ［M］．北京：中国建筑工业出版社，2003.

[3] 罗福午．土木工程（专业）概论 ［M］．武汉：武汉工业大学出版社，2001.

[4] 杨成林．直接经验与间接经验相结合的教学规律 ［J］．保山师专学报，1999（4）.

[5] 余峰．两种经验的关系辨析与教改探讨 ［J］．理工高教研究，2005（4）.

[6] 李健．土木工程的发展 ［J］．中外建筑，2006（1）.

[7] 清华大学土木工程系．结构工程科学的未来 ［J］．全国结构工程科学的未来研讨会论文集．北京：清华大学出版社，1988（6）.

[8] 中国建筑工业出版社．现行建筑材料规范大全．北京：中国建筑工业出版社，1995.

[9] 湖南大学，天津大学，同济大学，东南大学四校合编．土木工程材料．北京：中国建筑工业出版社，2002.

[10] 高琼英．建筑材料3版 ［M］．武汉：武汉理工大学出版社，2006.

[11] 黄家骏．建筑材料与检测技术2版 ［M］．武汉：武汉理工大学出版社，2004.

[12] 刘宗仁．土木工程概论．北京：机械工业出版社，2008.

[13] 陈学军．土木工程概论．北京：机械工业出版社，2006.

[14] 赵明华．土力学与基础工程．武汉：武汉工业大学出版社，2002.

[15] 中华人民共和国行业标准．建筑地基处理技术规范（JGJ 79—2002）．北京：中国建筑工业出版社，2002.

[16] 中华人民共和国国家标准．建筑地基基础设计规范（GB 5007—2002）．北京：中国建筑工业出版社，2002.

[17] 丁大钧．高性能混凝土及其在工程中的应用 ［M］．北京：机械工业出版社，2007.

[18] 咸才军．纳米建材 ［M］．北京：化学工业出版社，2003.

[19] 方鄂华．高层建筑结构设计 ［M］．北京：中国建筑工业出版社，2003.

[20] JGJ 3—2002 高层建筑混凝土结构技术规程．北京：中国建筑工业出版社，2002.

[21] 马芹永．土木工程特种结构 ［M］．北京：高等教育出版社，2005.

[22] 李亚东．桥梁工程概论 ［M］．成都：西南交通大学出版社，2006.

[23] 强士中．桥梁工程 ［M］．北京：高等教育出版社，2004.

[24] 杨大勇．我国公路桥梁建设现状和存在的问题 ［J］．黑龙江科技信息，2008（9）.

[25] 李玉山，孙炳云．我国桥式种类及其设计方法的研究 ［J］．黑龙江科技信息，2007（5）.

[26] 关宝树，等．地下工程概论 ［M］．成都：西南交通大学出版社，2001.

[27] 杨其新，等．地下工程施工与管理 ［M］．成都：西南交通大学出版社，2005.

[28] 李围．ANSYS土木工程应用实例 ［M］，北京：中国水利水电出版社，2007.

[29] 梁展凡．我国高速公路建设现状分析及对策探讨 ［J］．经济与社会发展，2004（5）.

[30] 于书翰．道路工程 ［M］．武汉：武汉工业大学出版社，2000.

[31] 吴瑞麟、沈建武．城市道路设计 ［M］．北京：人民交通出版社，2003.

[32] 叶国铮、姚玲森．道路与桥梁工程概论 ［M］．北京：人民交通出版社，1999.

[33] 孙章、何宗华．城市轨道交通概论 ［M］．北京：中国铁道出版社，2000.

［34］　陶龙光、巴肇伦．城市地下工程［M］．北京：科学出版社，1996.

［35］　关宝树．地下工程［M］．北京：科学出版社，2005.

［36］　北京交通大学运输管理工程系．铁道概论［M］．北京：中国铁道出版社，1990.

［37］　徐家铮．建筑施工组织与管理［M］．北京：中国建筑工业出版社，2003.

［38］　李世蓉，邓铁军．工程建设项目管理［M］．武汉：武汉理工大学出版社，2007.

［39］　危道军，刘志强．工程项目管理［M］．武汉：武汉理工大学出版社，2007.

［40］　朱宏亮．建设法规2版［M］．武汉：武汉理工大学出版社，2008.

［41］　郭振强．关于公路工程中环境保护的几点看法［J］．交通世界，2008（22）.

［42］　关冰冰，宁蕊．浅议固体废物的处理与可持续发展［J］．科协论坛，2007（10）.

［43］　高湘，贾西宁．可持续发展中废水处理的意义［J］．新西部，2008（20）.

［44］　任健美，等．兰州市环境噪声污染现状及控制措施［J］．科学经济社会 2001（3）.

［45］　徐占发，佟令玫．土建工程概论与实训指导［M］．北京：人民交通出版社，2007.

［46］　程绪楷．建筑施工技术［M］．北京：化学工业出版社，2005.

［47］　范晓明．建筑及其工程概论［M］．武汉：武汉理工大学出版社，2006.

［48］　陈希哲．土力学地基基础4版［M］．北京：清华大学出版社，2000.